长白公猪

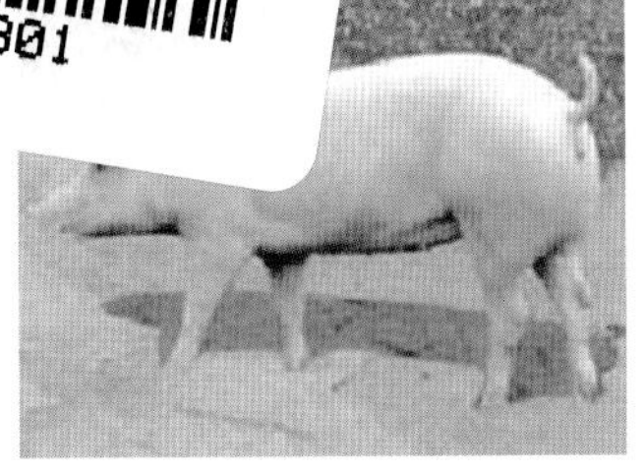

长白母猪

约克夏公猪

约克夏母猪

汉普夏公猪

汉普夏母猪

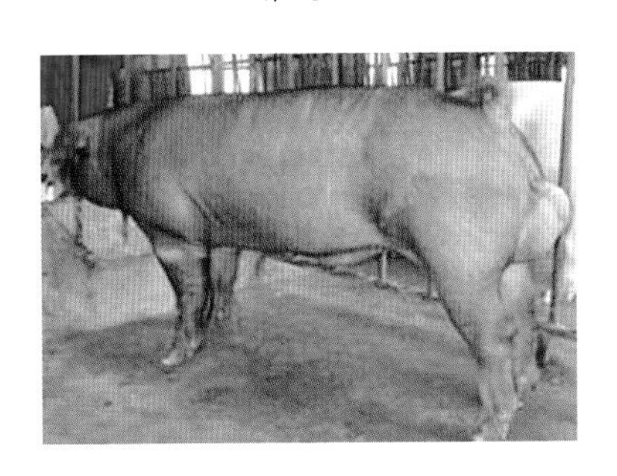

杜洛克公猪

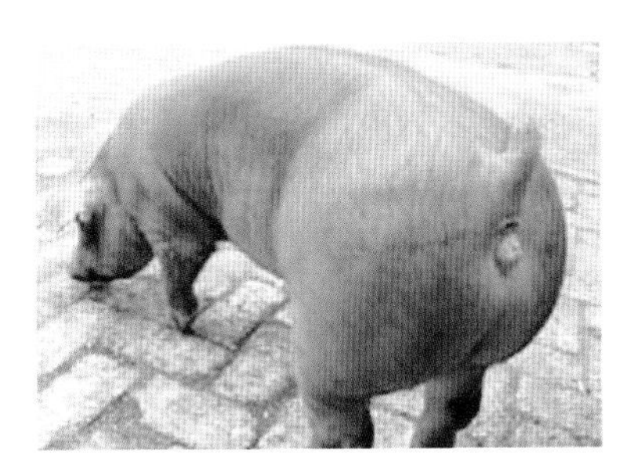

杜洛克母猪

内江猪

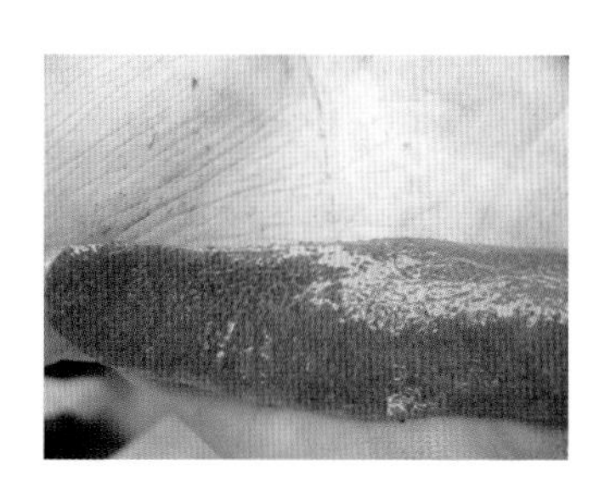

猪瘟　脾脏梗死

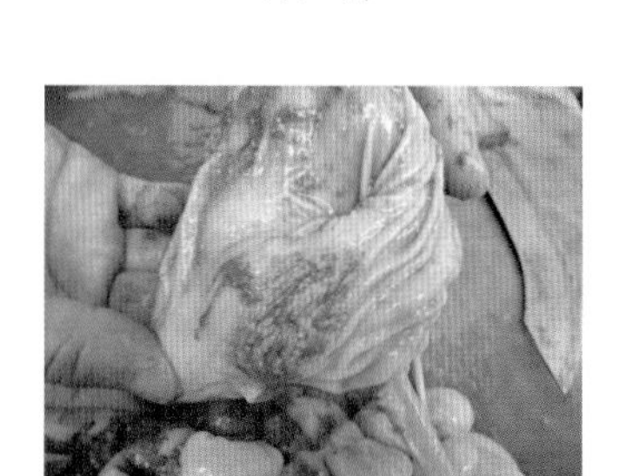

猪瘟　胃黏膜溃疡灶

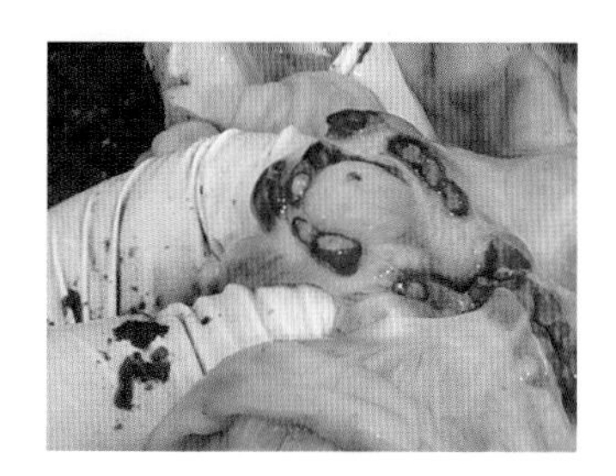

高致病性猪蓝耳病　淋巴结出血

高致病性猪蓝耳病　肠道浆膜出血

猪链球菌病　皮肤呈紫红色

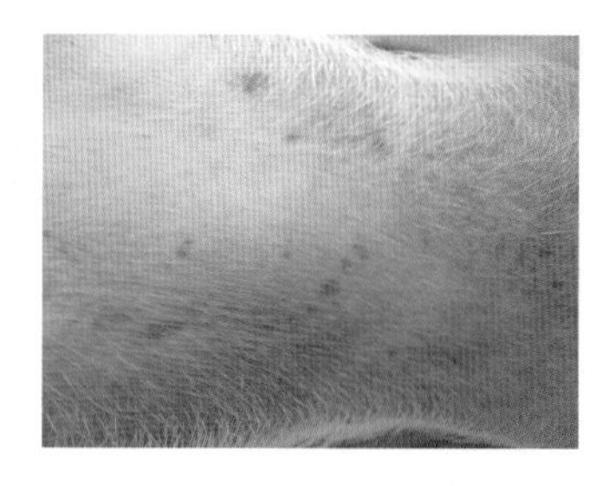

猪链球菌病　腹部皮下出血点、出血斑

猪链球菌病　肝脏淤血

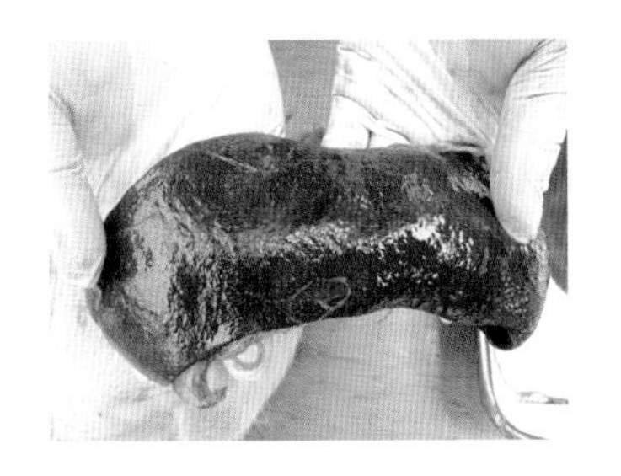

猪链球菌病　脾脏肿大

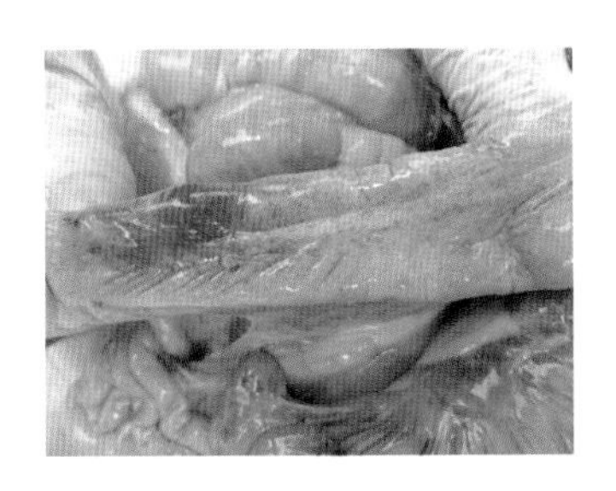

猪链球菌病　肠道浆膜有出血点

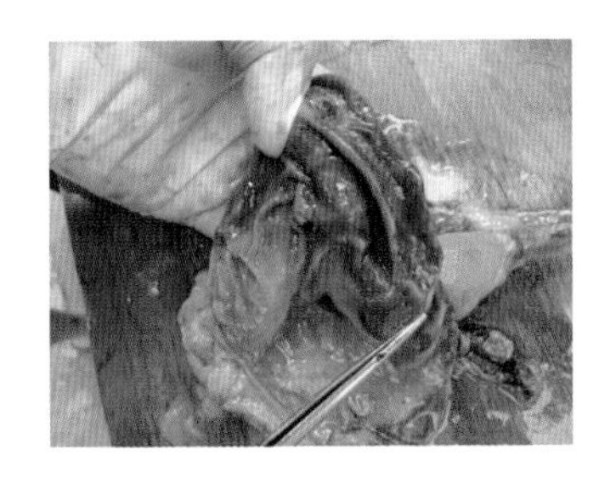

猪链球菌病　胃黏膜严重出血

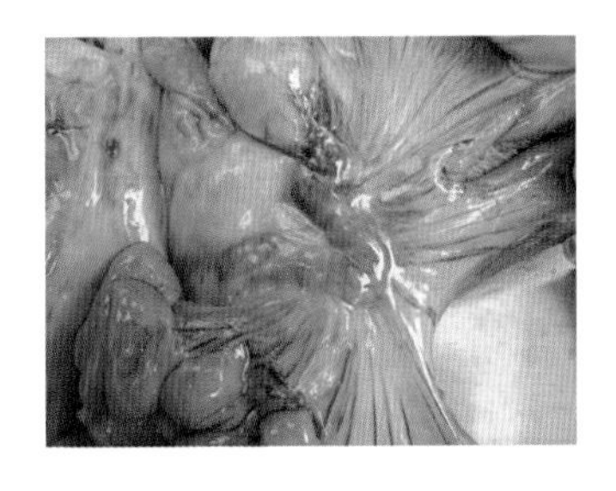

猪链球菌病　肠系膜淋巴结肿大出血

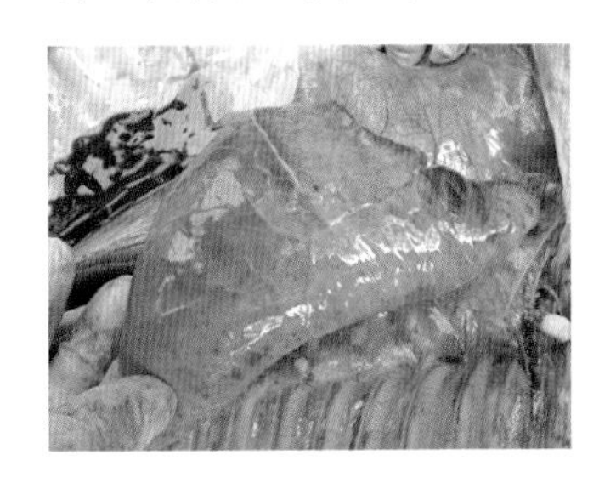

猪链球菌病　肺脏肿大出血

猪链球菌病　心包内积有黄色液体

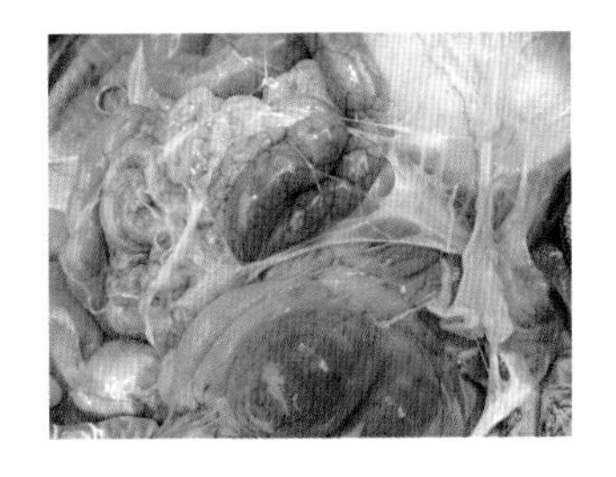

猪链球菌病　腹腔脏器有大量纤维蛋白沉积

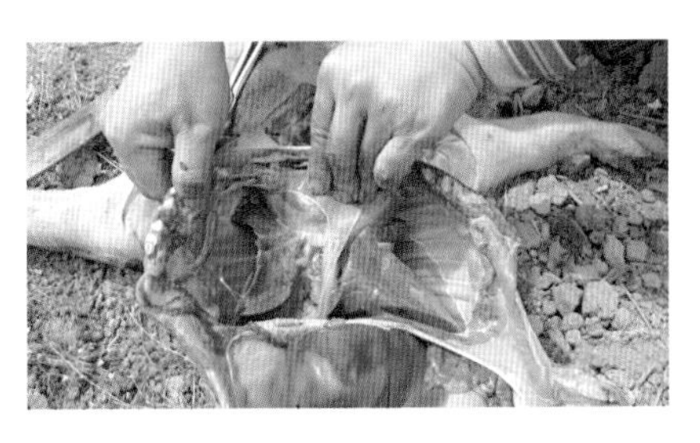

猪传染性胸膜肺炎　肺脏淤血出血

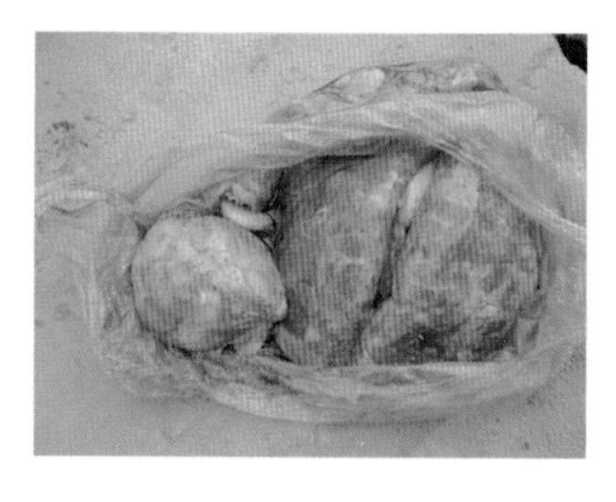

猪传染性胸膜肺炎　肺脏淤血肿胀，心脏表面附有大量纤维蛋白

猪传染性胸膜肺炎　气管内有泡沫样渗出物

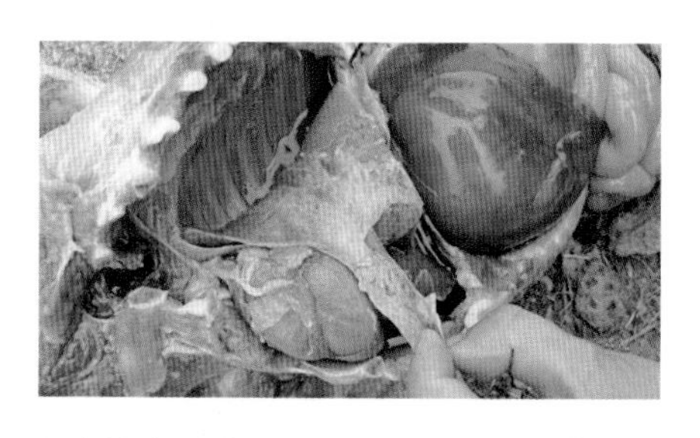

猪传染性胸膜肺炎　肺脏、心脏表面有大量纤维蛋白渗出粘连

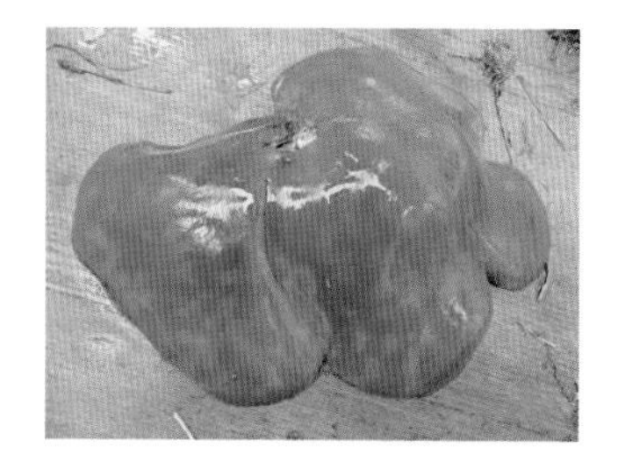

猪蛔虫病　肝脏有大量云雾状白斑

猪蛔虫病　盲肠发现大量虫体

高效养猪与猪病防治

主　编　李和平　朱小甫

参　编　吴旭锦　焦显芹　熊忙利

机　械　工　业　出　版　社

本书系统地介绍了猪场生产的基本知识，包括猪的品种、猪场规划与猪舍设计、猪的营养与饲料、猪的繁殖、种猪的饲养管理、仔猪的饲养管理和生长育肥猪的饲养管理；猪病防治，包括猪场疾病预防控制措施、猪的病毒性传染病、猪的细菌性疾病、猪寄生虫病和猪的普通病的相关知识。

本书编写时从生产一线的实际出发，突出实用性和可操作性，并引入了国内外在猪生产和猪病防治方面的新知识、新技术与新方法，以指导生产实践，是广大养殖户、相关技术人员和畜牧兽医工作者的必备用书。

图书在版编目（CIP）数据

高效养猪与猪病防治/李和平，朱小甫主编. —北京：机械工业出版社，2014.1（2020.3 重印）
（高效养殖致富直通车）
ISBN 978-7-111-44264-6

Ⅰ.①高… Ⅱ.①李…②朱… Ⅲ.①养猪学②猪病－防治
Ⅳ.①S828②S858.28

中国版本图书馆 CIP 数据核字（2013）第 236580 号

机械工业出版社（北京市百万庄大街 22 号 邮政编码 100037）
总 策 划：李俊玲 张敬柱　　策划编辑：郎 峰 高 伟
责任编辑：郎 峰 邓振飞 高 伟　　版式设计：霍永明
责任校对：张 力　　责任印制：孙 炜
保定市中画美凯印刷有限公司印刷
2020 年 3 月第 1 版第 8 次印刷
140mm×203mm · 8 印张 · 2 插页 · 230 千字
标准书号：ISBN 978-7-111-44264-6
定价：29.80 元

电话服务
客服电话：010-88361066
010-88379833
010-68326294

网络服务
机 工 官 网：www.cmpbook.com
机 工 官 博：weibo.com/cmp1952
金 书 网：www.golden-book.com
机工教育服务网：www.cmpedu.com

序

改革开放以来，我国养殖业发展非常迅速，肉、蛋、奶、鱼等产品产量稳步增加，在提高人民生活水平方面发挥着越来越重要的作用。同时，从事各种养殖业也已成为农民脱贫致富的重要途径。近年来，我国经济的快速发展为养殖业提出了新要求，以市场为导向，从传统的养殖生产经营模式向现代高科技生产经营模式转变，安全、健康、优质、高效和环保已成为养殖业发展的既定方向。

针对我国养殖业发展的迫切需要，机械工业出版社坚持高起点、高质量、高标准的原则，组织全国20多家科研院所的理论水平高、实践经验丰富的专家学者、科研人员及一线技术人员编写了这套“高效养殖致富直通车”丛书，范围涵盖了畜牧、水产及特种经济动物的养殖技术和疾病防治技术等。

丛书应用了大量生产现场图片，形象直观，语言精练、简洁，深入浅出，重点突出，篇幅适中，并面向产业发展需求，密切联系生产实际，吸纳了最新科研成果，使读者能科学、快速地解决养殖过程中遇到的各种难题。丛书表现形式新颖，大部分图书采用双色印刷，设有“提示”、“注意”等小栏目，配有一些成功养殖的典型案例，突出实用性、可操作性和指导性。

丛书针对性强，性价比高，易学易用，是广大养殖户和相关技术人员、管理人员不可多得的好参谋、好帮手。

祝大家学用相长，读书愉快！

中国农业大学动物科技学院

2014年1月

前　言

我国是养猪大国，近年来生猪存栏量一直居世界首位。国家坚持把畜牧业作为农业结构调整和增加农民收入的突破口，着力实施“畜牧富民”工程，大力调整养猪产业结构，大力发展生猪养殖业，积极培育壮大龙头企业和规模养殖户、专业户，努力推进畜牧产业化经营。但是，我国猪生产技术和猪群疾病防治技术与发达国家相比仍有很大差距，在主要经济指标和疾病控制指标上相去甚远，严重压缩了我国生猪养殖业的利润空间，成为制约产业发展的主要因素。

为了提高基层从业者的知识水平，指导养猪生产，解决广大养猪场（户）在猪生产和猪病诊断与防治上的问题，编者在参阅了大量资料的基础上，结合自身的科研成果及一线生产实际，编写了本书。本书力求以通俗的语言，将猪生产中的管理要点和疾病防治关键点讲解清楚，对一些需要特别注意的地方，均列出了重点提示：“注意”，以便读者掌握核心内容。

本书所用药物及其使用剂量仅供读者参考，不可照搬。在生产实际中，所用药物学名、常用名和实际商品名称有差异，药物浓度也有所不同，建议读者在使用每一种药物之前，参阅厂家提供的产品说明以确认药物用量、用药方法、用药时间及禁忌等。购买兽药时，执业兽医有责任根据经验和对患病动物的了解决定用药量及选择最佳治疗方案。

本书由李和平、朱小甫主编，具体编写分工如下：第一、二、十、十一、十二章由河南农业大学李和平编写；第三章由河南农业大学焦显芹编写；第四、五章由咸阳职业技术学院熊忙利编写；第六、七章由咸阳职业技术学院吴旭锦编写；第八、九章由咸阳职业技术学院朱小甫编写。

由于编者水平有限，书中难免存在错误及不妥之处，敬请广大读者批评指正，以便再版时更正。

编　者

目录

第十一章　猪寄生虫病

第十二章　猪的普通病

附录　常见计量单位名称与符号对照表

参考文献

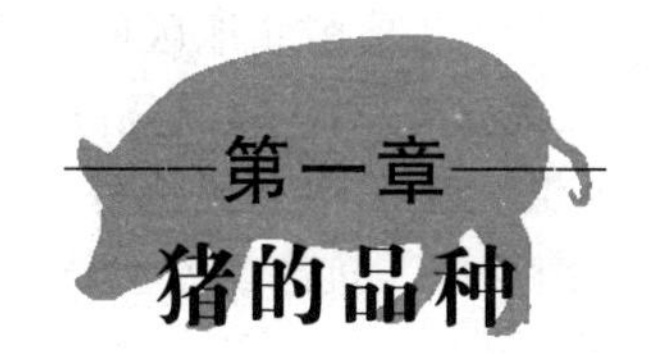

第一章 猪的品种

一 猪的经济类型

猪的经济类型是从经济利用角度出发，根据猪只生产瘦肉和脂肪的性能，以及相应的体躯结构特点划分的，分为瘦肉型、脂肪型和兼用型。

1. 脂肪型猪

此类猪的胴体能提供较多的脂肪。体躯宽、深而不长，全身肥满，头颈较重，四肢短。体长与胸围的差不超过2～3cm，脂肪占胴体的45%以上，背膘厚3.5cm以上（背膘厚：指左侧胴体第6与第7胸椎间垂直于背部皮下脂肪的厚度，不包括皮厚）。被毛稀疏，体质细致，性情温驯，产仔较少。代表猪种：广西陆川猪、福建的槐猪、云南的滇南小耳猪、小约克夏猪。

2. 瘦肉型猪

此类猪以生产瘦肉为主。与脂肪型猪相反，中躯较长，体长大于胸围15cm以上，背线与腹线平直，头颈较轻，腿臀丰满，瘦肉占胴体55%以上。体质结实，性情活泼，产仔能力强。代表猪种：丹麦长白猪、英国大约克夏猪、美国杜洛克猪、中国三江白猪。

3. 兼用型猪

此类猪生产瘦肉、脂肪的性能及相应体躯结构特点、饲料转换率、生长速度等都介于瘦肉型猪与脂肪型猪之间。

各类型代表猪种都不是固定不变的，是随着社会的需要而转变的，如早期的波中猪、杜洛克猪、汉普夏猪、巴克夏猪均由脂肪型改造成今日的瘦肉型或兼用型，因而不能完全根据猪的经济类型来

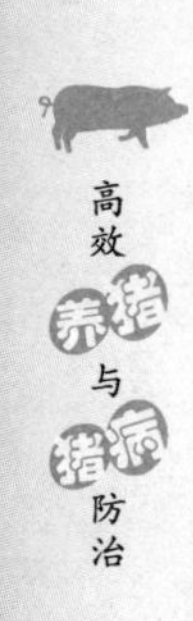

划分品种类别。

二 猪的常见品种

1. 国内常见品种

（1）东北民猪 东北民猪是东北地区的一个古老的地方猪种，有大（大民猪）、中（二民猪）、小（荷包猪）三种类型。目前除少数边远地区农村养有少量大型和小型民猪外，主要饲养中型民猪。东北民猪具有产仔多、肉质好、抗寒、耐粗饲的突出优点，受到国内外的重视。

东北民猪全身被毛为黑色，体质强健。头中等大，面直长，耳大下垂。背腰较平，单脊，乳头7对以上。四肢粗壮，后躯斜窄，猪鬃良好，冬季密生棕红色绒毛。

8月龄公猪体重79.5kg，体长105cm；母猪体重90.3kg，体长112cm。240日龄体重为98～101.2kg，日增重495g，每增重1kg消耗混合精料4.23kg。体重99.25kg屠宰，屠宰率75.6%（宰后胴体重量和畜禽宰前活重的比率）。近年来经过选育和改进日粮结构后饲养的民猪，233日龄体重可达90kg，瘦肉率为48.5%，料肉比为4.18∶1。窝产仔数14.7头，活产仔13.19头，双月成活11～12头。

（2）太湖猪 主要分布在长江下游及太湖流域，依产地不同可分为二花脸猪、梅山猪、枫泾猪、嘉兴黑猪等类型，其中梅山猪最为常见。

太湖猪体型较大，被毛为黑色或青灰色。个别类群在吻部及四肢下部有白色。耳特大、下垂，乳头8～9对。凹背斜臀。

太湖猪性成熟早，繁殖力强，产仔多，每胎平均在15头左右。泌乳量高，性情温顺，哺育能力强，育成率高，生长较快，肉质好。太湖猪是优秀的杂交母本。

（3）金华猪 金华猪又称金华两头乌，产于浙江省东阳、义乌、金华等地，体型中等，耳下垂，颈短粗，背微凹，臀倾斜、体质坚实。全身被毛为中间白，头颈、臀尾黑。其以早熟易肥、皮薄骨细、肉质优良、适于腌制火腿著称。

（4）陆川猪 体型特点为圆、短、宽、矮。皮肤呈一致性的黑白花；头、耳、背、腰、臀及尾为黑色，其余部位为白色，在黑白

交界处有一条4~5cm白毛黑皮的“晕”。陆川猪皮薄，被毛短、细、稀疏，头较短小，嘴中等长，面微凹或平直，额较宽有横纹或菱形纹，耳小向外平伸，胸深，背腰宽、凹陷，腹大拖地，臀短多倾斜，尾粗大，后腿有皱槽，四股粗短，乳头6~7对。

（5）内江猪 主要产于四川省的内江市，以内江市东兴区一带为中心产区，历史上曾称为“东乡猪”。内江猪具有适应性强和杂交配合力好等特点，是我国华北、东北、西北和西南地区开展猪杂种优势利用的良好亲本之一，但存在屠宰率较低，皮较厚等缺点。

内江猪体型大，体质疏松，头大，嘴筒短，额面横纹深陷成沟，额皮中部隆起成块，俗称“盖碗”。耳中等大、下垂，体躯宽深，背腰微凹，腹大不拖地，四肢较粗壮，皮厚，成年种猪体侧及后腿皮肤有深皱褶，俗称“瓦沟”或“套裤”。被毛全黑，鬃毛粗长。乳头6~7对，粗大。一般将额面皱纹特深、嘴筒特短、舌尖常外露者称为“狮子头”型；将嘴稍长、额面皱纹较浅者称为“二方头”型。目前以“二方头”型居多。成年公猪体重在148kg左右，成年母猪体重在140kg左右。

（6）荣昌猪 荣昌猪毛稀、鬃毛粗长，头部黑斑不超过耳部，全身被毛为白色，身躯长，四肢结实，结构匀称，母猪乳头6~7对。荣昌猪体型中等，头大小适中，面微凹，耳中等大小而下垂，额面皱纹横行，有旋毛，体躯较长，发育匀称，背腰微凹，腹大而深，臀部稍倾斜，目前按毛色特征分别称为“金架眼”、“黑眼”、“黑头”、“头尾黑”、“飞花”和“洋眼”等，其中“黑眼”和“黑头”约占一半以上。

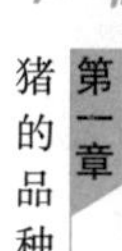

荣昌猪除具有性情温驯、育子力强、适应性好等地方猪种的一般优点外，其优良的遗传特性还表现在：①成熟期早，小公猪36日龄出现性反射爬跨，62日龄能采取含有精子的精液，77日龄能配种使母猪受孕，最早出现产仔的为196日龄。8月龄体重达90kg。②瘦肉率较高，在限饲条件下，体重为75~90kg时屠宰，胴体瘦肉率达46%左右。③肉质好，荣昌猪肌肉呈鲜红或深红色，大理石纹清晰、分布均匀，肉质评定的各项指标均属优良。④配合力好，具有明显的杂种优势。⑤皮毛为白色，鬃质优良，是我国地方猪种中具有代

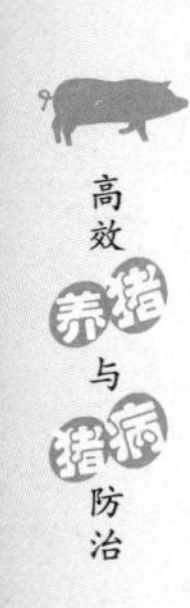

表性的白色猪种。

(7) 成华猪 成华猪产于四川省成都平原的中部，以成都市的金牛、双流和郫县、温江等区县为中心产区。

成华猪体型中等偏小。头方正，额面皱纹少而浅，嘴筒长短适中，耳较小、下垂，有金钱耳之称。颈粗短，背腰宽、稍凹陷，腹较圆而略下垂，四肢较短，被毛为黑色。乳头6~7对。

(8) 上海白猪 上海白猪产于上海市近郊，是在当地条件下培育成的兼用型品种。

上海白猪全身被毛为白色，体质坚实，体型中等偏大，头面平直或微凹，耳中等大略向前倾。背宽，腹稍大，腿臀较丰满。有效乳头7对。成年公猪体重在250kg左右，成年母猪体重在180kg左右。

(9) 三江白猪 三江白猪是用长白猪和民猪两个品种采用正反交、回交、横交的育种方法得到的。三江白猪属瘦肉型品种。

三江白猪头轻鼻筒直，两耳下垂或稍前倾，全身被毛为白色，背腰平直，中躯较长，腹围较小，后躯丰满，四肢健壮，体质坚实，乳头7对以上，排列整齐。成年公猪体重为250~300kg。

(10) 北京黑猪 北京黑猪是在北京本地黑猪引入巴克夏、中约克夏、苏联大白猪、高加索猪进行杂交后选育而成。

北京黑猪全身被毛黑色，体质结实，结构匀称。头小，两耳半直立向前平伸，面部微凹，额较宽，颈肩结合良好，背腰较平直且宽，腿臀较丰满，四肢健壮。乳头多为7对。成年公猪体重250kg，母猪体重200kg，产仔数平均为11~12头。

此外，国内还有好多优良的地方品种猪，如仙江猪、华中两头乌猪、两广花猪、香猪、藏猪、台湾桃园猪等。在此就不作介绍了。

2. 国外常见品种

(1) 长白猪 长白猪原产于丹麦，是世界著名瘦肉型品种。原名兰德瑞斯，因其又长又白，在我国称为长白猪。

该猪全身白色，头小肩轻，耳大前伸或下垂。嘴筒长直，身腰长，比一般猪多长出1~2对肋骨，后躯发达，肌肉丰满。体型呈楔形。乳头7~8对。

这种猪生长快，生后180天能长到90kg。饲料转换率高，膘薄。90kg时胴体瘦肉率高达63%～65%。此猪不耐寒，适应性较差，对饲料条件要求较高。长白猪在杂交利用中是优秀的父本猪。

（2）约克夏猪 约克夏猪全身皮毛为白色，头颈较长，颜面微凹，耳中等大小、较薄、直立、前倾。体躯较长，肌肉发达，是典型的瘦肉型猪。

目前引进的约克夏猪瘦肉率达到66%以上，其生产性能与长白猪相近。据观察，其体质各适应性、繁殖力等较长白猪稍强。外销生产中多做杂交的母本，内销生产是很好的父本。

（3）汉普夏猪 汉普夏猪原产于英国，由美国育成。全身黑色，沿前肢和肩部围绕一条“白带”。嘴筒较长直，耳直立，弓背，体躯较长。汉普夏猪肌肉发达，长得较快，饲料转换率较高，胴体瘦肉率高，是良好的杂交父本猪。

（4）杜洛克猪 杜洛克猪原产于美国，全身被毛为棕色（色泽从金黄色到棕红色深浅不一）。头中等大小，耳中等略向前倾，体躯较宽，背腰、腹线平直，腿臂肌肉发达、丰满，四肢较粗壮。性情温顺，较耐寒，适应性相对较强。生长较快，生产性能与汉普夏猪相近。在三元杂交中做终端父本表现较好。

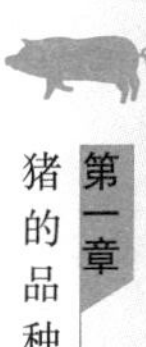

第二章 猪场规划与猪舍设计

第一节 场址选择与规划设计

一 场址选择

场址选择应根据猪场的性质、规模和任务，考虑场地的地形、地势、水源、土壤、当地气候等自然条件，同时应考虑饲料及能源供应，交通运输，产品销售，与周围工厂、居民点及其他畜牧场的距离，当地农业生产，猪场粪污处理等社会条件，进行全面调查，综合分析后再作决定。

1. 地形地势

猪场地形要求开阔整齐，有足够面积。地形狭长或边角多都不便于场地规划和建筑物布局；面积不足会造成建筑物拥挤，给饲养管理、改善场区及猪舍环境及防疫、防火等造成不便。猪场生产区面积一般可按繁殖母猪每头 45～50m^2 或上市商品育肥猪每头 3～4m^2 考虑，猪场生活区、行政管理区、隔离区另行考虑，并须留有发展余地。

建场土地面积依猪场的任务、性质、规模和场地的具体情况而定，一般年出栏万头育肥猪的大型商品猪场，占地面积 30 000m^2 为宜。

2. 水源水质

要求水量充足，水质良好，便于取用和进行卫生防护，并易于净化和消毒，猪场供水量参考表 2-1。

表 2-1　规模猪场供水量　　（单位：t/日）

水　量	100 头基础母猪规模	300 头基础母猪规模	600 头基础母猪规模
猪场供水总量	20	60	120
猪群饮水总量	5	15	30

注：炎热和干燥地区的供水量可增加 25%。

3. 土壤特性

一般情况下，猪场土壤要求透气性好，易渗水，热容量大，这样可抑制微生物、寄生虫和蚊蝇的孳生，并可使场区昼夜温差较小。

为避免与农争地，少占耕地，选址时不宜过分强调土壤种类和物理特性，应着重考虑化学和生物学特性，注意地方病和疫情的调查。应避免在旧猪场场址或其他畜牧场场地上重建或改建。

4. 周围环境

交通方便，供电稳定，有利于防疫。一般来说，猪场距铁路、国家一、二级公路应不少于 300 ~ 500m，距三级公路应不少于 150 ~ 200m，距四级公路不少于 50 ~ 100m。与居民点间的距离，一般猪场应不少于 300 ~ 500m，大型猪场（如万头猪场）则应不少于 1000m。猪场应处在居民点的下风向（侧风向）和地势较低处。与其他畜禽场间距离，一般畜禽场应不少于 150 ~ 300m，大型畜禽场应不少于 1 000 ~ 1 500m。此外，还应考虑电力和其他能源的供应。

二　规划设计

场地选定后，须根据有利防疫、改善场区小气候、方便饲养管理、节约用地等原则，考虑当地气候、风向、场地的地形地势、猪场各种建筑物和设施的尺寸及功能关系，规划全场的道路、排水系统、场区绿化等，安排各功能区的位置及每种建筑物和设施的朝向、位置。

1. 场地规划

（1）场地分区　猪场一般可分为 3 个功能区，即生产区、辅助生产区（亦称生产管理区）、生活管理区。为便于防疫和安全生产，应根据当地全年主风向和场址地势，顺序安排以上各区。

（2）场内道路和排水　场内道路应分设净道、污道，互不交叉。净道用于运送饲料、产品等，污道则专运粪污、病猪、死猪等。场内道路要求防水防滑，生产区不宜设直通场外的道路，而生产管理区和隔离区应分别设置通向场外的道路，以利于卫生防疫。

排水设施为排除雨水而设，一般可在道路一侧或两侧设明沟排水，也可设暗沟排水，但场区排水管道不宜与舍内排水系统的管道通用。

（3）场区绿化　绿化可以美化环境，更重要的是可以吸尘灭菌、降低噪声、净化空气、防疫隔离、防暑防寒。

场区绿化可按冬季主导风向的上风向设防风林，在猪场周围设隔离林，猪舍之间、道路两旁进行遮阴绿化，场区裸露地面上可种花草。

场区绿化植树时，应避免高大树木招引鸟类以及防止夏季阻碍通风和冬季遮挡阳光。

2. 建筑物布局

猪场在总体布局上应将生产区与生活管理区分开，健康猪与病猪分开，净道与污道分开。

猪场四周设围墙，大门口设置值班室、更衣消毒室和车辆消毒通道；生产人员进出生产区要走专用通道，该通道由更衣间、淋浴间和消毒间组成；装猪台应设在猪场的下风向处。

猪舍朝向应兼顾通风与采光，猪舍纵向轴线与常年主导风向呈30°~60°角。

两排猪舍前后间距应大于8m，左右间距应大于5m。由上风向到下风向各类猪舍的顺序为：公猪舍、空怀妊娠母猪舍、哺乳猪舍、保育猪舍、生长育肥猪舍，见图2-1。

（1）生产区　生产区为全场的主体部分，该区应安排在生活管理区的下风向。生产区的主体部分的各类猪舍，其中种猪舍尤其是公猪舍应位于上风向，而肉猪舍则应位于下风向，病猪隔离舍应位于最下风向。

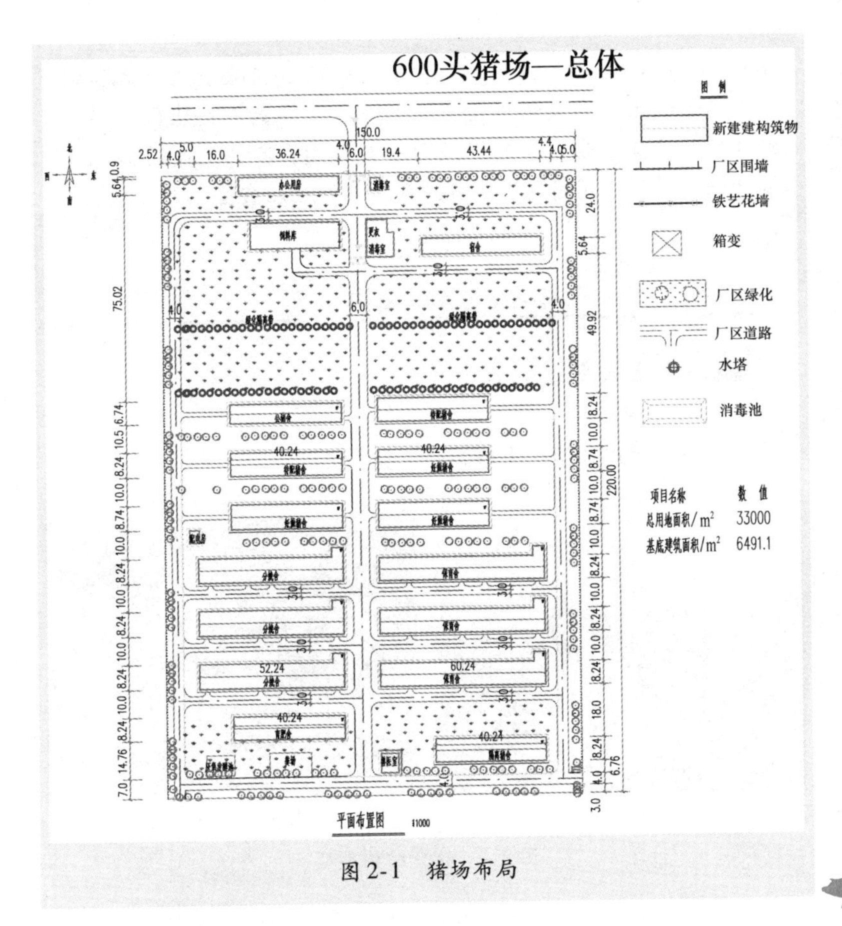

图 2-1 猪场布局

（2）辅助生产区 亦称生产管理区，该区主要包括办公室（厂长室、财会室、销售室等）、饲料生产车间、饲料仓库（原料库、成品库）、水塔、水泵房、沐浴室、消毒室、机修车间、锅炉房等。辅助生产区的位置一般在生活管理区与生产区之间，便于为生产区服务。有的猪场将饲料生产及仓库建在生产区内。

3. 生活管理区

该区主要包括职工宿舍、食堂、汽车库、资料档案室、文化娱乐室和体育运动场等。为了防止生产区污染生活管理区的空气，除安排生产区在下风向外，最好使两者保持300m 的距离，一般独成一院。

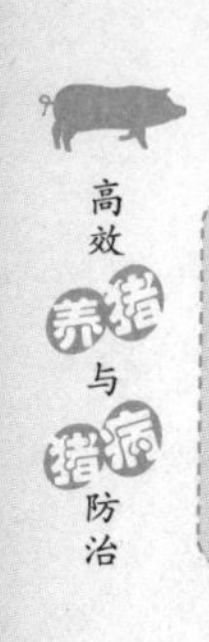

【注意】 按夏季主导风向，生活管理区应置于生产区和饲料加工区的上风向或侧风向，隔离观察区、粪污处理区和病死猪处理区应置于生产区的下风向或侧风向，各区之间用隔离带隔开，并设置专用通道和消毒设施，保障生物安全。

第二节 猪舍建筑类型与基本结构

一 猪舍建筑类型

1. 按结构形式分类

可为分密闭式和塑料大棚猪舍，见图2-2。

密闭式猪舍

塑料大棚猪舍

图2-2 猪舍结构类型

密闭式猪舍有屋顶，周围有墙和门窗，形成封闭状态。

塑料大棚猪舍是将敞开式猪舍敞开的那面，在冬季到来之前用塑料薄膜封起来，形成封闭状态，过冬后再打开，比较简易实用。

2. 按猪舍内猪栏位的排列分类

可分为单列式、双列式及多列式。

3. 按屋顶形式分类

可分为单坡式、平顶式、双坡式、钟楼式、半钟楼式及拱式、特殊式。

单坡式一般用于敞开式猪舍；双坡式多用于半封闭式和封闭式圈舍；钟楼式及半钟楼式多用于多列式猪舍；平顶式多用于简易的

农家庭院猪舍；拱式多用于木材较缺地方的猪舍；特殊式有活动式猪舍、山洞式猪舍等。

4. 按用途分类

可分为种公猪舍、种母猪舍、分娩舍、保育舍、肥育舍等。

（1）**公猪舍** 指饲养公猪的圈舍。多采用单列式结构，舍内净高2.3～3.0m，净宽4.0～5.0m，并在舍外向阳面设立运动场。公猪舍内适宜的环境温度为14～16℃。工厂化式的公猪与空怀母猪在同一猪舍，以利配种。

（2）**配种猪舍** 指专门为空怀待配母猪进行配种的猪舍。母猪可单养，也可群养。适宜的环境温度为13～22℃。

（3）**空怀和妊娠母猪舍** 空怀和妊娠母猪舍一般采用全封闭式，见图2-3。一般采用部分铺设漏缝地板的混凝土地面。可单体或小群（6～8头）饲养，适宜的环境温度为10～22℃，最好为14～18℃。

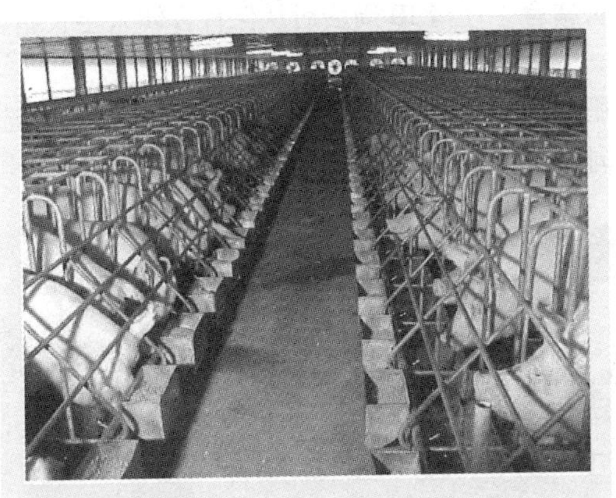

图2-3 空怀和妊娠母猪舍

（4）**分娩哺育舍** 也称产仔舍，舍内适宜温度为15～22℃，但仔猪要求环境温度为25～34℃，随仔猪日龄增长温度可逐渐下降，因此在分娩哺育舍内必须配备局部采暖设备。

（5）**保育猪舍** 见图2-4，也称培育猪舍、断奶猪舍或幼猪舍，适宜温度22～25℃，通常采用高床网上饲养，一般为原窝转群，也可并窝大群饲养，但每群不宜超过25头。仔猪饲养到10周龄即可转

入生长猪舍。

图 2-4　保育猪舍

(6) 生长猪舍　仔猪 10 周龄后从保育舍转入生长猪舍内饲养 7～8 周。

(7) 育肥猪舍（图 2-5）　育肥猪舍可因地制宜地选择类型。猪在育肥舍内饲养 14～15 周龄后即可出栏上市。

图 2-5　育肥猪舍

(8) 病猪隔离舍　为了避免传染病的传播，宜设置病猪隔离舍，以利对病猪的观察、治疗。病猪隔离舍的建造结构参照半敞开式育

肥猪舍，冬天可扣塑料薄膜。每栏面积为$4m^2$左右即可。隔离舍的总容量为全场猪总量的5%～10%。

（9）兽医室　供兽医人员工作和存放医疗器具、药品的房间。

（10）化验室　供兽医、化验人员对病猪样本进行病理化验的场所，一般与兽医室相邻。

二　猪舍建筑基本结构

猪舍建筑基本结构包括地面、墙、门窗屋顶等，见图2-6。

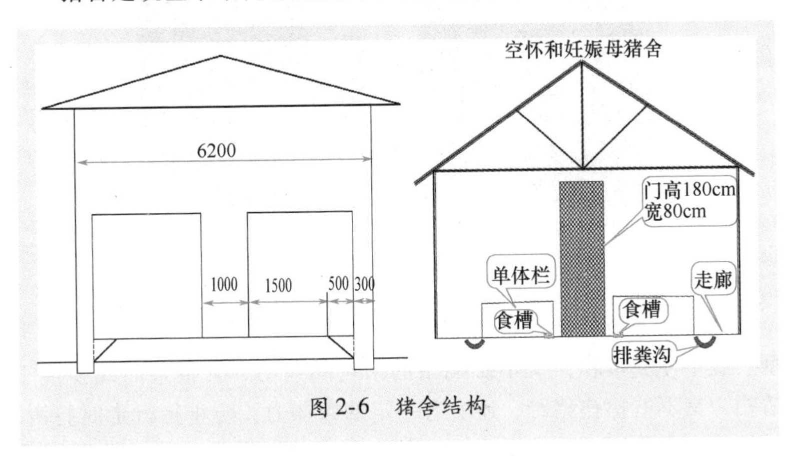

图2-6　猪舍结构

1. 地面

猪舍地面关系到舍内的空气环境、卫生状况和使用价值。地面散失的热量占猪舍总失热量的12%～15%。地面要求保温、坚实、不透水、平整、不滑，便于清扫、清洗和消毒；地面应斜向排粪沟，坡度为2%～3%，以利保持地面干燥。猪舍地面分实体地面和漏缝地板两类。

（1）实体地面　由土、三合土、水泥等铺设的地面。土质地面、三合土地面保温好、费用低，但不坚固、易透水，不便于清洗和消毒；水泥地面虽坚固耐用，易清洗消毒，但保温性能差。为克服水泥地面潮湿和传热快的缺点，猪舍地面面层最好选用导热系数低的材料，垫层可采用炉灰渣、膨胀珍珠岩、空心砖等保温防潮材料。实体地面不适用保育幼仔猪和幼龄猪猪舍。

（2）漏缝地板 漏缝地板由混凝土或木材、金属、塑料制成，能使猪与粪、尿隔离，易保持卫生清洁、干燥的环境，对幼龄猪生长尤为有利，见图2-7。

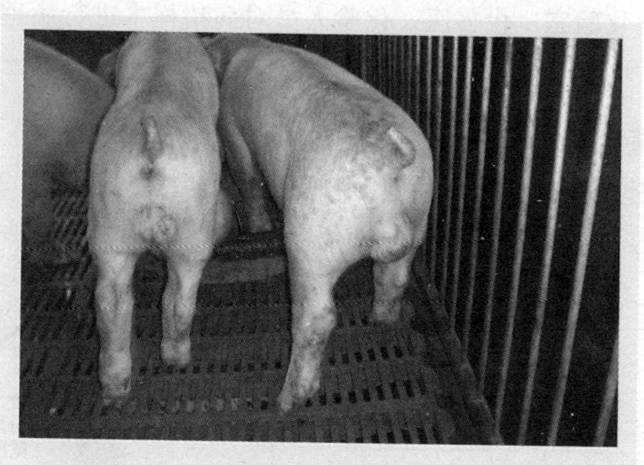

图2-7 漏缝地板

选用和安装漏缝地板时应注意：①板条的宽度必须符合猪的类型，既不使粪堆积，又不影响猪的采食和运动。②板条面既要便于清扫，又不能擦伤猪蹄，还要有一定的摩擦力，防止猪行走时打滑。③板缝宽度要适当，以利于粪便漏下，但也不能太宽，防止猪蹄卡入缝内。

2. 墙壁

墙壁是猪舍建筑和结构的重要组成部分，它将猪舍与外界隔开，对舍内温度保持起着重要作用。据测定，冬季通过墙壁散失的热量占整个猪舍总失热量的35%～40%。对墙壁的要求是：坚固、耐用、抗震。承载力和稳定性必须满足结构设计要求；墙内表面要便于清洗和消毒。地面以上1.0～1.5m高的墙面应设水泥墙裙，以防冲洗消毒时溅湿墙面和防止猪弄脏；墙壁应具有良好的保温隔热性能。目前，我国猪舍墙体的材料多采用黏土砖。砖墙内表面宜用水泥砂浆抹面，白灰粉刷，既有利于保温防潮，又可提高舍内照明度和便于消毒等。猪舍主体墙的厚度一般为37～49cm。猪栏隔墙或猪栏高：母猪舍、生长猪舍0.9～1.0m，公猪舍1.2～1.4m，肥育猪舍0.8～

0.9m。隔墙厚度：砖墙15cm；木栏、铁栏4~8cm。

3. 屋顶

起挡风雨和保温隔热的作用。要求坚固，有一定的承重能力，不透风，不漏水，耐火，结构轻便，同时必须具备良好的保温隔热性能。猪舍加吊顶可提高其保温隔热性能。

4. 门窗

猪舍设门有利于猪的转群，运送饲料，清除粪便等工作。一栋猪舍至少应有两个外门，一般设在猪舍的两端墙上，门向外开，门外设坡道而不应有门槛、台阶。

(1) 猪舍门规格 高2.0~2.2m，宽1.5~2.0m。

(2) 猪栅栏门规格 大猪：高0.9~1.0m，宽0.7~0.8m；公猪：高1.3m，宽0.7~0.8m；小猪：高0.8~1.0m，宽0.6~0.7m；仔猪出入口规格：高0.4m，宽0.3m。

窗户主要用于采光和通风换气。窗户面积大则采光多，换气好，但冬季散热和夏季向舍内传热也多，不利于冬季保温和夏季防暑。窗户的大小、数量、形状、位置应根据当地气候条件合理设计。一般窗户面积占猪舍面积的1/10~1/8，窗台高0.9~1.2m，窗上口至檐口高0.3~0.4m。

5. 猪舍通道

猪舍通道是猪舍内为喂饲、清粪、进猪、治疗观察及日常管理等作业留出的道路。猪舍通道分喂饲通道、清粪通道和横向通道三种。从卫生防疫角度考虑，喂饲通道和清粪通道应该分开设置。观察等作业宜用喂饲通道，进猪和出猪既可使用喂饲通道，也可用清粪通道。粪便可采用水冲清粪和往复式刮板清粪机通过清粪通道运走。当猪舍较长时，为了提高作业效率，还应设置横向通道。通道地面一般用混凝土制作，要有足够的强度。在基础坚实的前提下，有拖拉机等机械进出的通道混凝土厚度为90~100mm，只有人力作业时通道混凝土宽度50~70mm。为了避免积水，通道向两侧应有0.1%坡度。通道宽度取决于作业所用机具等因素。一般情况下，喂饲通道宽0.9~1.2m，横向通道宽1.5~2.0m。使用机械喂料车和机械清粪车的猪舍中，通道还要根据所用车辆的宽度适当加宽。

6. 猪舍高度

指猪舍地面到顶棚之间的高度。猪在舍内的活动空间是地面以上1m左右的高度范围内，该区域内的空气环境（温、湿度和空气质量）对猪的影响最大，而工作人员在舍内的适宜操作空间是地面以上2m左右的高度。为了使舍内保持较好的空气环境，必须有足够的舍内空间，空间过大不利于冬季保温，空间过小不利于夏季防暑。猪舍高度一般为2.2～3.0m。

几种常见的大、中、小型猪舍规格如下：

1）大型舍。长80～100m，宽8～10m，高2.4～2.5m。

2）中型舍。长40～50m，高2.3～2.4m，单列式宽5～6m，双列式宽8～9m。

3）小型舍。长20～25m，高2.3～2.4m，单列式宽5～6m，双列式宽8～9m。

第三节　猪舍环境控制

一、温度对猪的影响

猪是恒温动物，正常体温在38.7～39.8℃之间，对外界温度的要求比较严格，温度过高或过低，超过猪的适宜温度范围，就会影响猪的生长发育，造成饲料消耗增加，饲养成本增加，严重的还会引起猪发病甚至死亡。

据试验，猪生长发育最快、饲料消耗最低、最适宜的温度是20～25℃。猪性别不同，日龄不同，其最适宜的温度也不尽相同，见表2-2。

表2-2　不同类型猪的适宜温度

类　型	适宜温度	备　注
1～2周仔猪	26～28℃	
2周后仔猪	24～26℃	以后每周降低2～3℃，直至降到正常猪生长的适宜温度20～25℃
空怀母猪	16～19℃	

（续）

类　型	适宜温度	备　注
妊娠母猪	14～16℃	
哺乳母猪	15～20℃	
种公猪	10～18℃	

二 湿度对猪的影响

无论是幼猪还是成年猪，当其所处的环境温度在较佳范围之内时，舍内空气的相对湿度对猪的生产性能基本无影响。相对湿度过低时猪舍内容易飘浮灰尘，且过低的相对湿度还对猪的黏膜和抗病力不利；相对湿度过高会使病原体易于繁殖，也会降低猪舍建筑结构和舍内设备的寿命。所以就算是处于较佳温度范围内，舍内空气的相对湿度也不应过低或过高，一般相对湿度以60%～70%为宜。

三 常见有害气体对猪的影响

猪舍中有害气体主要来自密集饲养的猪的呼吸、排泄和生产中的有机物分解。有害气体主要有氨、二氧化碳、一氧化碳和硫化氢等。

1. 氨对猪的影响

氨主要来自于粪、尿等有机物的分解。氨易溶于水，在猪舍中氨常被溶解或吸附在潮湿的地面、墙壁和猪黏膜上。氨能刺激黏膜，引起黏膜充血、喉头水肿、支气管炎，严重时引起肺水肿、肺出血；氨还能引起中枢神经系统麻痹、中毒性肝病等。猪处在低浓度氨的长期作用下，体质会变弱，对某些疾病会产生敏感，采食量、日增重、生殖能力都会下降，这种症状称为“氨的慢性中毒”。高浓度氨可使猪出现明显病理反应和症状，称为“氨中毒”。

2. 二氧化碳对猪的影响

二氧化碳主要来源于舍内猪的呼吸。一头体重100kg的猪，每小时可呼出二氧化碳43L，因此猪舍内二氧化碳的浓度往往比大气中高出许多倍。二氧化碳本身无毒性，它的危害主要是会引起猪缺氧。猪长期处在缺氧的环境中会精神委靡，食欲减退，体质下降，生产

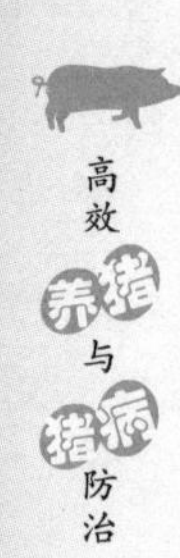

能力降低，对疾病的抵抗力也会减弱，特别容易感染结核病等传染病。

3. 一氧化碳对猪的影响

一氧化碳为无色、无味的气体。猪舍中一般没有多少一氧化碳。当冬季在密闭的猪舍内生火取暖时，若燃料燃烧不完全，会产生大量一氧化碳。一氧化碳对血液、神经系统具有毒害作用，会造成机体急性缺氧，发生血管和神经细胞的机能障碍，出现呼吸、循环和神经系统的病变。碳氧基血红蛋白的解离要比氧合血红蛋白慢 3 600 倍，因此中毒后有持久的毒害作用。当一氧化碳含量在 0.05% 时，短时间就可引起急性中毒。

4. 硫化氢对猪的影响

硫化氢是一种无色、易挥发的恶臭气体。在猪舍中主要由含硫物分解而来。硫化氢产生自猪舍地面，且比重较大，故越接近地面，浓度越大。硫化氢会刺激黏膜，引起眼结膜炎、鼻炎、气管炎，以至肺水肿。经常吸入低浓度硫化氢可出现植物性神经紊乱。长期处在低浓度硫化氢的环境中，猪的体质会变弱，抗病力会下降。高浓度的硫化氢可直接影响呼吸中枢，引起窒息和死亡。当硫化氢含量达到 0.002% 时，会影响猪的食欲。

四 粉尘对猪的影响

猪舍中的粉尘多来自饲料、粪便、动物皮毛、昆虫和微生物。因而，这些粉尘由多种成分组成，如真菌、内源性毒素、有毒气体，以及其他一些有害的病原菌。粉尘微生物是最严重的空气污染源。

猪舍中粉尘的特征（如性质、作用和传播）和病理产生机制尚不清楚，但可以确定这些粉尘对人畜健康不利，因而要通过改善猪舍管理，如饲料中适当添加油脂等措施来降低粉尘（包括总粉尘和可吸入粉尘）。

五 气流对猪的影响

气流对猪机体的作用，主要是影响猪体的散热。在一般环境条件下，只要有气流存在，均可促进机体的对流散热和蒸发散热。猪舍气流要求见表 2-3。

表 2-3　猪舍气流

猪舍类型	通风量/[m^3/(h·kg)]			风速/(m/s)	
	冬季	春秋季	夏季	冬季	夏季
种公猪舍	0.35	0.55	0.70	0.30	1.00
空怀妊娠母猪舍	0.30	0.45	0.60	0.30	1.00
哺乳猪舍	0.30	0.45	0.60	0.15	0.40
保育猪舍	0.30	0.45	0.60	0.20	0.60
生长育肥猪舍	0.35	0.50	0.65	0.30	1.00

六 光照对猪的影响

猪是昼夜活动的动物。猪在每日只有2min光照的环境中可以正常生活，这表明猪对所采用的光照制度具有很强的适应性。猪舍光照要求见表2-4。

表 2-4　猪舍光照

猪舍类别	自然光照		人工照明	
	窗地比	辅助照明/lx	光照度/lx	光照时间/h
种公猪舍	1:12~1:10	50~75	50~100	10~12
空怀妊娠母猪舍	1:15~1:12	50~75	50~100	10~12
哺乳猪舍	1:12~1:10	50~75	50~100	10~12
保育猪舍	1:10	50~75	50~100	10~12
生长育肥猪舍	1:15~1:12	50~75	30~50	8~12

七 猪场废弃物及其处理和利用

1. 猪场废弃物类型

猪场产生的废弃物通常有粪尿等排泄物、垫草、残留饲料、清洗猪场的污水以及一些病死猪等，含有大量的有害微生物、寄生虫卵，这些废弃物被微生物分解产生氨、硫化氢、二氧化碳、甲烷、吲哚、粪臭素等气体。同时，还可能使猪场空气中的灰尘上附着致

病微生物。

2. 猪场废弃物的处理和利用

（1）沼气池发酵 利用沼气池的密闭环境进行微生物厌氧发酵制取沼气，是猪场废弃物处理最有价值的方法。其好处有两点，一是进行废物的再次利用，产生余能，用作烧水做饭，减少煤炭用量，降低成本；二是通过沼气池内微生物活动产生的高温环境杀灭废弃物中的病原微生物、寄生虫卵，沼液、沼渣可作为优质腐质肥。猪场可根据自身产生废弃物的多少确定沼气池的大小和数量，有条件的可采用循环粪泵使粪液通过热交换器被加热，提高粪液温度，达到高温发酵，提高发酵效率，加大产气量，同时提高废弃物的处理能力。

（2）堆沤 利用腐熟堆肥法进行处理。此法主要针对固态废弃物，控制物料中的水分、酸碱度、氧气浓度、温度等条件，利用好气微生物发酵，使之能分解家畜粪便、垫草中的各种有机物，达到矿质化和腐质化的过程。此法可释放出速效养分并造成高温环境，能杀死物料中的病原菌、寄生虫卵，腐熟后的物料成为一种无害的腐殖质类肥料，施用量大幅度提高。

（3）化粪池处理 粪液进入化粪池后，逐渐沉降分离成固、液两层，上层为澄清的液体，下层为固体粪便。上层液体在好氧性微生物的分解下被净化，下层固体粪便被厌氧性微生物分解成腐熟的肥料。用化粪池处理废弃物的特点是设备简单，运行费用低，但处理时间长，效率低，还会散发大量的臭气，污染周围环境。

（4）农牧结合 推广“猪—沼—果（菜、稻、鱼、草）”能源生态农业模式，治污后产生的沼气可作为生产生活燃料，也可用于发电以供给生产用电，见图 2-8。经污水处理后的沼液和沼渣上山、下田、入塘，可用于种植蔬菜、水果、牧草或水产养殖，实现零排放，这样既可减少污染，又可解决农业用肥、养鱼饲料等，变废为宝，走出一条治理畜禽养殖污染“减量化、无害化、资源化、综合利用”的新路子。

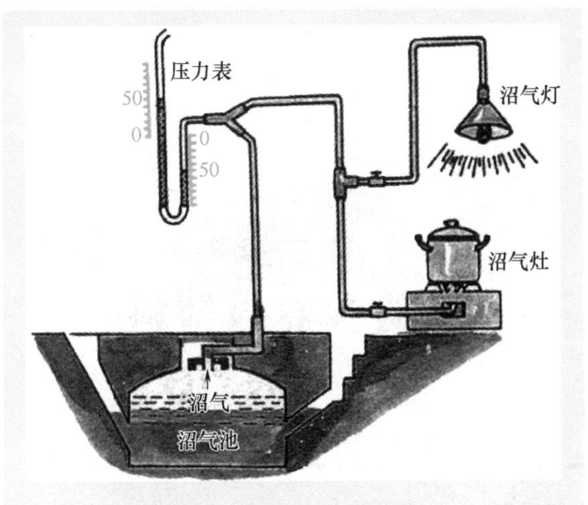

图 2-8　利用沼气照明或做饭

【提示】 1. 猪舍温度过高会造成种公猪性欲降低，甚至出现畸形精子和死精，影响母猪受孕怀胎，降低配种率。怀孕3～25天的母猪在32℃的高温条件下，要比在15℃的温度条件下少产仔猪2～3头。持续27～30℃高温，会影响母猪发情和排卵，显著降低母猪的受孕怀胎率，同时还会造成母猪死胎。

2. 猪的生产性能在空气中氨的体积浓度达到0.005%（50mL/m^3）时开始受到影响，0.01%时会引起食欲降低和各种呼吸道疾病，0.03%时会引起呼吸变浅和痉挛。猪舍氨含量一般应控制在0.003%以内。猪舍内一氧化碳含量应低于0.0025%。猪舍内硫化氢含量不应超过0.001%。

第三章
猪的营养与饲料

第一节　猪的营养与供给

一　水分

水是动物赖以生存的重要的物质，也是最易被人所忽视的物质。在猪的饲养过程中，水一般是通过自动饮水器/水槽等方式自由获得，所以人们往往会忽视水的供应。水压、水温过低或过高，饮水器高度等均会影响到猪的饮水，而饮水量的多少与猪的采食量高低直接相关。水的质量对于猪的生长也有很大影响，在生产中要注意控制水的硬度及水中的亚硝酸盐含量和有害微生物。猪的需水量随饲料种类、天气冷热而不同，饲料干、天气热时，需水量就大。

二　蛋白质

蛋白质是构造猪体组织和体细胞的基本成分，也是组织再生和修复的必需物质。如猪的肌肉、神经、表皮、血液、毛、蹄等器官都是以蛋白质为主要成分。因此蛋白水平与猪的生长密切相关，通常把蛋白质看做是最重要的营养物质。蛋白质也可氧化产生部分能量，但是蛋白质作为能源是不经济的，因此在饲养实践中应尽量避免把蛋白质氧化产生能量这种现象的发生。

三　碳水化合物

碳水化合物是猪体内的主要供能物质。它包括无氮浸出物和粗纤维，其中无氮浸出物是主要供能物质。

猪可以把碳水化合物（主要是无氮浸出物）最终降解为葡萄糖，通过生物氧化而提供大量能量，维持肌肉的活动、体温、血液循环、肺的呼吸、胃肠蠕动和神经传导等一系列生理功能。

四 脂肪

脂肪是畜禽机体组成的重要成分，如神经、肌肉、血液和骨骼中含有卵磷脂、脑磷脂、胆固醇、细胞膜磷脂等，是组织再生和修复所不可缺少的物质。脂肪也是体内主要的能量储备物质。

五 能量

三大有机营养物质中，碳水化合物是主要的能量来源，对猪来说，主要是其中的淀粉。脂肪虽然在三大物质中能值最高，但主要是作为能量储备使用，蛋白质与碳水化合物有相似的能值，但蛋白质有更重要的用途，主要是用来合成体组织和体细胞。

合理设计饲料中的能量水平，提高利用效率是降低饲养成本，提高养殖业效益的重要环节。在确定饲料的能量水平时应注意以下两个原则：一是根据猪的需要确定要提供的能量。能量首先被用来维持基本的生命活动，当饲料中能量水平偏低时，能量主要用来维持生命活动，而不能用于生产畜产品。若能量继续降低，连维持也不能满足时，就会分解体储，如脂肪、糖原甚至蛋白质等，造成体重下降和生产完全停止；二是合理确定能量与蛋白质等其他营养物质的比例。大多数动物都是为能而食，对生长猪和母猪来说，即日粮能量水平的高低决定了采食量，如日粮中能量过高，导致采食量下降，其他营养物质的采食量不足，会影响到动物的生产性能。因此必须设定能量水平和其他营养物质之间的比例。

六 矿物质

矿物质是指除碳、氢、氧、氮四元素以外的其他元素及其形成的化合物，是一类无机的营养物质。在饲料常规分析中是指饲料中的有机物质完全氧化燃烧后，剩余的白色部分，又称为粗灰分。日常所需的矿物质包括钙、磷、钠、钾、氯、铁、铜、锌、碘、硒等。

1. 钙和磷

钙、磷是构成牙齿和骨骼的主要成分。一般认为，猪日粮中钙、磷比例稳定在1∶1～2∶1为宜。

猪饲料中钙、磷水平长期不足会导致缺乏症，如仔猪常发生佝偻病，表现为关节肿大，骨质松软，肋骨念珠状突起等症状。哺乳母猪常发生骨质疏松症和腿病。并出现食欲减退、消瘦、生长缓慢、异食癖、易骨折等症状。

饲料中钙、磷含量过高时，也会产生一些不利影响。如钙过多易出现骨质增生、输卵管结石、肾结石等症状，并影响磷、锰、铁、镁等元素的利用。磷过多易造成钙的不足，引起骨的重吸收。

2. 钾、钠、氯

钾、钠和氯主要分布于体液内，作为调节体液渗透压的物质，同时也是构成缓冲物质的重要离子。在饲养实践中一般是通过添加食盐来提供钠和氯，其添加量哺乳母猪一般为0.5%，生长猪为0.3%左右。

3. 铁

猪体内60%～70%的铁存在于红细胞的血红蛋白和肌肉的肌红蛋白中，20%左右的铁以铁蛋白的形式储存在于肝、脾、肾和骨髓中；其余存在于含铁的酶中。转铁蛋白质除运载铁以外，还有预防机体感染疾病的作用，奶或白细胞中的乳铁蛋白质在肠道能把游离铁离子结合成复合物，防止大肠杆菌利用，有利于乳酸杆菌的利用，对预防新生仔猪腹泻可能具有重要意义。

初生仔猪易患缺铁性贫血。主要是由于仔猪生长快，需要量大，而母乳中的铁含量低，而幼畜体内又没有铁的储备。最常见的症状是贫血，主要特点是血红细胞比正常的少，血红蛋白低。应注意铁的进食量过多也会产生中毒，如腹泻、生长受阻等。

4. 铜

铜与机体多种功能有关，日粮缺铜的主要症状是贫血，与缺铁的症状相似，但不能通过补铁恢复。缺铜还可引起猪骨折或骨畸形。但长期大剂量摄入超过250mg/kg的铜，可产生毒性反应，可表现出生长受阻、贫血、肌肉营养不良和繁殖障碍。

5. 锌

锌为机体多种代谢所必需。家畜缺锌时，最初表现食欲不振、生长受阻；随之发生表皮增厚、龟裂和不完全角质化。幼畜特别是8～12周龄的幼猪最易发生。症状表现为皮肤发炎、结痂、脱毛、少数出现下痢。公猪缺锌，精液品质下降，母猪受胎率降低。高钙或高铜的日粮会加剧缺锌症的发生。但当锌的喂量水平提高到4 000～8 000mg/kg时，就会出现生长受阻、僵直、关节四周出血以及严重骨骼重吸收的中毒现象。

6. 硒

仔猪缺硒会出现白肌病。病猪的肌肉营养不良，横纹肌变性，骨骼肌和心肌变性坏死，幼猪则出现营养性肝坏死和胰腺纤维变性。以上缺硒家畜均可突然死亡。缺硒的公猪精子畸形率高，母猪不易受孕怀胎，乳房炎发生率高。

7. 碘

碘是地方性缺乏元素，发生在长期冲刷淋洗的山区与半山区。碘和其他所属卤族元素一样，均易溶于水而从土壤中流失。缺碘的家畜，在胚胎期发育不良，可出现弱胎、死胎及皮毛不全；在仔猪生长期会出现矮小，体躯、神经与性发育受阻；公猪性欲不强，精液品质差；母猪不发情、失配。通常补碘的方式是将碘化钾混入食盐（碘盐），也可以碘酸钙的形式添加。

七 维生素

维生素是维持动物正常生理功能所必需而需要量又极微的一类有机物质。维生素主要是调节和控制机体的生命和各种新陈代谢活动。目前已确定的对畜禽健康和促进生长较重要的维生素有14种。通常根据维生素的溶解特性，将其分为脂溶性维生素和水溶性维生素两大类，每一大类又各包括许多种维生素。

1. 脂溶性维生素

主要包括维生素A、D、E、K等。在消化道内与脂肪一同吸收，凡有利于脂肪吸收的因素均有利于脂溶性维生素的吸收。脂溶性维生素可以在体内蓄积，因此摄入过量的此类维生素可引起中毒。

（1）维生素A与胡萝卜素　天然维生素A仅存在于动物体内，而胡萝卜素则存在于植物体中。胡萝卜素或类胡萝卜素可在小肠及肝脏中经胡萝卜素酶的作用转变为维生素A，所以胡萝卜素又称维生素A原。维生素A在猪的肝脏贮积量较其他家畜少，因此在集约化的饲养条件下，应注意维生素A的供应。

维生素A是细胞代谢必不可少的物质，有促进生长发育、维护骨骼健康的作用。缺乏时幼畜表现为生长停滞，发育不良，眼球突出，步态不稳，运动失调等。维生素A是构成视觉细胞内感光物质的原料，有保护视力、支持视紫质的正常效能，缺乏时会出现视力减退，导效夜盲症。维生素A能维护上皮组织健康，增强对疾病的抵抗力，缺乏时引起上皮组织干燥和过度角化，易于感染疾病。

（2）维生素D　维生素D是类固醇的衍生物，其中以D_2和D_3对家畜具有营养意义。维生素D的主要功能是调节钙、磷代谢，维持血钙、血磷的正常浓度，促进骨骼及牙齿的钙化和发育。缺乏维生素D，机体钙、磷平衡受到破坏，从而导致骨骼疾病，幼畜会出现佝偻病，成畜可引起骨质疏松症。但维生素D食入量过多也可引起中毒，表现为钙的重吸收增加，导致软组织中钙的沉积异常，使骨骼松脆，易变形及断裂。

（3）维生素E　维生素E是一种天然的抗氧化剂，具有生物抗氧化能力，可保护细胞膜脂质的氧化变质，维持细胞膜的完整。维生素E与硒协同终止体脂肪的过氧化降解作用，减少过氧化物的生成，维生素E具有对黄曲酶毒素、亚硝基化合物等的抗毒作用。维生素E对某些特定蛋白质的合成有影响。维生素E还具有调节前列腺素合成的作用以及生殖系统正常功能的作用。维生素E缺乏时，幼畜发生肌肉营养性障碍，患白肌病；猪出现肝坏死。

（4）维生素K　维生素K是一类促进血液凝固的萘醌衍生物。维生素K具有促进和调节肝脏合成凝血酶原的作用，从而保证血液的正常凝固。缺乏时，创伤的凝血时间延长，皮下出血，在仔猪还出现食欲不振、感觉过敏和贫血等症状。

2. 水溶性维生素

水溶性维生素包括维生素B族和C。维生素B族中，各种维生

素的理化性质和生理功能并不相同，但它们都溶于水，分布相似，常相伴随存在。猪的水溶性维生素大部分应由饲料供给，水溶性维生素具有多吃多排、体内贮储少的特点，所以短期缺乏即可降低有关酶的活性，影响机体代谢和降低生产能力，超量供给也不易发生中毒现象。

（1）维生素 B_1　维生素 B_1 又称硫胺素，有增进食欲、促进消化的功能。缺乏时，早期表现为食欲减退、消化不良、呕吐、腹泻，严重时可出现心肌坏死和心包积液现象。米糠、麸皮和酵母富含维生素 B_1，青饲料、优质干草中含量也多，猪一般不易缺乏。

（2）维生素 B_2　维生素 B_2 又称核黄素。它们是生物氧化过程中不可缺少的主要物质，对促进蛋白质、脂肪、碳水化合物的代谢，促进生长、维护皮肤和黏膜的完整性及眼的感光等均有重要的作用。缺乏时会妨碍细胞的氧化作用，物质代谢发生障碍，出现缺乏症。猪表现为食欲减退，生长停滞，被毛粗乱，眼角分泌物增多，晶体混浊，繁殖性能下降。核黄素在酵母中的含量很丰富，青饲料中的含量也较丰富，但在谷实、糠麸、块根、块茎及饼类饲料中较为缺乏。因此，在猪日粮中应注意补加商品核黄素。

（3）维生素 B_3　维生素 B_3 又称烟酸、尼克酸、维生素 PP。缺乏时，辅酶 A 的合成受阻，影响体内生物氧化，代谢发生障碍。猪表现为食欲下降，生长缓慢，出现皮肤炎症与癞皮病，胃肠道发炎，引起腹泻。烟酸在酵母、鱼粉、花生饼中含量丰富，在谷实（除玉米外）、糠麸中含量也较多。但在谷实及其加工副产品中所含有的烟酸为结合状态，猪对其利用率很低。应注意补加合成的烟酸。

（4）维生素 B_5　维生素 B_5 又称泛酸。泛酸缺乏时，猪表现为生长缓慢、皮炎、下痢、运动失调、呈现“鹅步”、脱毛、贫血，严重者可死亡。泛酸的来源较广泛，如糠麸、苜蓿粉及植物性蛋白饲料中的含量均较丰富，谷实中含量也较多，故在一般饲养情况下，家畜缺乏泛酸的可能性甚小。若需要添加，则用商品泛酸钙。

（5）维生素 B_6　维生素 B_6 包括吡多醇、吡哆醛和吡哆胺 3 种化

合物，三者皆为吡啶衍生物。维生素 B_6 缺乏时可造成神经系统损害。猪表现为运动失调，严重时可导致癫痫性痉挛。猪还表现为生长严重受阻、皮肤炎、心肌变性等症状。维生素 B_6 的来源广泛，其中以谷实、豆类、肉骨粉、酵母等饲料含量较多，而块根、块茎、牛奶中则含量较少，加上家畜消化道细菌合成的数量，一般不会出现缺乏症，但对舍饲动物一般还要额外添加。

(6) 生物素（维生素 H） 生物素是一种含硫维生素。缺乏则对蛋白质、脂肪和碳水化合物的代谢均有影响。在一般饲养条件下，家畜肠道细菌合成的生物素可满足需要，但在漏缝地板养猪生产中也曾发现生物素缺乏症，表现为脱毛、皮炎、痉挛及蹄裂等症状。在种猪生产中尤其应注意生物素的添加。生物素广泛存在于各种饲料中，谷实、糠麸、青草、鱼粉等均有较多的生物素。

(7) 叶酸（维生素 M） 叶酸有造血功能，与核酸、血红蛋白的合成有密切关系，对红细胞的形成有促进作用。叶酸缺乏时，发生巨红细胞性贫血，使白细胞和血小板减小；生长速度下降，被毛颜色变浅。最近认为在妊娠母猪日粮中添加叶酸可以降低胚胎死亡率，提高产仔数、出生活仔数。叶酸来源广泛，在青饲料、谷实、酵母等中均含量丰富，动物性饲料中含量也较多。动物由饲料供应和肠道微生物合成的叶酸可满足需要，但在口服磺胺类药物时，可抑制合成叶酸的微生物生长，可能引起叶酸的缺乏。

(8) 维生素 B_{12} 维生素 B_{12} 是许多酶的辅酶，参与核酸和蛋白质的合成，促进红细胞的发育和成熟。缺乏时，仔猪表现为生长不良，被毛粗糙，后腿运动失调，正常红细胞性贫血，肝和甲状腺肿大；母猪易流产，畸形胎儿多。植物性饲料中不含有维生素 B_{12}，动物性饲料中含有维生素 B_{12}，如鱼粉每千克干物质含维生素 B_{12} 100～200μg。天然维生素 B_{12} 只由微生物合成，它们广泛分布于土壤、淤泥、粪便及家畜的消化道中。集约化饲养的猪日粮中，应注意补充商品维生素 B_{12}。

(9) 胆碱 因分子中有羟基（-OH），故呈显著的碱性。胆碱在体内代谢中对肝中磷脂的合成，加速肝中脂肪的转移和利用，防止肝脏发生脂肪性病变，维持肝脏的正常功能有重要作用。胆碱广

泛分布于各种饲料中，其中在青饲料、酵母、蛋黄和谷实中的含量较丰富。

（10）维生素C 维生素C可以促进肠道内铁的吸收，血浆铁与蛋白的结合，具有解毒和抗氧化作用。维生素C缺乏时，会出现血浆蛋白降低，贫血、凝血时间延长，影响骨骼发育和对铁、硫、氟、碘的利用，引起生长停滞，新陈代谢障碍。各种青饲料中均含有较多的维生素C。但在一般情况下，猪体内合成的维生素C已能满足生长发育的需要。但对于处在食用代乳品的幼畜和高温、运输等环境中的家畜，因体内合成量降低而增加对维生素C的需要量，故应注意补充商品维生素C，有利于减轻应激给动物带来的不利。

【提示】 除了以上的物质外，镁、硫、氟、铬、钼等也是动物必需的微量元素，但这些元素在饲料中一般都可以满足，不需要额外添加。

第二节 猪常用饲料

猪是杂食性动物，但以植物性饲料为主。猪常用的饲料根据营养成分可分为：能量饲料、蛋白质饲料、青饲料、粗饲料、矿物质饲料和添加剂饲料。

一 能量饲料

干物质中粗纤维含量在18%以下、粗蛋白质含量在20%以下的饲料称为能量饲料。这类饲料是猪的重要能量来源，也是猪日粮的主要成分，包括谷实类、糠麸类等。

1. 谷实类饲料

谷物类籽实水分含量低，无氮浸出物含量高，其中主要是淀粉，粗纤维含量低。这类饲料的适口性好，消化利用率很高。这类饲料养分不足之处，首先是蛋白质含量低、品质差，而且赖氨酸、蛋氨酸和色氨酸的含量都很低。其次，这类饲料矿物质含量低，钙含量仅为0.05%左右，磷含量为0.32%，比值也与猪的需要不符，而且

这类饲料的磷多是植酸磷，对猪利用率较差。第三是谷实类饲料缺乏维生素A、维生素D，维生素B族的含量也较少，一般不能满足猪的需要。

（1）玉米 玉米在饲料中用量很大，一般占到45%～60%。玉米在猪日粮中一般采用细粉碎，粉碎筛板用直径1～3mm的筛孔。仔猪可用较细的粒度，可以提高饲料的消化率。

一般采用生喂，但在仔猪阶段，为了提高消化率和适口性，也有采用熟化玉米，如干压片或蒸汽压片、干挤压、湿挤压膨化玉米。熟化可使玉米淀粉发生糊化，提高消化率，改善适口性，并可以杀灭病原微生物。

（2）小麦与次粉 小麦中由于非淀粉多糖含量较高（小麦中含戊聚糖6%左右），在饲料中其配比过多时，能增加食糜黏度，降低食糜通过消化道的速度，因而影响猪采食量。因此，在猪饲料中以小麦为主要能量饲料时，应添加一定量的非淀粉多糖酶制剂，以提高其消化率。在猪日粮中以粗粉碎为宜，否则会影响适口性。

小麦在制作面粉时的副产物称为次粉，其营养成分与小麦接近，经过适当加工后具有一定黏度，在制作颗粒料时是一种很好的原料。

（3）稻谷、糙米及碎米 稻谷中粗蛋白质和限制性氨基酸的含量均较低，粗纤维含量高，有效能值在各种谷实饲料中也是较低的一种，与燕麦籽实相似。稻谷的矿物质中含有较多的硅酸盐，总的微量元素也较低，尤其是钙、铜、锌、硒的含量比其他谷实类明显较低，植酸磷的含量则明显高。

（4）高粱 高粱与其他谷实类相比，粗脂肪含量相对较高，有效能值仅次于玉米、小麦。同样的缺点是蛋白质含量低、品质差，限制性氨基酸、常量元素、微量元素等的含量均不能满足猪的营养需要。高粱的种皮含有较多的单宁，平均含量为0.38%，具有苦涩味，是一种抗营养因子，可阻碍能量和蛋白质等养分的利用，并可降低其适口性。高粱粉喂猪一般不超过饲粮配比的20%，而且其中单宁的含量应控制在0.5%以内，若超过1%，则会降低消化率及增重速度。

2. 糠麸类饲料

糠麸类饲料是谷实类的加工副产品。粮食加工产品如大米、玉

米粉、面粉等为籽实的胚乳，而糠麸则为种皮、糊粉层、胚 3 部分。

（1）米糠及米糠饼/粕 米糠中含有约 13% 的粗蛋白质和 17% 左右的粗脂肪，有效能值仅低于稻谷。米糠及糠饼中均有较高的含硫氨基酸，富含铁、锰、锌，缺陷为磷含量大于钙含量的 20 倍以上，其比例极不平衡。同时植酸磷的比重很大，不利于其他元素的吸收利用。饲用量过大或贮储不当均会引起下泻，抑制猪的正常生长，还会造成猪肉脂肪发软。因此米糠需经热处理，如膨化处理或压榨处理。

（2）小麦麸 俗称麸皮，是以小麦籽实为原料加工制粉后的副产品之一。麦麸的粗纤维含量较高，有效能值较低，属于低能饲料。麦麸含有较丰富的磷、铁、锌、锰，但磷的质量不高，大部分是植酸磷，不利于矿物元素的吸收。由于维生素多集中于麦粒的糊粉层中，故麦麸富含维生素 E、烟酸和胆碱。

在猪的饲粮中，添加小麦麸可调节养分含量与改变精料的沉重性质，在妊娠母猪中可以起到饱感作用。其次，麦麸具有轻泻性质，产后母猪给予适量的麸皮粥，可以调节消化道的机能。此外，麸皮的吸水性强，在干饲大量麸皮时可造成便秘，应当注意。

二 蛋白质饲料

蛋白质饲料是指干物质中粗纤维含量在 18% 以下，粗蛋白质含量在 20% 以上的饲料。这类饲料的粗纤维含量低，可消化养分多，容重大，属于精饲料，是配合饲料的主要成分之一。猪常用的蛋白质饲料可分为植物性蛋白质饲料、动物性蛋白质饲料和单细胞蛋白质饲料。

1. 植物性蛋白质饲料

植物性蛋白质饲料又可分豆类籽实、饼/粕类和糟渣类，是猪饲料中使用最为广泛的蛋白质饲料。饼/粕是豆科和油料作物籽实制油后的副产品。通常将压榨法制油所得饼状渣称为油饼，用溶剂浸提法制油后的副产品称为油粕。用作猪饲料的饼粕常见的有大豆饼（粕）、棉籽饼（粕）、菜籽饼（粕）、花生饼等。

（1）大豆饼/粕 大豆粕/粗蛋白含量高，一般为 40% ~50%，

必需氨基酸含量高，组成合理。目前，我国生产的大豆粕按蛋白含量不同分为43%蛋白和46%蛋白两种。赖氨酸含量在饼/粕类中最高，约2.4%～2.8%，赖氨酸与精氨酸比约为100∶130，比例较为恰当。异亮氨基酸含量是饼/粕饲料中最高者，约为2.39%，是异亮氨基酸与缬氨酸比例最好的一种饲料。大豆饼/粕中色氨酸、苏氨酸含量也很高，与谷实类饲料配合可起到互补作用。蛋氨酸含量相对较低，但在猪的玉米豆粕日粮中一般不需添加。

（2）棉籽饼/粕 棉籽饼/粕中粗蛋白含量较高，达34%以上，棉仁饼/粕中粗蛋白含量可达41%～44%；目前生产的多为脱壳生产的棉仁饼/粕。氨基酸中赖氨酸含量较低（1.30%～1.38%），仅相当于大豆饼/粕的50%～60%，蛋氨酸含量也低（0.40%～0.44%），色氨酸含量0.29%～0.33%，精氨酸含量较高，赖氨酸与精氨酸之比在100∶270以上，氨基酸比例不如大豆饼/粕合理。

一般棉籽饼/粕中含有棉酚、环丙烯脂肪酸、单宁和植酸等抗营养因子。棉酚对猪具有毒性。一般作为饲料用的棉籽饼/粕应控制在10%以下。

（3）菜籽饼/粕 菜籽饼和菜籽粕的粗纤维素含量较高，氨基酸组成相对平衡，含硫氨基酸较多，且精氨酸含量低，精氨酸与赖氨酸的比例适宜，是一种良好的氨基酸平衡饲料。

菜籽饼和菜籽粕中的主要抗营养因子是硫葡萄糖苷、芥子碱、植酸和单宁等。其中硫葡萄糖苷的代谢产物对猪有毒。菜籽饼/粕用量：肉猪应限制在5%以下，母猪则低于3%；经处理后的菜籽饼/粕，肉猪可用至15%，无不良影响，为防止软脂现象，用量应低于10%，种猪用至12%，对繁殖性能无不良影响。

（4）酒精糟 湿酒糟水分含量太高，不易保存，需要经过烘干处理，才能作为配合饲料的原料。酒精糟是以甘薯、木薯、玉米、高粱、糖蜜等为原料，先将其粉碎、加水蒸煮、冷却、糖化后，在糖化液中加入酿酒酵母，发酵制得酒精；发酵液内酒精含量仅为6%～8%，经蒸馏分离、浓缩成为酒精，而剩余的含水95%以上的废液经浓缩干燥可制成酒精糟。干酒精糟根据发酵工艺的不同又分为脱水酒精糟和含可溶物的脱水酒精糟。

【注意】 1. 大豆饼/粕中含有抗原蛋白，能引起仔猪的过敏性腹泻，因此在仔猪日粮中用量受到限制，在生长肥育猪和母猪日粮中用量可不受限制。

2. 由于适口性较差，在乳猪、仔猪以及种公猪饲料中一般不用棉籽饼/粕、菜籽饼/粕。花生饼具有很好的适口性，是猪的优质蛋白质饲料，但因其赖氨酸和蛋氨酸含量不足，饲喂时应补充动物性蛋白质饲料或氨基酸添加剂。

2. 动物性蛋白质饲料

动物性蛋白质饲料主要包括鱼粉、肉粉和肉骨粉、动物血液制品、水解羽毛粉和皮革蛋白粉等。其营养价值通常较植物性蛋白质高。

（1）鱼粉 鱼粉是应用最为广泛的动物性蛋白质饲料，是由整鱼或渔业加工废弃物制成。鱼粉是优质的蛋白质饲料，不仅蛋白质含量高，而且赖氨酸、含硫氨基酸和色氨酸等必需氨基酸的含量均很丰富。鱼粉还富含 B 族维生素，特别是维生素 B_{12} 的含量很高，核黄素、烟酸也多。鱼肝和鱼油中富含维生素 A、D。

（2）血粉 血粉是以畜、禽血液为原料，经脱水加工而成的粉状动物性蛋白质补充饲料。血粉在使用时也应注意其新鲜度，防止霉变、生虫。普通血粉在猪饲料中的用量不宜超过 4%；喷雾干燥血粉消化率高，用于断奶仔猪饲料时可提高采食量，促进仔猪生长发育。

（3）肉骨粉和肉粉 饲料用肉骨粉和肉粉是屠宰场、肉品加工厂的下脚料中除去可食部分后的残骨、皮屑、内脏、碎肉等原料经熬油、干燥、粉碎而制成的产品。非传染病死亡的动物躯体、油脂厂提取油脂后的动物残渣及动物脏器制药后的残渣等，也用来加工肉粉或肉骨粉。我国规定含骨量超过 10% 为肉骨粉。美国将含磷量在 4.4% 以下者称为肉粉，在 4.4% 以上者则称为肉骨粉。

3. 单细胞蛋白质饲料

单细胞蛋白质饲料有酵母、细菌、真菌、微型藻类和某些原生动物。饲用酵母包括石油酵母和工业废液酵母两类，粗蛋白 40% ~

60%，蛋白质的生物学价值介于动物蛋白与植物蛋白之间，赖氨酸含量高，蛋氨酸为主要限制氨基酸。维生素B族中的硫胺素、核黄素、烟酸及泛酸含量特别丰富，但酵母类饲料质量不稳定，现在已很少使用。

饲料酵母适口性好，在猪饲料中适当添加酵母，可以提高猪对饲料的消化率，改善食欲，增加饲料的进食量和提高饲料转化效率。用于母猪饲料中还有减缓便秘的功效。

> **【注意】** 猪饲粮中加入适量的鱼粉，均能显著地提高利用效率。但鱼粉能引起肥育猪肉质有异味，屠宰前1个月应停喂。肉骨粉和肉粉主要用作生长猪的饲料，用量一般控制在5%以下为宜。

三 矿物质饲料

矿物质饲料是补充猪矿物质需要的饲料。常用的矿物质饲料以补充钙、磷、钠、氯等常量元素为主。

1. 含钙的矿物质饲料

一般在青饲料和动物性饲料中的矿物质含量比较平衡，钙的含量也较多，而精饲料中一般含量不足，不能满足猪的需要，通常需补钙。含钙的矿物质饲料主要有：石粉、贝壳粉、蛋壳粉、石膏、碳酸钙和硫酸钙等。

2. 含钙、磷的矿物质饲料

既含钙又含磷的矿物质饲料在生产中使用得较为广泛，通常与含钙的饲料共同配合使用，以保证饲粮的正常钙、磷比例。这类矿物质饲料有骨粉、磷酸钙、磷酸氢钙、磷酸二氢钙等。

3. 含钠的矿物质饲料

大多数植物性饲料中含钠和氯较少，故生产实践中一般通过补充食盐来满足猪对钠、氯的需要。另外，食盐可提高饲料的适口性，增强动物的食欲。

一般食盐在猪风干日粮中的用量为0.25%~0.5%为宜。我国目前饲料生产中允许使用的食盐为食用级碘盐。食盐喂量不可过多，否则会造成食盐中毒。猪日粮中食盐配合过多或混合不匀，都会引起食盐中毒。

四 饲料添加剂

饲料添加剂是指在配合饲料中加入的各种微量成分，其功能是完善饲料的营养成分，提高饲料效率，促进畜禽生长和预防疾病，减少饲料在贮储期间的营养损失以及改善畜产品的品质。

饲料添加剂可分为三大类：一类是给畜禽提供营养成分的物质，通称营养性添加剂，主要是氨基酸、微量元素与维生素；另一类是促进畜禽健康与生长的物质，称为药物性添加剂，包括抗生素、杀菌剂、驱虫剂和改变代谢功能的各种激素和酶制剂等；第三类是饲料加工及贮储剂，包括抗氧化剂、防腐防霉剂、乳化剂、分散剂、稳定剂、抗结块剂以及起诱食作用的增味剂与色素等。后两类又都称为非营养性添加剂。

1. 营养性添加剂

（1）微量元素添加剂 猪饲料中常添加的微量元素有铁、铜、锌、锰、硒、碘、钴等。

1）铁。常用的含铁添加剂有硫酸亚铁、碳酸铁、氯化铁、柠檬酸铁和氧化铁等。其中以硫酸亚铁的生物学效价较高，氧化铁最差。国家标准饲料级硫酸亚铁为蓝绿色结晶，铁含量≥19.7%，砷≤0.0002%，铅≤0.002%。

2）铜。含铜的添加剂有碳酸铜、氧化铜和硫酸铜等。其中硫酸铜不仅生物学效价高，而且还有抗菌作用，饲用效果较好，应用也较广泛。国家标准饲料级硫酸铜为浅蓝色结晶粉末，铜含量≥25.06%，砷≤0.0005%，铅≤0.001%，细度要求95%通过800μm筛。国外使用碱式氯化铜较多，稳定性更好。

3）锌。作为补锌的添加剂有氧化锌、碳酸锌和硫酸锌等。它们的生物学效价都较高，而含锌量则以氧化锌为最高，为70%~80%，比硫酸锌含量高约1倍以上，价格也比硫酸锌便宜。饲料用氧化锌的细度要求98%通过150μm筛。国家标准饲料级硫酸锌分为一水硫酸锌和七水硫酸锌两种，其中常用的一水硫酸锌的外观为白色结晶粉末。一般的猪饲料中多添加硫酸锌，氧化锌在仔猪料中添加量可达2 000~3 000mg/kg，对于预防断奶仔猪腹泻有良好效果，但使用

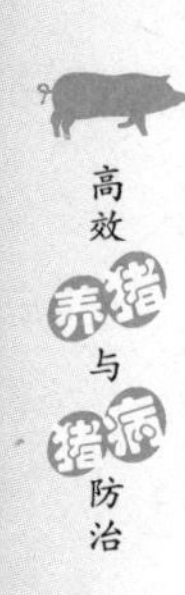

期一般不超过两周。

4）硒。添加硒元素用硒酸钠或亚硒酸钠。亚硒酸钠是毒性极强的物质，使用时必须特别慎重。在配合饲料中要充分拌匀，以防止硒中毒。国家标准饲料级亚硒酸钠为无色结晶性粉末，硒的含量≥44.7%，水分≤2.0%。并明确规定不准将其直接添加于饲料中，而是要制成含硒的预混剂再添加于饲料，一般多用含硒1%的预混剂。更为安全高效的酵母硒目前在饲料中使用也越来越多，尤其在母猪和仔猪饲料中。

5）碘。常用的含碘化合物有碘化钾、碘化钠、碘酸钾、碘酸钠和碘酸钙等。前几种化合物不够稳定，易分解而引起碘的损失。碘酸钙在水中的溶解度较低，也比较稳定，生物学效价和碘化钾近似，故也常被利用。碘酸钙含碘量在61.8%～63.8%；含水量低于1.0%，要求细度为5%通过180μm筛。国家标准饲料级碘化钾为白色结晶，碘含量≥74.9%，砷≤0.0002%，铅≤0.001%，钡≤0.001%，细度要求95%通过800μm试验筛。

（2）维生素添加剂 作为添加剂的维生素并列入饲养标准的有：维生素A、维生素D_3、维生素E、维生素K_3、硫胺素、核黄素、维生素B_6、维生素B_{12}、胆碱、叶酸、泛酸和生物素等。它们以单独一种维生素或由多种维生素组成的复合维生素制剂，直接加入或与其他添加剂一起加入饲料中使用。

（3）氨基酸添加剂 目前人工合成并作为添加剂使用的氨基酸主要有赖氨酸、蛋氨酸、苏氨酸和色氨酸等，前两者最为普及。随着低蛋白日粮的推广应用，更多的合成氨基酸将会被用到饲料中。

1）赖氨酸。饲料级L-赖氨酸盐酸盐，为白色或淡褐色粉末，无味或微有特殊气味，易溶于水，1∶10水溶液的pH为5.0～6.0。目前赖氨酸的添加形式主要有赖氨酸盐酸盐和硫酸盐两种形式，其赖氨酸含量分别为78%和50%左右，其利用效率相当。在添加赖氨酸过多时，要适当考虑电解质的平衡。

2）蛋氨酸。蛋氨酸在饲粮中的添加量，原则上只要补足饲料中蛋氨酸的不足部分。蛋氨酸和胱氨酸都是含疏氨基酸，两者在猪体内可以互补，故也可用蛋氨酸加胱氨酸补足饲料中蛋氨酸的不足部分。

3）苏氨酸。苏氨酸通常是猪的第二或第三限制性氨基酸。随着合成苏氨酸的价格走低，其在日粮中的应用也越来越多。

4）色氨酸。也属于最易缺乏的限制性氨基酸之列。但由于价格较高，目前主要用于乳仔猪日粮和低蛋白日粮中。

2. 非营养性添加剂

（1）药物性添加剂

1）抗菌促生长剂。包括抗生素和抗菌剂等。其作为饲料添加剂的主要功能是抑制与宿主争夺营养成分的微生物；或促进消化道的吸收能力，提高动物对饲料的消化率；或抑制病原微生物的繁殖，增进畜体健康。抑菌促生长剂的作用特别是在卫生条件较差、日粮营养不完善时更为显著。

2）驱虫保健剂。驱虫药物种类很多，但一般毒性较大，只能在疾病暴发时短期使用，而不宜添加在饲料中长期调用。此类添加剂包括驱蠕虫剂及抗球虫剂。

蠕虫种类很多，驱虫药也很多。目前效果最好的是属于氨基糖苷类抗生素的潮霉素 B 和越霉素 A。抗球虫剂是最主要的驱虫保健添加剂，养猪生产中主要用于仔猪阶段，如盐霉素类，既有抗球虫作用，还有促生长作用。

3）中草药促生长剂。中药作添加剂其机理、作用主要是健脾、活血、清热、安神、驱虫等。中药添加剂的优点是一般无副作用，至今还未发现抗药性。另外，中药材来源较广，因此应用中药添加剂有着广阔的发展前景。

（2）饲料保存剂

1）抗氧化剂。主要用于防止饲料中脂肪和维生素及其他养分因氧化受损失。合成的抗氧化剂从体内排出一般比天然的快，基本上不蓄积，但在饲料中添加乙氧喹过多，如含量达到 0.1% 时，会使脂肪和肥膘色泽变暗或发黄。

2）防霉剂。饲料防霉剂主要有丙酸、丙酸钠、丙酸钙、山梨酸及其盐类、苯甲酸及其盐类等。国家标准饲料级丙酸钠含量≥

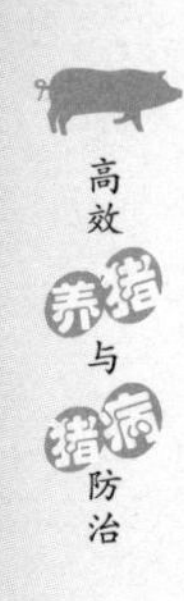

99.0%，干燥失重≤5.0%；丙酸钙含量≥98.0%。饲料中添加量：丙酸钠1kg/t，丙酸钙2kg/t。山梨酸及其盐类、苯甲酸及其盐类都是食品添加剂，但也可用作饲料添加剂。

3）抗结块剂与粘结剂。抗结块剂的功能是使饲料和添加剂保持流动性，以利在自动控制的饲料加工中的混合及输送操作。盐和尿素这两个组分最易因吸湿而结块。

抗结块剂有柠檬酸硬脂酸钠及其钾、钙的盐，木质素磺酸盐类、二氧化硅、硅酸钠、块滑石、膨润土、高岭土等。

4）调味剂。猪对饲料的气味比较敏感。为了增进其食欲，或掩盖某种饲料组分的不良气味，常在饲料中加入各种香料和调味剂。猪对奶香/果香有一定偏爱，而对甜味/咸味和鲜味有一定偏好。目前生产中的甜味剂多数是以糖精钠为主的产品，需要注意的是这些物质本身没有应用价值，和天然的甜味物质如蔗糖等不同。

5）酸化剂。酸化剂是一类作为饲料添加剂的有机酸的统称。常用的有机酸包括乳酸、富马酸、丙酸、柠檬酸、甲酸、山梨酸等。酸化剂的主要功能是补充幼年动物胃酸的分泌不足，降低胃肠道pH值，促进无活性的胃蛋白酶原转化为有活性的胃蛋白酶；减缓饲料通过胃的速度，提高蛋白质在胃中的消化，有助于营养物质的消化吸收；杀灭肠道内有害微生物或抑制有害微生物的生长与繁殖，改善肠道内微生物菌群，减少疾病的发生；具有良好的适口性，刺激动物唾液分泌，增进食欲，提高采食量，促进增重。目前商品酸化剂有以下几种：纯酸化学品如延胡索酸和柠檬酸；以磷酸为基础的产品；以乳酸为基础的产品。目前多以复合产品为主，其一般由两种或两种以上的有机酸复合而成，主要是增强酸化效果，其添加量在1～5kg/t。

6）酶制剂。饲用酶制剂按其特性及作用主要分为两大类：一类是外源性消化酶，包括蛋白酶、脂肪酶和淀粉酶等，这类酶畜禽消化道能够合成与分泌，但因种种原因需要补充和强化。其应用的主要功能是补充仔猪体内消化酶分泌不足，以强化生化代谢反应，促进饲料中营养物质的消化与吸收。另一类是外源性降解酶，包括纤维素酶、半纤维素酶、β-葡聚糖酶、木聚糖酶和植酸酶等。这些酶，动物组织细胞不能合成与分泌，但饲料中又有相应的底物存在（多数为抗营养因子）。

目前在生产工艺上比较成熟的酶制剂是纤维素酶、β-葡聚糖酶、木聚糖酶和植酸酶等，这也是市场上用量最大的几种酶制剂。复合酶制剂是由两种或两种以上的酶复合而成的，其包括蛋白酶、脂肪酶、淀粉酶和纤维素酶、非淀粉多糖酶等。

五 青饲料

青饲料指天然水分含量在60%以上的青绿多汁植物性饲料。青饲料种类繁多，包括禾本科、豆科、菊科、莎草科四大类。豆科牧草饲料有：紫花苜蓿、红豆草、豌豆、紫云英、草木樨、三叶草等；禾本科牧草饲料有：青刈玉米、青刈高粱、青刈燕麦、苏丹草、黑麦草等；其他科牧草饲料有：聚合草、苋菜、串叶松香草、苦荬菜等；非淀粉质块根块茎饲料：胡萝卜、甜菜、菊芋等；水生饲料：水浮莲、水葫芦、水花生、绿萍。

如在妊娠前期，由于适当限饲，易引起饥饿感，母猪骚动不安，不利于胚胎着床发育，饲喂青饲料，既可很好地解决猪饥饿感的问题，又可提高繁殖性能。如果青饲料来源充足、便利、价格低廉、可按照表3-1推荐饲喂。

表3-1　各类猪青饲料大致用量

	生长育肥猪	后备母猪	妊娠母猪	泌乳母猪
占饲粮干物质	3%～5%	15%～30%	25%～50%	15%～35%

六 粗饲料

粗饲料是体积大，难消化，可利用养分少，干物质中粗纤维在18%以上的一类饲料。主要包括干草类、农副产品类、树叶类、糟渣类等。粗饲料虽营养价值较其他饲料为低，但因其产量大，通常在家畜日粮中占有较大比重。这类饲料喂猪，不仅对猪没有好处，而且还会起副作用。所以用粗饲料喂猪，应注意质量，同时要合理加工调制，掌握适当喂量。注意适宜的收割时间和贮储方法，防止粗老枯黄。

【小知识】>>>>

猪粪便越黑说明饲料消化的越好吗?

许多养殖户认为粪便黑说明饲料消化好，粪便黄说明饲料消化差，其实衡量饲料消化率的标志不在粪的颜色，而在于饲料转化率，同时，保持粪便正常颜色对疾病诊断具有重要作用。粪便颜色黑是因为饲料中添加了高剂量铜，消化吸收不了的硫酸铜经过一系列变化成为黑色的氧化铜，从而使粪便颜色变黑。在仔猪阶段添加一定量的铜具有促生长效果，但在生长肥育阶段铜已没有作用。目前，国家已对全价料中铜的添加量作了规定：30kg 以下添加量为 0.025%；30 ~ 60kg 添加量为 0.015%；60kg 以上添加量为 0.0025%。

第三节　猪饲料配方设计

一　饲料配方设计原则

饲料配方的设计涉及许多因素制约，配方设计应遵循以下基本原则。

1. 科学性原则

这是饲料配方设计的最基本的原则，主要反映在营养平衡、适口性和饲料容重 3 个方面。

（1）选择适宜的饲养标准　饲养标准是对动物实行科学饲养的依据，因此，经济合理的饲料配方必须根据饲养标准所规定的营养物质需要量的指标进行设计。在选用的饲养标准基础上，可根据饲养实践中猪的生长或生产性能等情况做适当的调整。饲养标准是在一定时间段内对营养需要和饲料科学的研究成果的总结，但其制定和推出具有一定的滞后性，因此，要根据最新的动物营养与饲料科学研究成果，对个别营养需要量数额作及时的调整，从而最大限度地满足猪的营养需要。

（2）掌握猪的营养需要和生理特点　制作饲料时，必须掌握仔猪的营养需要和消化生理特点；生长肥育猪的营养需要特点和日粮配制要点；母猪的营养特点和日粮配制要点：后备母猪、妊娠母猪、围产期母猪、哺乳母猪等各阶段特点。

2. 经济性原则

经济性即考虑经济效益。饲料成本在饲料企业生产中及畜牧业生产中均占很大比重，在追求高质量的同时，往往会付出成本上的代价。营养参数的确定要结合实际，饲料原料的选用应注意因地制宜和因时制宜，要合理安排饲料加工工艺程序和节省劳动力消耗，降低成本。

3. 可操作性原则

配方在原材料选用的种类、质量稳定程度、价格及数量上都应与市场情况及企业条件相配套。产品的种类与阶段划分应符合养殖业的生产要求。还应考虑加工工艺的可行性，例如如果没有低温制粒设备，饲料中乳清粉的含量就不能过高。

4. 安全性与合法性原则

按配方设计出的产品应严格符合国家法律法规及条例，如营养指标、感观指标、卫生指标、包装等。尤其违禁药物及对动物和人体有害的物质使用或含量必须严格遵照国家规定。

二 饲料配方设计步骤

为了配制出一种价格低、效益高的饲粮应遵循下列步骤：第一，查出并列举出所配饲粮饲喂家畜的营养需要或营养供给量。第二，确定什么饲料可以使用，并在饲料成分表中查出其营养成分和营养价值。第三，确定要考虑采用的饲料组成成本。第四，考虑所用饲料的局限性和限量。第五，计算出最经济的饲料配方。

三 猪饲料配方示例

1. 仔猪饲料配方

预混料是添加剂预混合饲料的简称，它是将一种或多种微量组分（包括各种微量矿物元素、各种维生素、合成氨基酸、某些药物等添加剂）与稀释剂或载体按要求配比，均匀混合后制成的中间型配合饲料产品。营养完全的配合饲料，叫做全价料。该饲料内含有能量、蛋白质和矿物质饲料以及各种饲料添加剂等。各种营养物质种类齐全、数量充足、比例恰当，能满足猪生产需要。可直接用于生产，一般不必再补充任何饲料。预混料是全价料的一种重要组分。

（1）仔猪预混料配方（表 3-2）

表 3-2 五种不同配比的仔猪预混料配方

原料	0.5%	1.0%	2.5%	4.0%	5.0%
维生素 A/IU	11 020	5 512	2 204	1 378	1 102
维生素 E/IU	130	66	26.4	16.5	13.2
维生素 K/mg	10	5	2	1.25	1
维生素 B_{12}/μg	55	27.6	11.04	6.9	5.52
维生素 D_3/IU	1 100	551	220.4	137.7	110.2
核黄素/mg	11	5.5	2.2	1.38	1.1
泛酸/mg	27.6	13.8	5.52	3.45	2.76
烟酸/mg	60.6	30.3	12.12	7.58	6.06
胆碱/mg	1 100	550	220	137.5	110
土霉素/mg	220	110	44	27.5	22
磺胺噻唑/mg	100	50	20	12.5	10
锰/mg	200	100	40	25	20
铁/mg	200	100	40	25	20
铜/mg	500	250	100	62.5	50
锌/mg	240	120	48	30	24
碘/mg	1.0	0.5	0.2	0.12	0.10
硒/mg	0.7	0.35	0.14	0.09	0.07
钴/mg	2	1	0.4	0.25	0.2
抗氧化剂/g	2	1	0.4	0.25	0.2
麦饭石粉/g	220	200	200	200	200
喹乙醇/g	10	5	2	1.25	1
赖氨酸/g	320	160	64	40	32
鱼粉/g					300
盐/g				80	60
石粉/g				230	200
磷酸氢钙/g				300	240

(2) 仔猪全价料配方（表3-3）

表3-3　仔猪全价料配方

原　　料	原料规格（%）	仔猪全价料
玉米	CP（粗蛋白）≥8.2	58.5
豆粕	CP≥43	25
国产鱼粉	CP≥60	6.5
乳清粉		6.0
4%预混料		4
合计	DE（消化能）	3220
CP（粗蛋白）（%）		19.5

2. 仔猪饲料配方

(1) 仔猪预混料配方（表3-4）

表3-4　2.5%仔猪复合预混料产品成分含量（15～30kg）

成　　分	含量	成　　分	含量	成　　分	含量
维生素A（IU/kg）	800 000	维生素B_6（mg/kg）	250	铁（g/kg）	12.0
维生素D_3（IU/kg）	250 000	维生素B_{12}（mg/kg）	1.7	铜（g/kg）	32.4
维生素E（IU/kg）	2 500	烟酸（mg/kg）	3 300	锌（g/kg）	13.2
维生素K_3（mg/kg）	500	泛酸（mg/kg）	1 900	锰（g/kg）	3.3
维生素B_1（mg/kg）	160	叶酸（mg/kg）	110	碘（mg/kg）	77
维生素B_2（mg/kg）	500	生物素（mg/kg）	17	硒（mg/kg）	58
水（%）	≤10				

推荐配方：每吨仔猪浓缩料添加本品25kg、赖氨酸8kg、氯化胆碱3kg。

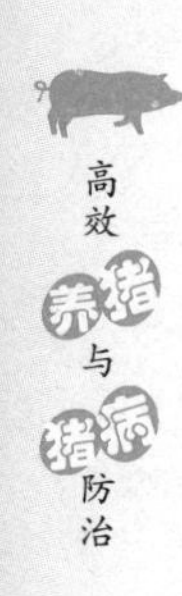

（2）仔猪全价料配方（表3-5）

表3-5　8～22kg仔猪饲料配方示例

饲料组成	配方1（%）	配方2（%）	配方3（%）
玉米	62.80	60.08	57.23
豆粕	22.00	25.00	28.00
鱼粉	5.00	5.00	5.00
乳清粉	5.00	5.00	5.00
豆油	0.80	0.80	0.80
赖氨酸	0.30	0.21	0.12
蛋氨酸	0.13	0.06	0.05
苏氨酸	0.07	0.02	0.00
磷酸氢钙	1.80	1.75	1.70
石粉	0.80	0.78	0.80
食盐	0.30	0.30	0.30
预混料	1.00	1.00	1.00
合计	100.00	100.00	100.00
CP%	18.10	19.16	20.22
DE/(Mcal/kg)	3.221	3.231	3.221
赖氨酸/(g/kg)	1.21	1.21	1.20
蛋氨酸/(g/kg)	0.46	0.41	0.41
苏氨酸/(g/kg)	0.83	0.83	0.86
Ca%	1.00	1.00	1.00
P%	0.78	0.78	0.79

说明：此配方的特点是用合成氨基酸来平衡日粮的氨基酸水平。三种配方的氨基酸水平及氨基酸平衡模式相同，但配方1的蛋白质水平低于其他两个配方。使用合成氨基酸保持日粮氨基酸平衡降低蛋白质含量是降低饲料成本和氮污染的手段。

3. 生长猪饲料配方（表3-6）

表3-6　生长猪全价料配方

饲料组成	配方1（%）	配方2（%）	配方3（%）
玉米，85	69.2	58.5	50.0
豆粕，44	16.1	9.7	3.3
小麦麸	10.87	13.0	12.88
鱼粉，60	1.5	1.5	1.5
豌豆，22	—	15.0	30.0
磷酸氢钙	0.89	0.85	0.85
石粉	0.97	1.00	1.00
食盐	0.2	0.2	0.2
赖氨酸	0.07	0.02	—
蛋氨酸	—	0.03	0.07
预混料	0.2	0.2	0.2
合计	100.00	100.00	100.00

说明：本配方是利用豌豆替代配方中的部分玉米和豆粕的一个较为典型的配方示例，豌豆在营养上具有高能量（淀粉含量较高）和高蛋白（22%粗蛋白含量），高赖氨酸含量等特点，因此可以充分利用其营养特性，设计较为灵活的低成本配方。

4. 哺乳母猪的典型饲料配方（表3-7）

表3-7　哺乳母猪的典型饲料配方

饲料组成	1~20天的母猪（%）	20~30天的母猪（%）
玉米	67	38
豆饼	12	25
花生饼	10	13.0
鱼粉	—	1.5
小麦麸	8.81	10
高粱糠	—	9.65
磷酸氢钙	0.89	0.85
贝壳粉	0.8	1.4
食盐	0.5	0.6
其他	另加土霉素、多维	另加青饲料2.94%

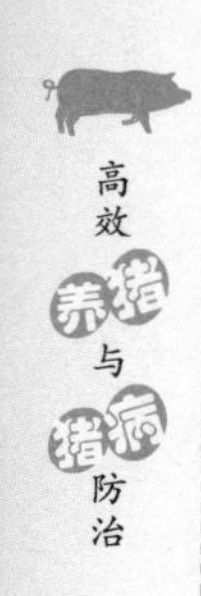

⚠【注意】 配合饲料能够完全满足猪生长、繁殖和生产的营养需要，除水外，不需添加任何物质，可以直接饲喂；浓缩饲料是配合饲料的产品，是为补充蛋白质、矿物质、维生素、微量元素不足而设计的，不能直接饲喂；预混合饲料不能直接饲喂猪，必须与其他饲料按一定比例混合后才能饲喂，是配合饲料的核心，所以有时又称核心料或小料。

第四章
猪的繁殖

第一节　猪的繁殖生理

一　公猪的繁殖生理

公猪的生殖器官包括：睾丸；输精管道，包括附睾、输精管和尿生殖道；副性腺，包括精囊、前列腺和尿道球腺；阴茎（图4-1）。

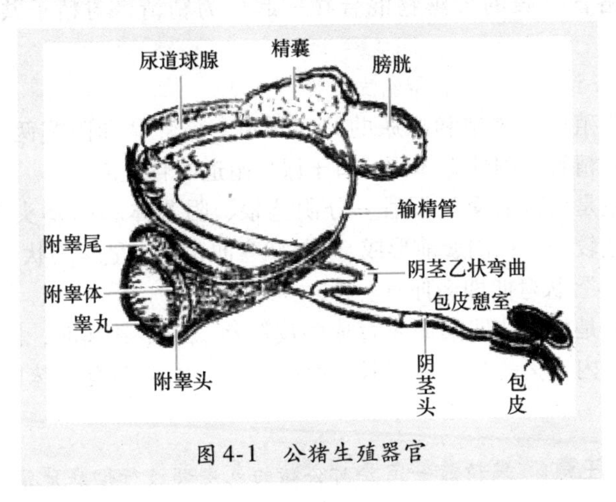

图4-1　公猪生殖器官

1. 睾丸

睾丸的生理机能：一是生精机能，曲精细管的生殖细胞经过多次分裂后最后形成精子；二是分泌雄激素，能激发公猪的性欲及性兴奋，刺激第二性征，刺激阴茎及副性腺发育；三是产生睾丸液。主要作用是维持精子的发生和附睾精子的存活。

2. 附睾

附睾的生理机能：一是精子最后成熟的地方，防止精子膨胀；二是储存精子。在附睾内储存的精子，60 天内具有受精能力。如储存过久，则活力会降低，畸形及死精子会增加，直至最后死亡、被吸收。所以长期不配种的公畜，第一、二次采得的精液，会有较多衰弱和死亡的精子。反之，如果配种过频，则会出现发育不成熟的精子，其标志是精子尾部有原生质滴，故须很好掌握配种频度。

3. 输精管

输精管由附睾管延伸而来，沿腹股沟管到腹腔，折向后方进入盆腔。输精管的主要功能是将精子从附睾尾部运送到尿道。输精管的肌层较厚，交配时收缩力较强。在输精管内通常也储存一些精子。

4. 副性腺

副性腺包括精囊、前列腺、尿道球腺。射精时，它们的分泌物，加上输精管壶腹的分泌物混合在一起称为精清，与精子共同组成精液。

5. 尿生殖道、阴茎和包皮

尿生殖道是排精和排尿的共同管道，分骨盆和阴茎两个部分，膀胱、输精管及副性腺体均开口于尿生殖道的骨盆部。

阴茎是公畜的交配器官。分阴茎根、阴茎体和阴茎头 3 部分。猪的阴茎较细，在阴囊前形成“S”状弯曲，龟头呈螺旋状。阴茎勃起时，“S”状弯曲即会伸直。

包皮是由皮肤凹陷而发育成的皮肤褶。在不勃起时，阴茎头位于包皮腔内。猪的包皮腔很长，有一憩室，内会存有异味的液体和包皮垢。

> ⚠【注意】 采精前一定要对公猪的包皮部进行彻底地清洁。

二 母猪的繁殖生理

母畜生殖器官包括 3 部分：卵巢；生殖道，包括输卵管、子宫、阴道；外生殖器官，包括尿生殖道前庭、阴唇、阴蒂（图4-2）。

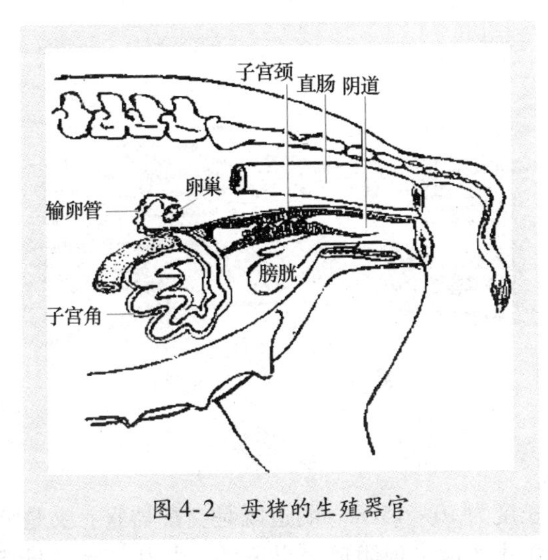

图4-2　母猪的生殖器官

1. 卵巢

卵巢的生理机能：一是卵泡发育和排卵；二是分泌雌激素和黄体酮。雌激素是导致母畜发情的直接因素，黄体酮是维持怀孕必需激素的一种。

2. 输卵管

输卵管的生理机能：一是承受并运送卵子；二是分泌机能。发情时，分泌增多，分泌物是精子、卵子的运载工具，也是精子、卵子及早期胚胎的培养液。

3. 子宫

发情时，子宫借其平滑肌的有节律强而有力的收缩作用，运送精子进入输卵管。分娩时，子宫阵缩排出胎儿。

子宫颈是子宫门户，在不同的生理状况下，收缩和松弛（图4-3）。子宫颈是经常关闭的，以防异物侵入子宫腔。发情时稍开张，以利精子进入。妊娠时，子宫分泌黏液闭塞子宫颈管，防止感染物侵入。临近分娩时，颈管扩张，以便胎儿产出。

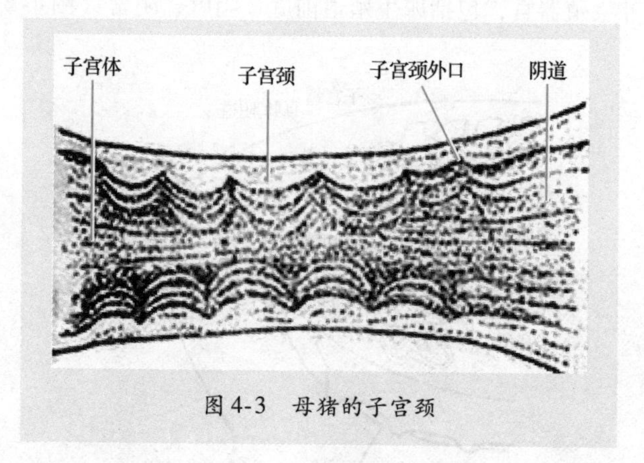

图 4-3　母猪的子宫颈

4. 阴道

猪阴道长度为 10 ~ 15cm。阴道既是交配器官，又是分娩时的产道。应注意防止产后出现阴道脱出体外，尤其是老龄母猪，一旦出现该现象，应及时分离出仔猪，将脱出阴道清洗后送回体内或淘汰母猪。

第二节　母猪的发情与配种

一　母猪的发情及相关概念

1. 发情周期

达到性成熟而未妊娠的母猪，在正常情况下每隔一定时间就会出现一次发情，直至衰老为止，这种有规律的周期称为发情周期。计算方法是由这次发情开始到下一次发情开始的时间间隔。母猪最初的 2 ~ 3 次发情不太规律，以后会基本规律。母猪发情周期一般为 19 ~ 23 天，平均为 21 天。

2. 发情持续期

母猪发情期长短因品种、个体、季节、年龄而异，短则 1 天，长则 6 ~ 7 天，平均为 3 ~ 4 天。春季短，秋季、冬季稍长；国外品种短，地方品种稍长；老龄母猪较青年母猪短。

3. 发情表现

行为方面表现为对外界反应敏感，兴奋不安，食欲减退，鸣叫，爬栏或跳栏，爬跨其他母猪，阴户掀动，频频排尿，随着发情进展，用手按背腰部其表现为呆立不动，举尾不动；发情后期，拒绝公猪爬跨，精神逐渐恢复正常。外阴户表现见表4-1。

表4-1　母猪发情外阴户表现

项　目	前　期	发 情 期
外阴户	微红肿	充血肿胀到透亮（末期紫红皱缩）
黏液	少	多
	水样	黏稠
	透明	半透明（乳白色）
阴道	浅红	深红
	干涩	润滑

4. 适配年龄

母猪性成熟并不等于体成熟，母猪生长发育尚未完成，因此，此时不宜进行配种，过早配种不仅影响第一窝产仔成绩和泌乳，而且也将影响将来的繁殖性能；过晚配种会降低母猪的有效利用年限，相对增加种猪成本。一般适宜配种时间为：引进品种或含引进品种血液较多的品种（系）主张8月龄左右，体重80～90kg，在第二或第三个发情期实施配种；地方土种猪6月龄左右，体重70～80kg时开始参加配种。现代瘦肉型品种或含瘦肉型品种血缘的公猪，开始使用年龄为8～9月龄，体重为100～120kg。

二 发情鉴定技术

1. 外部观察法

直接观察母猪的行为、征象和生殖器官的变化来判断其是否发情。母猪发情开始时，有轻度不安，食欲稍减，阴户有轻度肿胀和充血现象。随后母猪站立不安，常在栏内走动，用嘴咬栏门或用鼻唇拱土。放出栏外主动寻找公猪，遇到公猪时，鼻对鼻闻嗅或闻嗅

公猪会阴部，或用嘴唇拼撞其肋腹部。阴户肿胀充血明显，皱襞展平，黏膜湿润。耳尖外翻，此时进入发情盛期，母猪更狂躁不安，性欲强烈，频频排尿，爬跨其他母猪或接受其他母猪爬跨，若公猪爬跨其背部时则安定不动。

2. 阴道检查法

用开膣器插入母猪阴道，检查生殖器官的变化。如阴道黏膜的颜色潮红充血，子宫颈松弛等，基本可以判定母猪发情。

3. 公猪试情法

将试情公猪赶到待配母猪舍，有公猪在旁时，工作人员按压母猪背部，观察其是否有静立反应，母猪不走动或者按压背部不离开，则可判定母猪发情，可立即配种。

【提示】 试情公猪通常以行动缓慢、口水较多的老龄公猪担任效果较好。

三 配种技术

1. 配种方式

（1）单次配种 母猪在1个发情期内，只配种1次。此法虽然省工省事，但配种佳期掌握不好易影响受胎率和产仔数，实际生产中应用较少。

（2）重复配种 母猪在1个发情期内，用1头公猪先后配种2次以上，其时间间隔为8~12h。生产中多安排2次，具体时间多安排在早晨或傍晚前。此配种方法可使母猪输卵管内经常有活力强的精子及时与卵子受精，有助于提高受胎率和产仔数。此种配种方式多用于纯种繁殖场，或用于青年公猪鉴定。

（3）双重配种 母猪在1个发情期内，用两头公猪分别与之交配，其时间间隔为5~10min，此法只适于商品生产场，这样做的目的可以提高母猪受胎率和产仔数。

2. 配种方法

（1）自由交配 指公、母猪混群饲养，任其自由交配。

（2）人工辅助交配 配种前，公、母猪分开饲养，发情配种时，把母猪赶到固定交配地点，然后赶入配种计划指定的公猪，交配后

公、母猪再分开饲养。

要提高人工辅助交配的效果应注意以下几点：第一，交配场所位置要远离公猪舍，场址要保持安静、清洁、无异物，场地平坦、不打滑，雨天、冷天安排在室内进行。第二，选择有利交配时间，饲喂前后2h，冷天选中午，夏季选早晚。第三，要做好交配前准备工作，外生殖器用0.1%高锰酸钾溶液冲洗，长期不配种的公猪应把衰老精液弃除。第四，配种过程中要稳住母猪，并将其尾巴轻轻拉向一侧，对于公猪，应用手拉开包皮并顺势导入阴道，保证公猪安全。第五，配种结束后手按母猪背腰部或轻拍后臀，以防精液倒流，切忌让母猪躺下，可让其自由活动一段时间；公猪马上回舍，不得立即饮水或进食，更不能洗澡；工作人员及时记录。第六，特殊情况，如体格差异时，要用配种架或人工帮助。

（3）人工授精技术 人工授精是指用人工方法，将公猪精液采出后，经过严格的检查处理，再用器械将精液输入母猪生殖器官的一种配种方法。

① 采精。采精是人工授精工作的首要环节，能否得到量大、品质优良的精液是保证母猪受孕怀胎的前提。

采精一般在采精室进行。当公猪被牵引或驱赶到采精室时，能引起公猪的性兴奋。采精室应平坦、开阔、干净、少噪声、光线充足。采精人员最好固定，以免产生不良刺激而导致采精失败，要尽可能使公猪建立良好的条件反射。设立假母猪供公猪爬跨采精，假母猪可用钢材、木材制作，高60～70cm、宽30～40cm、长60～70cm，假母猪台上可包一张加工过的猪皮。

对于初次采用假母猪采精的公猪必须进行调教，方法是：在假母台后驱涂抹发情母猪的阴道黏液或尿液，也可用公猪的尿液或唾液，引起公猪的性欲而爬跨假母猪；在假母猪旁边放1头发情母猪，引起公猪的性欲和爬跨后，不让交配而把公猪拉下，爬上去，拉下来，反复多次，待公猪性欲冲动至高峰时，迅速牵走或用木板隔开母猪，引诱公猪直接爬跨假母猪采精；将待调教的公猪拴系在假母猪附近，让其目睹另一头已调教好的公猪爬跨假母猪，然后诱使其爬跨。总之，调教要有耐心，反复训练，切不可操之过急，忌强迫、

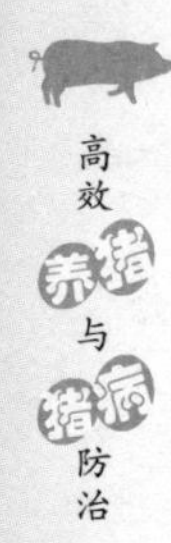

抽打、恐吓。

应准备好集精杯（袋），以及进行镜检、稀释所需的各种物品，若采用重复使用的器材，在每次使用前应彻底冲洗消毒，然后放入高温干燥箱内消毒，也可蒸煮消毒，设备、用品见图4-4～图4-7。

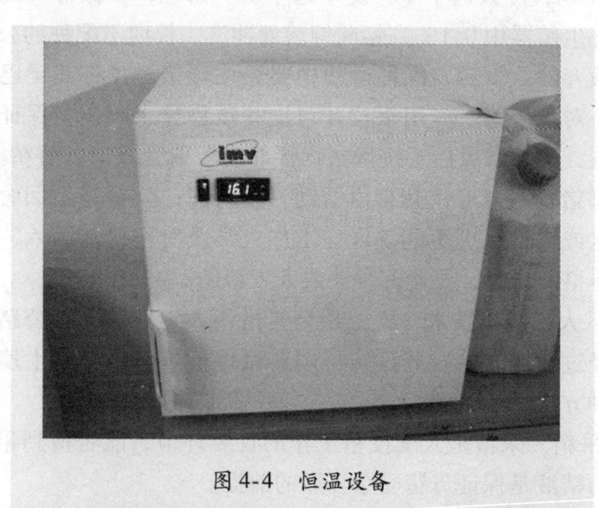

图4-4 恒温设备

图4-5 一次性输精管

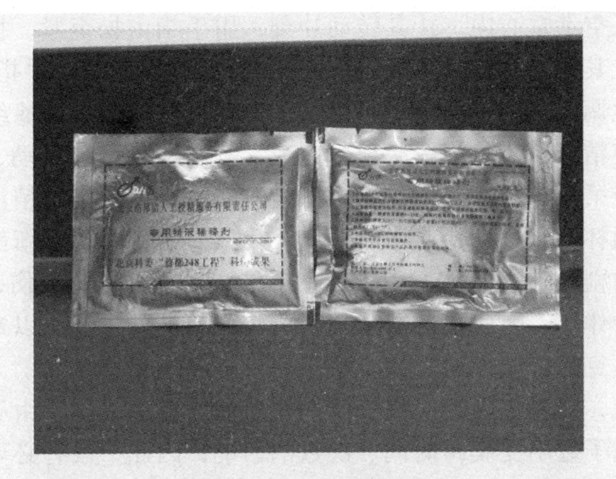

图 4-6　精液营养液

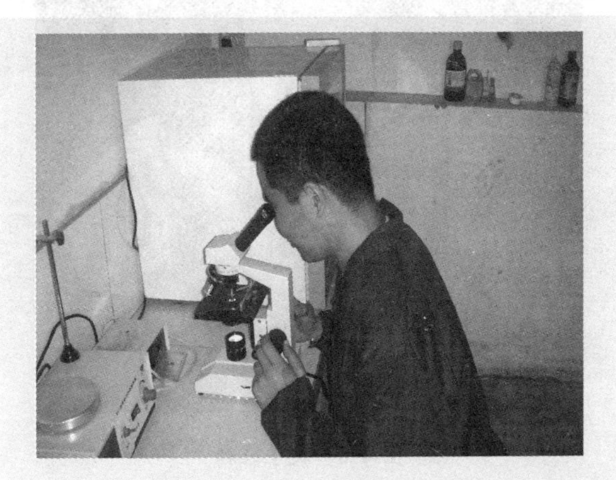

图 4-7　显微镜

采精人员的指甲必须剪短磨光，充分洗涤消毒，以消毒毛巾擦干，然后用75%的酒精消毒，待酒精挥发后即可进行操作。

徒手采精法是目前采集公猪精液时使用得最广泛的一种方法，见图4-8。采精员戴上消毒手套，蹲在假母猪左侧，等公猪爬上后，用0.1%的高锰酸钾溶液将公猪包皮附近洗净消毒，当公猪阴茎伸出

时，导入空拳掌心内，让其转动片刻，用手指由松至紧，握紧阴茎龟头不让其转动，待阴茎充分勃起时，顺势向前牵引，手指有弹性、有节奏地调节压力，公猪即可射精。另一只手持带有过滤纱布的集精瓶收集精液，公猪第一次射精完成，按原姿势稍等不动，即可进行第二或第三、四次射精，直至完全射完为止，采集的精液应迅速放入保温杯中，由于猪精子对低温十分敏感，特别是当新鲜精液在短时间内剧烈降温至10℃以下，精子将产生不可逆的损伤，这种损伤称为冷休克。因此在冬季采精时应注意精液的保温，以避免精子受到冷休克的打击影响保存。集精瓶应该经过严格消毒、干燥，最好为棕色，以避免因光线直接照射精液而使精子受损。由于公猪射精时总精子数不受爬跨时间、次数的影响，因此，没有必要在采精前让公猪反复爬跨母猪或假母猪提高其性兴奋程度。

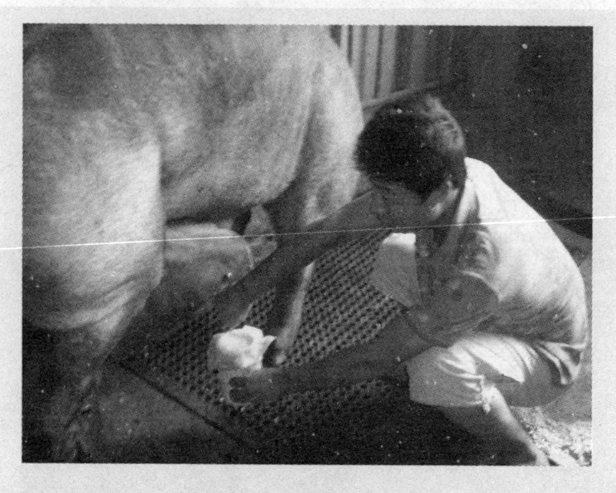

图4-8　徒手采精

② 精液品质的检查。采得精液后，要迅速置于30℃左右的恒温水浴中，以防止温度突然下降对精子造成低温打击。取样时要求动作迅速，所取样本应具有代表性，评定结果力求准确。操作过程中不应使精液品质受到危害，对精液品质标准要进行综合全面的分析。确定精子是否可以用于保存或输精。

精子的活力是指原精液在37℃下呈直线运动的精子占全部精子

总数的百分比。测定方法是将一滴原精液滴在一张加热的显微镜载玻片上，显微镜工作台的温度应保存在37℃，一般鲜精活率应在80%以上，当活率低于40%时精液不可再用于输精。

③ 精液的保存。精液稀释后即可进行保存。目前大都采用常温液态保存，最佳保存温度为16～18℃。为保持这一温度，夏天应将精液保存于恒温冰箱中，冬天则应保存于恒温箱中。虽然，常温保存可将精液保存7天，但在实践中，保存精液不应超过3天。在精液存放阶段，精子多沉淀在容器的底部，因此，通常每天要将容器倒置1～2次，以保证精子均匀地分布在稀释液中。

④ 精液的运输。精液运输时应该注意，运输的精液应附有详细的说明书，标明站名、公猪的品种和编号、采精日期、精液剂量、稀释倍数、精子活力和密度等。运输过程中应防止剧烈的振荡和过大的温度变化。低温保存的精液，运输时应加冰维持低温；常温保存的精液，也应维持较固定的温度。

⑤ 输精技术。猪的输精器由一个医用玻璃注射器和一条软质橡胶导管组成，注射器容量为30～50mL，前端连接一条长50cm的橡胶导管，导管末端呈圆锥形。输精前输精器必须严格消毒，并用1%氯化钠溶液或稀释液冲洗2次。

输精前的准备工作主要是：首先对发情母猪进行发情状况检查，确定合适输精后，清洗母猪外阴及肛门；其次检查所用精液活力，合格者才可用于输精。若为低温保存的精液，升温至35℃左右，活力不低于0.6级；冻精升温解冻后，活力不低于0.3级。输精人员清洗消毒双手、擦干，穿上工作服准备操作。

输精操作时母猪可以不加保定。将精液吸入输精器，在橡胶导管上涂一薄层灭菌凡士林，用以润滑导管。输精员站于母猪后侧，左手将母猪尾捉住，输精员右手持输精器，用拇指和食指握住输精器橡胶导管，将其插入母猪阴道，再向上向前稍稍旋转缓缓推进，通过子宫颈达到子宫体，约25～30cm深。在插入输精导管的过程中如遇母猪左右摆动或向前走动，不必抽出输精管，可叫助手按压母猪的腰荐部；输精员也可用手握住输精器跟随母猪走动的方向移动。当确定输精管已插入子宫体后，轻轻推动输精器活塞，将精液缓缓

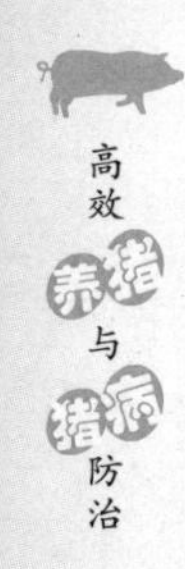

注入子宫内。

细颈塑料软瓶低精量输精是我国推广应用的一项猪的人工授精技术。这项技术是将盛贮精液的塑料软瓶直接接上输精导管输精，一次输精量为10mL。输精时，让母猪自然站立，将塑料软瓶的接头棱削去，手握软瓶颈，将其套在输精导管上，软瓶位置高于母猪的阴户10～15cm，然后缓缓压入精液。当精液输至一半时，取下塑料软瓶，竖立，吸进空气后再套在输精导管上继续输精。输精完毕，取下塑料软瓶，再次套上输精导管，挤压塑料软瓶几次，以免输精导管内残留精液。然后缓慢抽出输精导管，用手按压母猪腰荐部。输精完毕，立即清洗输精器械，晾干备下次用。

表4-2　人工授精的8个步骤

			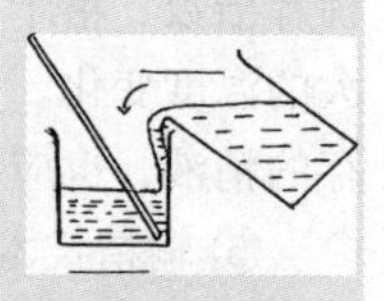
1. 饲养公猪的地方必须干净和舒服，高质量的饲料是生产高质量和高产量精液的一个关键因素	2. 准备工作。混合和搅拌稀释液，准备好集精杯，把所有的采精设备、器皿和用具都预热到37℃	3. 采精最好用专用的假母猪，放的地方一定要保持干净和清洁	4. 稀释精液是通过把原精液向稀释液里慢慢注入来进行稀释和保存（有8个步骤）
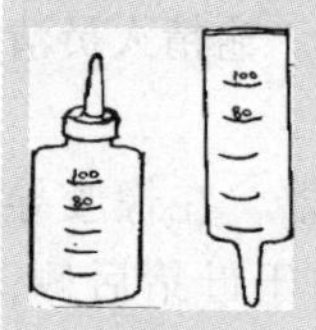	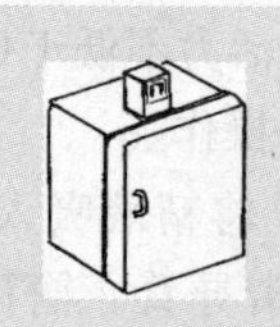	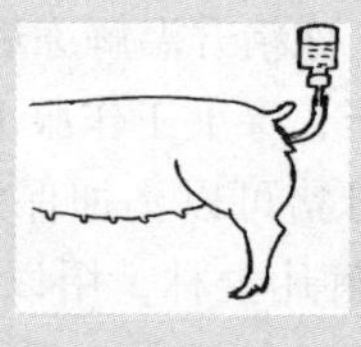	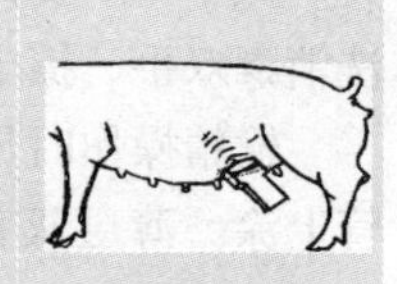
5. 用塑料瓶或塑料管来分装稀释好的精液	6. 把要超过4h后才用的精液放到17℃的恒温冰箱里进行保存	7. 在1个发情期里输精2次。输精前也可给精液预热	8. 在配种后18～23天进行返情检查，24天后进行妊娠检测

【注意】 正常精液精子密度平均每毫升2.5亿（1亿~3亿之间），从镜检看精子密度高的精液往往呈云雾状。猪的一次输精量鲜精液为30~40mL，冻精为20~30mL。

第三节 母猪的妊娠与分娩

一 妊娠

1. 妊娠诊断检查

一般来说，母猪配种后，经1个发情周期未表现发情，基本上认为母猪已妊娠，其外部表现为：疲倦贪睡不想动，性情温驯动作稳，食欲增加上膘快，皮毛发亮紧贴身，尾巴下垂很自然，阴户缩成一条线。

【注意】 配种后不再发情的母猪并不绝对肯定已妊娠，同时要注意个别母猪的“假发情”现象，即表现为发情征状不明显，持续时间短，不愿接近公猪，不接受爬跨。

2. 预产期的推算

母猪配种时要详细记录配种日期和与配公猪的品种及耳号。一旦认定母猪妊娠就要推算出预产期，便于饲养管理，做好接产准备。母猪的妊娠期为110~120天，平均为114天。推算母猪预产期均按114天进行。

3. 母猪假妊娠

母猪并无怀孕，但肚子一天天大起来，乳房膨大，到临产前后甚至还能挤出一些清乳。但最后还是不产仔，而且肚子和乳房又缩回去。这种现象称假妊娠。

假妊娠的原因有：由于胚胎早期死亡、退化、吸收、黄体继续存在、黄体酮继续产生和分泌，好像妊娠继续存在。另外，营养不良，气候多变及生殖器官疾病，造成内分泌紊乱，致使卵巢排卵后形成的黄体不能按时消失，黄体酮继续分泌，抑制了垂体前叶分泌促滤泡成熟素，滤泡发育停止，母猪发情周期延缓或停

止。在黄体酮作用下，子宫内膜明显增生、肥厚，腺体的深度和扭曲度增加，子宫收缩减弱，乳腺小叶发育，个别猪还能分泌清乳。

【小知识】>>>>

怎样解决假妊娠?

改善配种前后营养条件；预防治疗生殖疾病；做好冬季早春的保暖工作；早春配种的猪应多喂青绿多汁饲料，保证滤泡发育。

二 分娩与接助产

1. 分娩前的准备

（1）产房的准备 准备的重点是保温与消毒，空栏1周后进猪。产房要求干燥（相对湿度为60%～75%）、保温（产房内温度为15～20℃），阳光充足，空气新鲜。

（2）用具的准备 产前应准备好高锰酸钾、碘酒、干净毛巾、照明用灯，冬季还应准备仔猪保温箱、红外线灯或电热板等。

（3）母猪的处理 产仔前1周将妊娠母猪赶入产房，上产床前将母猪全身冲洗干净，驱除体内外寄生虫，这样可保证产床的清洁卫生，减少初生仔猪的疾病。产前要将猪的腹部、乳房及阴户附近的污物清除，然后用2%～5%来苏儿溶液消毒，然后清洗擦干。

2. 分娩预兆

乳房分娩前迅速发育，腺体充实，有些乳房底部出现水肿，临近分娩时，可从乳头中挤出少量清亮胶状液体或挤出少量初乳，有的出现漏乳现象。外阴部临近分娩前数天，阴唇皮肤上皱襞展平，皮肤稍红，阴道黏膜潮红，黏液由浓厚黏稠变为稀薄润滑。骨盆部韧带在临近分娩的数天内，变得柔软松弛，由于骨盆韧带的松弛，臀部肌肉出现明显的塌陷现象。猪分娩前6～12h，有衔草做窝现象，出现食欲下降，行动谨慎小心，喜好僻静地方。母猪产前表现与产仔时间关系见表4-3。

表 4-3 产前表现与产仔时间表

产前表现	距产仔时间
乳房胀大	15 天左右
阴户红肿，尾根两侧下陷（塌胯）	3～5 天
挤出乳汁（乳汁透亮）	1～2 天（从前排乳头开始）
衔草做窝	8～16h
乳汁乳白色	6h
每分钟呼吸 90 次左右	4h 左右
躺下，四肢伸直，阵缩间隔时间逐渐缩短	10～90min
阴户流出分泌物	1～20min

3. 接助产

（1）接产技术 临产前应让母猪躺下，用 0.1% 的高锰酸钾溶液擦洗乳房及外阴部。用手指将仔猪的口、鼻的黏液掏出并擦净，再用抹布将全身黏液擦净，撕破胎衣，即“三擦一破”。断脐先将脐带内的血液向仔猪腹部方向挤压，然后在距离腹部 4cm 处用细线结扎，而后将外端用手拧断，断处用碘酒消毒，若断脐时流血过多，可用手指捏住断头，直到不出血为止，可概括为“一勒，二断，三消毒”。剪犬齿，用剪齿钳将初生仔猪上下共 8 颗尖牙剪断，剪时应干净利落，不可扭转或拉扯，以免伤及牙龈。为防止日后咬尾，仔猪出生时应在尾根 1/3 处用钝钳夹断，若为利剪则须止血消毒。必要时做猪瘟弱毒苗乳前免疫，剂量为 3 头/份。切记凡进行乳前免疫的仔猪注射疫苗后 1～2h 开奶。要及时吃上初乳，仔猪出生后 10～20min 内，应将其抓到母猪乳房处，协助其找到乳头，吸上乳汁，以得到营养物质和增强抗病力，同时又可加快母猪的产仔速度。应将仔猪置于保温箱内（冬季尤为重要），箱内温度控制在 32～35℃。做好产仔记录，种猪场应在 24h 之内进行个体称重，并剪耳号。

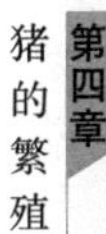

（2）助产技术 将指甲磨光，先用肥皂洗净手及手臂，再用 2% 来苏儿或 0.1% 高锰酸钾溶液将手及手臂消毒，涂上凡士林或油类。将手指捏成锥形，顺着产道伸入，触及胎儿后，根据胎儿进入产道部位，抓住两后肢或头部将小猪拉出；若出现胎儿横位，应将

头部推回子宫，捉住两后肢缓缓拉出；若胎儿过大，母猪骨盆狭窄，拉小猪时，一要与母猪努责同步，二要摇动小猪，慢慢拉动。

⚠【注意】 助产过程中，动作必须轻缓，注意不可伤及产道、子宫，待胎儿胎盘全部产出后，于产道局部抹上青霉素粉，或肌内注射青霉素，防止母猪感染。

(3) 产仔异常母猪的处理 超过预产期3～5天，仍无临产症状之母猪，须进行药物催产，注射氯前列烯醇175μg或前列腺素2mL，一般20～30h后可分娩。

在分娩过程中，母猪虽有努责，但不能顺利产出小猪，或产出1～2头后，间隔时间很长，不再继续产出，对此首先应注射催产素或垂体后叶素20～40国际单位。若半小时后仍未产仔，则须进行人工助产。

【小知识】>>>>

经产母猪不发情怎么办?

断奶后2～3h肌内注射/皮下注射500单位PMSG（PMSG是胎盘分泌的一种激素）。然后，维生素E注射3天，72h内就会发情，发情开始后过18h进行第一次配种；同时注射500单位的HCG，耳静脉注射也可以。初产母猪同经产母猪一样，也是同样处理。

第四节 提高猪繁殖力的措施

猪的繁殖力是养猪生产重要的经济指标，提高猪的繁殖力是提高猪场经济效益的前提。

一 合理使用生殖激素

1. 促性腺激素释放激素

促性腺激素释放激素（GnRH）或促黄体素释放激素（LHRH）是下丘脑释放激素的一种，它产生于丘脑下部特定的神经细胞，属于神经激素。

GnRH主要应用于治疗母猪卵泡囊肿，GnRH及其类似物可使囊肿的卵泡黄体化；促进母猪排卵和排卵集中；提高公猪性欲。

2. 催产素

催产素临床应用于阵缩无力时促进分娩，治疗胎衣不下、子宫出血和促使子宫内容物（如恶露）的排出。

3. 促性腺激素

垂体分泌的促卵泡素（FSH）和促黄体素（LH）、胎盘分泌的孕马血清促性腺激素（PMSG）和人绒毛膜促性腺激素（HCG）都属于促性腺激素。主要治疗母猪的卵巢相对静止；治疗公猪性欲较差、生精机能较弱；也可用于超数排卵。

4. 性腺激素

性腺激素主要有雄激素、雌激素、孕激素三类。雄激素类，如睾酮、脱氢表雄酮；雌激素类，如雌二醇、雌三醇、雌酮；孕激素类如黄体酮、孕烯醇酮。

雄激素主要应用于刺激精子发生，延长附睾精子寿命；促进副性器官的发育和分泌；促进第二性征表现；促进公畜性欲表现。

雌激素主要应用于促进母畜发情和生殖道生理变化；促进乳腺管状系统发育；促进长骨骺部骨化，抑制长骨生长；大剂量可引起雄性不育；发情期雌激素峰引起正反馈作用下丘脑。

孕激素主要应用于促进子宫黏膜层加厚，腺体弯曲度增加，分泌功能增强；抑制子宫的自发性活动；大剂量可抑制发情；子宫收缩，子宫颈黏液变黏稠。

5. 前列腺素

前列腺素（PG）是一类具有较强生物活性的物质，它不是由单一的内分泌腺所产生，属于组织激素。前列腺素 $F_{2\alpha}$（$PGF_{2\alpha}$）是其中一个类型，它与动物的生殖机能有密切关系。子宫内膜是 $PGF_{2\alpha}$ 的主要生产部位。

$PGF_{2\alpha}$对黄体有强烈的溶解作用；对子宫具有强烈刺激平滑肌收缩的作用，对子宫颈有松弛作用；促进公畜副性腺和输精管的收缩，有利于射精及精卵结合。类似物常见的有氯前列烯醇和律胎素等。应用于治疗母猪持久黄体引起的不发情；诱导母猪白天分娩，并具有一定的促进泌乳的作用。

二 定期进行精液品质检测

实行人工授精的公猪，每次采精都要检查精液品质。采用本交（自然交配）的公猪，每月检查精液品质1～2次，如果发现精液品质差时，要及时查找原因，予以解决。

三 提高母猪产仔率， 增加活仔头数

一是控制初配年龄，在正常饲养条件下，母猪初配年龄和体重为：引进品种8～10月龄，体重80～90kg；地方品种6～8月龄，体重60～70kg。二是提高精液品质，选择优良公猪采精后进行镜检，精子活力在0.7级以上即给发情母猪进行人工输精。三是预防胚胎早期死亡，针对胚胎3个死亡高峰（受精第9～13天卵子附着初期、妊娠第三周、第60～70天）合理地供给全价营养，不喂发霉变质、冰冻及有毒性的饲料，减少环境应激影响。四是加强母猪的饲养管理，减少妊娠期间胚胎及胎儿死亡数，增加仔猪抗病力，增加断奶窝活仔数。

四 加强猪的饲养管理

猪的饲养管理对猪的繁殖十分重要。饲养上，为了提高猪的繁殖力，应当加强猪的营养供给，特别是对于高产母猪在妊娠期的营养水平，为母猪提供均衡、全面、适量的各种营养成分，以满足妊娠母猪本身和胎儿生长发育的需要。管理上，要注意猪场环境的影响，尽可能避免炎热或严寒，例如在炎热季节，重点是加强防暑降温措施。同时要做好母猪的发情规律记录，加强流产母猪的检查和治疗，做好妊娠诊断、接产及产后护理等管理工作。

五 控制繁殖障碍性疾病

一些传染性繁殖障碍性疾病危害很大，主要有猪细小病毒病、伪狂犬病、猪乙型脑炎、猪繁殖与呼吸综合征、猪肠道病毒病、猪心肌炎病毒病、猪腺病毒病、猪流感、猪巨细胞病毒病、温和性猪瘟、布氏杆菌病、钩端螺旋体病、弓形虫病等，应高度重视，加强防范。

第五章 种猪的饲养管理

种猪包括种公猪和种母猪两种，饲养种猪的目的是使种猪经常保持提供大量的断奶仔猪，进一步提供较多的商品肉猪，提高经济效益。猪的繁殖力强，表现在公猪射精量大、配种能力强；母猪发情正常，任何季节均可配种产仔，而且是多胎高产。养好种猪是养猪生产的关键。通过改善种猪的饲养管理，可以达到提高其繁殖性能的目的，为现代养猪生产奠定基础。

第一节 种公猪的饲养管理

种公猪的饲养管理目标就是维持种公猪合适的膘情，保持体表卫生，肢蹄强壮，性欲旺盛，精液品质好，生精量大。因此，应经常保持营养、运动和配种，利用这三者之间的相对平衡，做到科学饲养、正确管理、合理利用。

一 种公猪的特点

种公猪具有射精量大、总精子数目多和交配时间长的特点。其射精量可达平均250mL/次（150~500mL/次），总精子数目约1.5亿/mL。交配时间持续5~10min，长的达20min以上。

精液中精子占2%~5%，附睾分泌物占2%，精囊分泌物占15%~20%，前列腺分泌物占55%~70%，尿道球腺分泌物占10%~25%。

二 种公猪的饲养

1. 饲养原则

提供所需的营养以使精液的品质最佳，数量最多；为了交配方便，延长使用年限，种公猪不应太大，这就要求限制饲养。应选用专用公猪料，日喂两次，每头每天喂2.5~3.0kg。配种期每天补喂一枚鸡蛋。每餐不要喂得过饱，以免猪饱食贪睡，不愿运动造成过肥。

> 【提示】 喂鸡蛋应于喂料前进行。

2. 种公猪的营养需要

种公猪精液中干物质的主要成分是蛋白质（3%~10%），尤其种公猪，其精液量大、总精子数目多，需要消耗较多的营养物质，特别是蛋白质，所以必须给予足够的、氨基酸平衡的动物性蛋白质，在配种高峰期可适当补充鸡蛋、矿精、多维等。另外，对维生素A、维生素E、钙、磷、硒等营养要求较高，在大规模饲养条件下，饲喂锌、碘、钴、锰对精液品质有明显的提高作用。

为保证种公猪具有健壮的体质和旺盛的性欲，提高射精量和精液品质，就要从各方面保证公猪的营养需要。体重为90~150kg的种公猪营养需要标准为：粗蛋白12.0%，钙0.66%，总磷0.53%，赖氨酸0.38%，蛋氨酸+胱氨酸0.20%，苏氨酸0.30%。种公猪的饲喂量一般以每天每头给2.5~3.0kg为标准，根据体况和使用情况适量增加或减少，过肥的应少于2kg，体况瘦的可增加0.5~1kg，配过种后可适当增加0.5kg。

3. 饲养方式

一贯加强的饲养方式：全年均衡保持高营养水平，适用于常年配种的公猪。

配种季节加强的饲养方式：实行季节性产仔的猪场，种公猪的饲养管理分为配种期和非配种期，配种期饲料的营养水平和饲料喂量均高于非配种期。于配前20~30天增加20%~30%的饲料量，配种季节保持高营养水平，配种季节过后逐渐降低营养水平。

4. 饲喂技术

要求定时定量，每次不要喂太饱（8~9成饱），可采用1天1次

或2次投喂，喂量需要看体况和配种强度而定，每天饲料摄入量2.5～3.0kg。全天24h提供新鲜的饮水。以精料为主，适当搭配青饲料，尽量少用碳水化合物饲料，保持中等腹部，避免造成垂腹。宜采用生干料或湿拌料。

实践中由于饲养管理不当，常有发生过肥或过瘦的现象。过肥会导致种公猪性欲下降，配种能力差，发现以后应减少能量饲料的饲喂，适当增加青饲料，增加运动量。种公猪过瘦应及时提高饲料的营养水平，减少配种次数，甚至停止使用。

三 种公猪的管理

种公猪舍多采用带运动场的单列式，给种公猪设运动场，保证其充足的运动量，可防止种公猪过肥，对其健康和提高精液品质、延长种公猪使用年限等均有好处。种公猪的管理要重视以下几点。

1. 加强运动

可提高神经系统的兴奋性，增强体质，避免肥胖，提高配种能力和抗病力。对提高肢蹄结实度有好处。运动不足会使公猪贪睡、肥胖、性欲低、四肢软弱、易患肢蹄病。因此，在非配种期和配种准备期要加强运动，在配种期适度运动。一般要求上、下午各运动1次，每次1～2h，约1～2km，圈外驱赶或自由运动，夏季早晚、冬季中午进行。

2. 刷拭和修蹄

每天定时用刷子刷拭猪体，热天结合淋浴冲洗，可保持皮肤清洁卫生，促进血液循环，少患皮肤病和外寄生虫病。这也是饲养员调教公猪的机会，使种公猪温驯听从管教，便于采精和辅助配种。要注意保护猪的肢蹄，对不良的蹄形进行修蹄，蹄不正常会影响活动和配种。

3. 单栏饲养

种公猪必须单栏饲养，否则与公猪合养易相互争咬，造成伤害；与母猪混养要么易性情温顺，失去雄威；要么过早爬跨，无序配种受孕怀胎。

4. 定期检查精液品质

实行人工授精的公猪，每次采精都要检查精液品质。如果采用

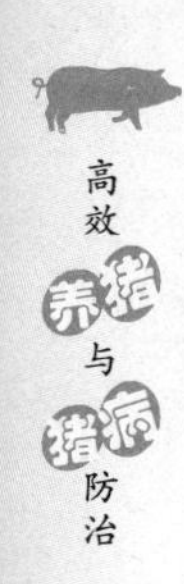

本交，每月也要检查 1 ~ 2 次，特别是后备公猪开始使用前和由非配种期转入配种期之前，都要检查精液 2 ~ 3 次，劣质精液的公猪不能配种。

5. 定期称重

根据体重变化情况检查饲料是否适当，以便及时调整日粮，以防种公猪过肥或过瘦。成年种公猪体重应无太大变化，但需经常保持中上等膘情。

6. 防寒防暑

种公猪的适宜温度为 18 ~ 20℃。一般认为，低温对公猪繁殖力无不利影响；高温会严重影响精液品质，使配种受胎率下降，胚胎存活数减少。冬季猪舍要防寒保温，以减少饲料的消耗和疾病发生。夏季高温时要防暑降温，防暑降温的措施有通风、洒水、洗澡、遮阴等方法，各地可因地制宜进行操作，短暂的高温可导致长时间的不育。

7. 防止种公猪咬架

公猪好斗，如偶尔相遇就会咬架。公猪咬架时应迅速放出发情母猪将公猪引走，或者用木板将公猪隔离开，也可用水猛冲公猪眼部将其撵走。

8. 种公猪调教

后备种公猪达 8 月龄，体重达 120kg，膘情良好即可开始调教。调教的方法是使青年种公猪与发情盛期的经产母猪进行交配，或将后备种公猪放在配种能力较强的老种公猪隔离栏观摩、学习配种方法；第一次配种时，公母大小比例要合理；母猪发情状态要好，不让母猪爬跨新种公猪，以免影响种公猪配种的主动性；正在交配时不能推种公猪，更不能打种公猪。

9. 搞好疫病防治和日常的管理工作

如保持栏舍及猪体的清洁卫生、疫苗注射等。每年两次用阿维菌素驱虫，每次驱虫分两步进行，第一次用药后 10 天左右再用 1 次药。同时每月用 1.5% 的兽用美曲膦酯（敌百虫）进行 1 次猪体表及环境驱虫。每年分别进行 2 次猪瘟、猪肺疫、猪丹毒、猪繁殖与呼吸综合征防疫，10 月底和 3 月各进行 1 次口蹄疫防疫。4 月进行 1 次

猪乙脑病防疫。公猪圈应设严格的防疫屏障及进行经常性的消毒工作。建立良好的生活制度，饲喂、采精或配种、运动、刷拭等各项作业都应在大体固定的时间内进行，利用条件反射养成规律性的生活制度，便于管理操作。

10. 其他管理

防止种公猪自淫。由于各种不正常性刺激，致使种公猪产生自淫的恶癖，其表现是射精失控，见到母猪还来不及爬跨就射精，即使在自己的圈栏内无其他猪也射，且吃自己的精液。如发生这种恶癖，即刻停止配种使用；并与其他猪圈远离；加强运动使其累及不想活动，逐渐就能改变这种恶习。

解决种公猪无性欲。种公猪过肥、过瘦或配种过晚、配种强度小等，都会造成无性欲现象。解决的办法是：过肥时，要减料撤膘，加强运动，适当多喂青绿、饼类和动物性饲料；配种不要过晚；把发育旺盛的经产母猪赶到无性欲的种公猪圈内，让其戏逗公猪。此外，注射垂体后叶素或维生素 E，也能提高公猪性欲。

防止公猪尿血。公猪配种过早，生殖器官未发育完全，配种次数过多，龟头微血管破裂而流血等，都能造成公猪尿血。发生尿血后，应立即停止配种，休息 1 个月，并加喂饼类饲料和动物性饲料。另外再喂一些品质好的青绿多汁饲料。待康复后，要严格控制配种次数，以防再次复发后不好调整。

四 种公猪的合理利用

1. 初配年龄和体重

公猪性成熟通常比母猪迟，一般在 4 ~ 8 月龄，此时身体尚在生长发育，不宜配种使用。一般在性成熟后 2 个月左右可开始配种使用。要求体重达到成年体重的 70% ~ 80%。生产中常有过早配种，由于刚性成熟，交配能力不好，精液质量差，母猪受胎率低，且对自身性器官发育产生不良影响，缩短使用寿命。若过迟配种，则延长非生产时间，增加成本，另外会造成种公猪性情不安，影响正常发育，甚至造成恶癖。在生产中一般要求小型早熟品种在 7 ~ 8 月龄，体重 75kg 时配种；大中型品种在 9 ~ 10 月龄，体重 100kg 时配种。

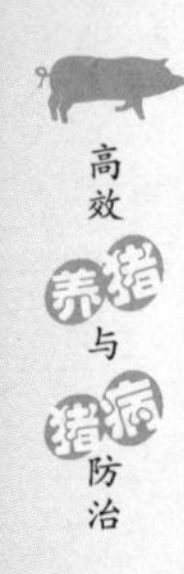

2. 配种强度

经训练调教后的采精种公猪，一般1周采精1次，12月龄后，每周可增加至两次，成年后2~3次。即青年种公猪每周配2~3次。如果实行自然交配，青年种公猪（初配至18月龄），每周配种2~3次，不得超过3次；18月龄以上的种公猪每周配种4~5次；2~5岁种公猪每周配种5~6次。如果需要1天配种2次时，应间隔8h以上，且不能连续进行。喂前或喂后1h内不应配种，配种后严禁立即饮水或洗澡。健康种公猪休息时间不得超过两周，以免发生配种障碍。若种公猪患病，1个月内不准使用。

3. 配种比例

本交时公母性别比为1:20~1:30；人工授精理论上可达1:300，实际按1:100配备。

4. 利用年限

种公猪繁殖停止期为10~15岁，一般使用6~8年，以青壮年2~4岁最佳。生产中种公猪的使用年限，一般控制在2年左右。

五 种公猪淘汰原则

种公猪的使用年限一般控制在两年左右，种公猪年淘汰率在30%~50%左右。有以下情况的要及时淘汰：四肢疾痛严重，不能爬跨母猪的；性欲低下，精液品质差，配种受胎率低，与配母猪产仔少的；使用年限超过3年的老种公猪；有遗传缺陷的种公猪；经调教超过12月仍不能正常使用的后备种公猪；患病治疗无效的种公猪及过瘦、过肥不能使用的种公猪；患过细小病毒、猪乙脑、伪狂犬等疾病的；凡睾丸器质性病变（肿大、萎缩）的种公猪。

【注意】 种公猪使用过度会导致精液品质下降，母猪受胎率下降，减少使用寿命；使用过少则会增加成本，种公猪性欲不旺，附睾内精子衰老，受胎率下降。种公猪精子生成、成熟需要42天，如频繁使用造成幼稚型精子配种，会增加种公猪空怀率，种公猪必须合理休养使用。

【小技巧】>>>>

配种小技巧

配种要配2次。1个发情期配2次比配1次强，在产仔数与分娩率方面都要高些。配2次，就是每次换一下不同的种公猪。如种公猪多、条件允许的话可试一下，受胎率会高一些。从发情后，隔18h配第一次种。后备母猪与经产母猪不一样，后备母猪要差4h（半天）。

第二节 空怀母猪的饲养管理

从仔猪断奶到再次发情配种这段时间的母猪称为空怀母猪（包括经产母猪和即将配种的后备母猪）。

一 空怀母猪的特点

经产母猪空怀时间很短，一般只有5～10天，而后备母猪配种前饲养时间根据其开始配种的时期而定，如果在第二个发情期配种，其时间为21天左右；如果在第三个发情期配种，则时间为42天左右。无论是经产母猪还是后备母猪，其目标是促使青年母猪早发情、多排卵、早配种，达到多胎高产的目的，对经产母猪积极采取措施组织配种，缩短空怀时间。

二 空怀母猪的饲养

1. 短期优饲

配种前为促进发情排卵，要求适时提高饲喂量，这对提高配种受胎率和产仔数大有好处，尤其是对头胎母猪更为重要。对产仔多、泌乳量高或哺乳后体况差的经产母猪，配种前可采用“短期优饲”的办法，即在维持需要的基础上提高饲喂量50%～100%，饲喂量达3.0～3.5kg/天，可促使其排卵；对后备母猪，在准备配种前10～14天加料，可促使其发情、多排卵，饲喂量可达2.5～3.0kg/天，但具体应根据猪的体况增减，配种后应逐步减少饲喂量。

2. 饲养水平

断奶到再配种期间，给予适宜的日粮水平，促使母猪尽快发情，

释放足够的卵子，受精并成功地着床。初产青年母猪产后不易再发情，这主要是体况较弱造成的。因此，要为体况差的青年母猪提供充足的饲料，以缩短配种间隔时间，提高受胎率。配种后，立即减少饲喂量到维持水平。对于正常体况的空怀母猪每天的饲喂量为1.8kg。在炎热的季节，母猪的受胎率常常会下降。一些研究表明，在日粮中添加一些维生素，可以提高受胎率。

仔猪断奶前后母猪的给料方法如下：

	3天	3天	4~7天
泌乳期⟶	断奶⟶	干奶⟶	发情
	减料	减料	加料

对于泌乳后期母猪膘情较差，过度消瘦的（特别是那些泌乳力高的个体失重更多），若乳房炎发生机会不大，断奶前后可少减料或不减料，干乳后适当增加营养，使其尽快恢复体况，及时发情配种。对于断奶前膘情相当好，泌乳期间食欲好，带仔头数少或泌乳力差，泌乳期间掉膘少的母猪，断奶前后都要少喂配合饲料，多喂青、粗饲料，加强运动，使其恢复到适度膘情，及时发情配种。俗语总结为“空怀母猪七八成膘，容易怀胎产仔高”。

三 空怀母猪的管理

对于空怀母猪有单栏饲养和小群饲养两种方式。小群饲养的母猪可以自由活动，特别是设有舍外运动场的圈舍，可促进发情；应每天早晚两次观察记录空怀母猪的发情状况。注意喂食时观察其健康状况，及时发现和治疗病猪。要提供一个干燥、清洁、温湿度适宜、空气新鲜的环境。空怀母猪如果得不到良好的饲养管理条件，将影响其发情排卵和配种受孕怀胎。

第三节 妊娠母猪的饲养管理

妊娠母猪饲养管理的中心任务是保证胚胎和胎儿能在母体内得到充分的生长发育，防止流产和死胎现象的发生，使母猪每窝生产出数量多、初生体重大、体质健壮和均匀整齐的仔猪。同时使母猪有适度的膘情和良好的泌乳性能。

一 妊娠母猪的特点

试验证明，经产母猪妊娠期增重约 40 ~ 50kg（为原体重的 30% ~40%），而青年母猪增重 50 ~ 60kg（为原体重的 40% ~ 50%）。所以，应根据不同时期，满足其营养需要。胎儿的发育，开始比较缓慢，随后逐渐加快。仔猪出生体重的 65% 是在分娩前 1 个月以内增加的。

二 妊娠母猪的饲养

妊娠母猪饲养成功的关键是在妊娠期要给予一个精确的配合日粮，以保证胎儿良好的生长发育，最大限度地减少胚胎死亡率，并使母猪产后有良好的体况和泌乳性能。

1. 营养需要

母猪在妊娠期从日粮中获得的营养物质，首先要满足胎儿的生长发育，然后再供本身的需要，并为哺乳储备部分营养物质。对于初配母猪还需要一部分营养物质供本身生长发育。如果妊娠期营养水平低或营养物质不全，不但胎儿不能很好发育，而且母猪也会受到很大影响。

对于妊娠母猪，除供给足够的能量外，蛋白质、维生素和矿物质也很重要。在妊娠母猪的日粮中粗蛋白质含量为 14% ~16%；钙可按日粮的 0.75% 计算，钙、磷比例为 1∶1 ~1.5∶1；食盐可按日粮的 1% ~1.5% 供给；维生素 A 和 D 不能缺乏。

2. 饲喂技术

日粮必须有合适的体积，使母猪既不感到饥饿，也不会因日粮体积大而压迫胎儿，影响其生长发育。最好按母猪体重的 2% ~ 2.2% 供给日粮。日粮应营养全面，饲料多样化，适口性好。3 个月后应限制青、粗、多汁食料的喂量。切记：饲粮不宜多变。

妊娠前期切不可喂过多的精料，否则会把母猪养得过肥，减少其产仔数，引起仔猪体重小、母猪缺奶，发生乳房炎、子宫炎和产褥热等病症。

严禁喂发霉变质、冰冻和有毒的饲料，以防流产和死胎。提倡饲喂稠粥料和干粉料，注意供给充足的饮水。

3. 饲养方式

根据母猪的体况和生理特点分以下几种：

（1）“抓两头顾中间” 适于断奶后膘情差，体况瘦小的经产母猪，这类猪在猪群中占多数。“前头”指配种前10天至妊娠后20天，应加喂精料；“中间”指体况恢复后，此时应以青、粗料为主，并按饲养标准喂养；“后头”指妊娠80天以后，应加喂精料。

（2）“前粗后精” 适用于配种前体况较好的经产母猪。因为妊娠初期胎儿很小，加之母猪膘情好，这时按配种前的营养需要在日粮中可以多喂给青、粗饲料，基本上就能满足胎儿生长发育的需要，可到后期再加喂精料。若妊娠母猪的体况良好，可采用此饲养方式。

（3）“步步登高” 适用于初产母猪。此时初产母猪还处于生长发育阶段，所需营养量大。因此，整个妊娠期的营养水平应根据胎儿重量的增长而逐步提高，到分娩前1个月达到最高峰。对于初产和繁殖力高的母猪，可采用此饲养方式。

【提示】 无论是哪一类型的母猪，妊娠后期（90天至产前3天）都需要短期优饲。一种办法是每天每头增喂1kg以上的混合精料。另一种办法是在原饲粮中添加动物性脂肪或植物油脂（占日粮的5%～6%）。

4. 限制饲养

对妊娠母猪实行限制饲养可以增加胚胎的存活率，减轻母猪的分娩困难，减少母猪压死初生仔猪，减少母猪哺乳期间的体况消耗、降低饲养成本、减少乳房炎的发生率和增加使用年限。

研究表明，母猪妊娠期的饲料消耗量与哺乳期饲料消耗量呈反比关系，这意味着若妊娠期饲料摄入量增加，哺乳期饲料摄入量就减少，这个发现很重要。因为哺乳期的采食量与奶产量高低有直接关系，即母猪进食多，奶量就大，从而可提高仔猪的生长速度。

控制母猪采食量的方法：单独饲喂法、隔日饲喂法、日粮稀释法和电子母猪饲喂系统4种。

单独饲喂法：利用妊娠母猪栏，单独饲喂，最大限度地控制母猪的饲料摄入。这种方法节省饲养成本，可以避免母猪之间相互抢食与咬斗，减少仔猪出生前的死亡率。

隔日饲喂法：在1周的3天中，如星期一、三、五，自由采食8h，在一周剩余的四天中，母猪只许饮水，不给饲料。研究结果表明，母猪很容易适应这种方法，母猪的繁殖性能并没有受到影响。该方法不适宜于集约化养猪。

日粮稀释法：即添加高纤维饲料（如苜蓿干草、苜蓿草粉、米糠等）配成大体积日粮，可使母猪经常自由采食。这种方法能减少劳动力，但母猪的维持费用相对较高，同时也很难避免母猪偏肥。

电子母猪饲喂系统：使用电子饲喂站，自动供给每个母猪预定的料量。计算机控制饲喂站，通过母猪的磁性耳标或颈圈上的传感器来识别个体。当母猪要采食时，就来到饲喂站，计算机就分给它日料量的一小部分。该系统适合任何一种料型，如颗粒料或湿粉料、干粉料、稠拌料或稀料。

三 妊娠母猪的管理

1. 小群饲养和单栏饲养

小群饲养就是将配种期相近、体重大小和性情相近的3～5头母猪在一圈饲养。到妊娠后期每圈饲养2～3头。小群饲养的优点是妊娠母猪可以自由运动，食欲旺盛，缺点是如果分群不当，胆小的母猪吃食少，会影响胎儿的生长发育。

单栏饲养也称定位饲养，优点是采食量均匀，缺点是不能自由运动，肢蹄病较多。

2. 保证质量，合理饲喂

保证饲料新鲜、营养平衡，不喂发霉变质和有毒的饲料，供给清洁饮水。饲料种类也不宜经常变换。配种后1个月内母猪应适当减料（仅供正常量的80%），防止采食过量，体内产热引起胚胎死亡。妊娠后期（85天起）应加料30%～50%，促进胎儿生长。

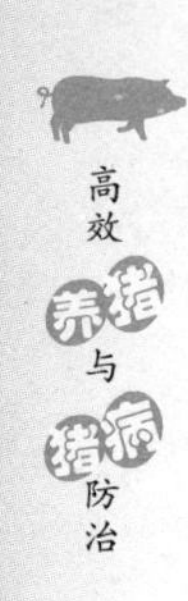

3. 耐心管理

对妊娠母猪态度要温和，不要打骂惊吓，经常触摸腹部，可便于将来接产管理。每天都要观察母猪吃食、饮水、粪尿和精神状态，做到防病治病，定期驱虫。

4. 注意观察

注意巡查母猪是否返情（尤其是配种后 18 ~ 24 天和 40 ~ 44 天），若有应及时再配，防止空养。对屡配不孕，药物处理无效者应及时淘汰。

5. 良好的环境条件

保持猪舍的清洁卫生和栏舍的干燥，注意防寒防暑，有良好的通风换气设备。保持猪舍安静，除喂料及清理卫生外，不应过多骚扰母猪休息。

【小知识】>>>>

妊娠母猪的管理重点是什么?

重点是防止流产、增加产仔数和仔猪初生重，并为分娩、泌乳做好准备。配种前 14 天，短期优饲。配种后，限制饲喂和分段饲喂。

第四节　泌乳母猪的饲养管理

泌乳母猪饲养管理是为仔猪提供质优量多的乳汁，保证仔猪正常生长发育；同时要维持母猪良好的体况，保证断奶后能正常发情配种。

一　泌乳母猪特点

母猪泌乳期间，负担最大，除维持本身活动需要营养物质外，每天还要分泌乳汁哺育仔猪。一般在 60 天内能泌乳 200 ~ 400kg，高者可达 450kg 左右。因此，即使按饲养标准进行饲养，由于母猪分娩后采食量低，也很难满足泌乳需要，必须消耗身体内的储备，而导致泌乳母猪体重下降，在正常情况下，泌乳母猪体重下降的幅度为产后体重的 15% ~20%，且主要集中在第一个泌乳月中。

二 泌乳母猪的饲养

1. 营养需要

泌乳母猪需要消耗一定的体储备来获取维持和泌乳的营养需要，体储备过度损失会降低其体重，导致断奶到再次发情的时间延长，受胎率降低并易被提前淘汰。因此，必须重视泌乳母猪营养的合理供给。

一般泌乳母猪可按体重的0.8%～1%给予维持日粮，在此基础上，每增加1头仔猪相应增加0.3kg饲料（含粗蛋白15%、钙0.7%、磷0.5%），同时要满足维生素的供给，应给予充足的青绿多汁饲料和饮水。

2. 饲养技术

（1）前精后粗的饲养方式 此方式常用于体况较差的瘦弱经产哺乳母猪。母猪本身体况不好，又加上仔猪吸吮乳汁，如不加强饲养，母猪很快就会垮掉。母猪产后21天左右达到泌乳高峰，第一个泌乳月的泌乳量占总泌乳量的比例为60%～65%；母猪产后第一个月内的失重约占哺乳期总失重的85%左右。随着仔猪的生长发育，母乳作为营养源的作用日趋减小，而逐渐被补饲饲料所代替。所以据母猪泌乳和体重变化的规律，实行前精后粗的饲养方式，满足母猪泌乳的营养需要，把优质饲料用在关键时期。

（2）一贯加强的饲养方式 就是在哺乳期全过程中，始终对哺乳母猪保持高营养水平的饲养。这种饲养方式适合于初产后和在哺乳期间进行配种的哺乳母猪。

饲喂哺乳母猪要做到定时、定量，而且要求饲料多样化，能满足其营养需要。一般分娩当天不喂料，从第二天后开始，在维持饲粮的基础上，根据所带仔猪的多少逐渐增加饲喂量，致使达到应饲喂量。每天日喂3～4次为好，每次间隔时间要均匀，少喂勤添，不能剩料，防止吃得太饱，引起消化不良，影响泌乳。在仔猪断奶前3～5天，要注意逐渐减少日粮中的精料和多汁料的喂量，要注意母猪乳房膨胀状态，防止乳房炎的发生。此外，应做到每天供给充足的清洁饮水。

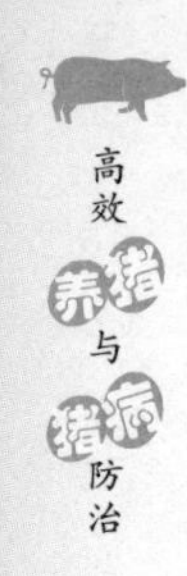

> 【禁忌】 切忌日粮突变，防止发生消化道疾病。

三 泌乳母猪的管理

母猪分娩后3天之内，因体力消耗较大，会食欲不佳，应在舍内休息饲养。产后如遇好天气，可让母猪带仔猪到舍外自由活动，增加日光浴，促进血液循环和增强消化功能。对母猪的管理措施要保持相对稳定，以使母猪泌乳规律保持正常，能充分供给仔猪乳汁。要求舍内清洁、干燥、冬暖、夏凉。饲养人员要加强责任心，细心观察母猪和仔猪的精神状态，发现疾病及时治疗，要训练母猪养成定点排粪的习惯；严禁大声喧哗和鞭打母猪，应建立人猪和谐关系；为母猪、仔猪创造一个安静、舒适的生活环境条件。

四 影响泌乳力的因素及提高泌乳量的方法

1. 影响泌乳力的因素

（1）胎次 母猪乳腺的发育与哺乳能力是随胎次增加而逐渐提高的。初产母猪的泌乳力一般比经产母猪要低，因母猪在产第一胎仔猪时，乳腺发育还不完全，第二、第三胎时，泌乳力会上升，以后保持一定水平。母猪胎次与泌乳量一般存在如下关系：如果以各胎次泌乳量的总和作为100，那么初产时的泌乳量为80，二胎时泌乳量为95，三胎到六胎为100~120。

（2）泌乳阶段 母猪在一个泌乳期内，产乳总量大约在250kg以上，但各胎间的产乳量不同，一般以第二和第三胎最高，以后逐渐下降。

（3）产仔数 母猪带仔头数与泌乳量有密切关系，一般情况下，窝仔数多的母猪其泌乳量也多。

（4）乳头的位置 母猪有6~8对乳头，一般情况下，最后1对乳头泌乳量最少，前几对乳头的泌乳量比后几对相对多些。

2. 提高母猪泌乳力的方法

（1）促进全部有效乳腺的发育，保持一生的泌乳力 猪乳房的腺状组织是在母猪两岁半以前发育起来的，乳腺的发育主要发生在

泌乳期中，母猪乳腺每一部分的发育和活动都是完全独立的，与相邻部分并无联系。仔猪出生后不久就习惯吸吮某一固定乳头，一直到断奶。若初产母猪产仔量少，只有7～8头，只用7～8个乳头，就只能使这部分乳头得到发育，剩余的乳头便停止活动，其容积会缩小，这将导致剩余乳头在以后产仔时停止泌乳或产乳量少。因而，初产母猪产仔量较少时，就必须让某些仔猪一开始就养成哺用2个乳头的习惯，使所有有效乳头都能正常发育，这样才可能提高和保持母猪一生的泌乳力。

（2）平衡地配制母猪饲粮，保证营养 在配制哺乳母猪饲料时，必须按饲养标准（营养需要量）进行，一要保证适宜的能量和蛋白质水平，最好添加一定量的动物性饲料，如鱼粉、肉骨粉，也可用小鱼、小虾或畜禽骨头煮汤饲喂母猪；二要保证矿物质和维生素的需要，否则母猪不仅泌乳量会下降，还易发生瘫痪。提高妊娠后期和泌乳第一个月的饲养水平，能有效地促进乳腺的发育，提高母猪的泌乳量。乳汁的营养成分丰富而全面，只有供给含蛋白质、矿物质、维生素丰富的饲料，并保证充足的饮水，才能产出量多质好的乳汁。母猪产后恢复正常采食以后，除喂以富含蛋白质、维生素和矿物质的饲料外，还应多喂些刺激泌乳的青绿多汁饲料，如胡萝卜、白菜、大头菜、地瓜等以增加其泌乳量。

【注意】 饲喂的青绿多汁饲料必须新鲜，且喂量要由少到多。

【提示】 夜间补食1次青饲料，这对促进泌乳量有更显著的作用。

（3）定时饲喂，促进母猪多采食 可定时为7：00～9：00、13：00、20：00，饲喂次数以日喂3次为佳，且早晚饲喂饲料量要大，这样有利于增加采食量，提高泌乳量。泌乳母猪是整个繁殖周期中需要营养最多的阶段，若仍按空怀期或妊娠期的喂法饲喂，所提供的营养是远不够产奶需要的。只有在喂好的前提下做到少喂、勤喂、夜喂，才能满足泌乳的营养要求，才能多产奶。整个泌乳期的饲料要保持相对稳定，不要频繁变换饲料品种，不喂发霉变质的饲料，不宜喂酒糟，以免引起仔猪腹泻。

（4）做好母猪产前减料、产后逐渐加料的工作 妊娠母猪不宜喂养得过肥，特别是在产仔前不宜饲喂过多精料。根据母猪个体情况，一般在产前5～7天开始减料，分娩当天停止喂料；产后6～8h饮以麸皮水（1份麸皮加10份水），产后3～5天加料到正常量。一般若产前3天减料，每天减1/3；若产前5天减料，每天减1/4；若产前7天减料，每2天减1/3。产后投料时，第一天投料1kg，以后逐渐增加，到第七天加到3.5～4.0kg，稳定1周后，再根据采食量调整。在给母猪加料的同时应给予大量饮水以增加泌乳量和哺乳次数。母猪在产后1个月内，由于泌乳需消耗较多的营养，且母猪产奶有前期多、后期少的规律，所以把精料多用在此时间内，才会有较高的泌乳量。

（5）人工按摩乳房 初产母猪因泌乳系统发育不充分会出现缺乳，可通过人工按摩乳房促进乳腺发育，主要时间是产前2周和产后1周。产前每天早、晚各1次，用手轻揉猪乳房，每次持续20min；产后用45℃左右的温热毛巾温敷、按摩乳房，每天上、下午各1次，每次10min，可促进母猪乳房血液循环，增加产奶量。在按摩乳房的同时，也可挤按每个乳房，观察是否有乳头孔堵塞，若有可用手适当挤压乳头，将乳塞挤出来，以实现通畅泌乳。据介绍，人工按摩乳房可提高仔猪断奶重5%～10%。

（6）创造良好生活环境，提高母猪采食量 生产实践证明，提高母猪采食量是提高泌乳量的关键。适宜的生活环境对提高采食量有很大的帮助。要求猪舍干净、明亮、温湿度适宜，通风良好。还要做好夏天的防暑降温和冬天的防寒保暖工作，尤其是夏天的高温会直接影响母猪的采食量。据研究，在采取降温措施的同时，改为多餐饲喂母猪可提高采食量，每天早上5：00、上午10：00、下午6：00、晚上10：00各饲喂1次。天气热时，可在饲喂前半小时进行喷水降温，母猪采食量可提高18%以上。哺乳猪舍内应保持温暖、干燥、卫生，应及时清除圈内排泄物，定期消毒猪圈、走道及用具；尽量减少噪声，避免大声喧哗等。

（7）保护好母猪乳房乳头 避免泌乳母猪乳房和乳头遭受各种伤害，防止因细菌感染引发乳房炎等疾病而影响泌乳。

（8）中药催乳 在母猪哺乳期间，对产奶少或不产奶的母猪可用中药催乳。中药通草煎水，拌在饲料中饲喂，每天两次，连用3天，可健胃促奶。若母猪过瘦，只分泌部分初乳便很快不再泌乳的，可用豆浆、鱼汤等含蛋白质高、易消化的饲料饲喂，同时按以下方剂：党参50g、黄芪50g、熟地50g、通草40g、穿山甲40g、王不留行50g加水煎服。若母猪产后并发炎症而产生厌食、少食，精神倦怠，乳房红肿以及少乳或无乳的，在用抗生素对症治疗的同时，可用益母草50g、当归30g、红花20g、川芎20g、蒲公英50g、金银花50g加水煎服，每日1剂，连服2~3天辅助治疗，疗效较好。

【小知识】>>>>

母猪产后不吃食怎么办？

增加饮水；洗直肠掏出干粪便；母猪舍保持最适宜的温度（18℃）以及16h以上光照，灯光亮一些（在灯下可看到报纸的亮度）；每天3次喂水，水量为量料的3倍，水嘴压力为30s能装满两瓶矿泉水为宜。水供应不充分，猪不耐烦，就不爱吃料，产奶减少。

第六章

仔猪的饲养管理

培育仔猪是母猪生产中的关键环节，母猪生产力水平高低的集中反映就是母猪年提供断奶仔猪重（断奶仔猪头数及断奶个体重）。因此仔猪培育的中心任务，是获得最高的成活率和最大的断奶个体重。在生产中，根据仔猪不同时期生长发育的特点及对饲养管理的要求，通常将仔猪的培育分为两个阶段，即哺乳仔猪培育阶段和断奶仔猪培育阶段。

第一节　哺乳仔猪的饲养管理

哺乳仔猪是指从出生至断奶前的仔猪。一般为 3 ~ 5 周龄，有的地方为 45 ~ 60 日龄。从仔猪出生到断奶前为哺乳仔猪养育阶段，这一阶段的主要任务是提高仔猪的育成率，为生产提供健壮的仔猪。

一　哺乳仔猪的特点

1. 生长发育快、物质代谢旺盛

与其他家畜相比，初生仔猪体重相对最小，还不到成年体重的 1%（羊为 3.6%，牛为 6%，马为 9% ~ 10%）。但出生后生长发育迅速，一般初生重在 1 ~ 2kg 的仔猪，10 日龄时体重可达初生重的 2 倍以上，30 日龄时可达 5 ~ 6 倍，60 日龄时达 10 ~ 15 倍或更多，如按月龄的生长强度计算，以第一个月为最快，第一个月比初生时增

加5～6倍，第2个月比第一个月增长2～3倍。

仔猪对营养物质的需要，不论在数量上还是质量上都相对很高，对营养缺乏的反应十分敏感。如营养物质不足或失调，仔猪的生长发育就要受到影响，严重时会发生死亡。因此，养好仔猪必须供给营养全价平衡的饲粮。

2. 消化器官不发达，消化腺机能不完善

猪的消化器官在胚胎期内虽已形成，但产后初期其相对重量和容积较小，如出生时胃重仅4～8g，约为体重的0.5%，仅可容乳汁25～50g，以后随日龄的增长而增长，至21日龄时胃重可达35g左右，容积也会增大3～4倍，60日龄时胃重达150g，容积可增大到19～20倍。小肠在哺乳期内也会强烈生长，长度约增长5倍，容积扩大50～60倍。消化器官的强烈生长会保持到6～8月龄，以后开始降低。

消化液分泌及消化机能不完善。消化器官的晚熟，导致消化液分泌及消化机能的不完善。初生仔猪胃内仅有凝乳酶，而唾液中胃蛋白酶很少，同时由于胃底腺不发达，不能分泌盐酸，因此胃蛋白酶原无法激活，以无活性状态存在，不能消化蛋白质，尤其是植物性蛋白质。再加上仔猪由母体子宫内无菌环境到出生后有菌环境的应激，从而使这一时期容易继发某些疾病，如仔猪黄痢、白痢、消化不良等，降低了仔猪成活率。

哺乳仔猪消化器官机能的不完善，决定了它对饲料的质量、形态和饲喂方法、饲喂次数等饲养要求的特殊性。因此，在哺乳期内，早期训料非常必要，这样可尽早刺激胃壁分泌盐酸，激活胃蛋白酶，从而有效地利用植物蛋白饲料或其他动物蛋白饲料。在早期断奶仔猪日粮中常加入脱脂乳、乳清粉等，不能使用过多的植物性饲料，以满足仔猪对营养物质的特殊需要而发挥其最大的生长发育潜力。

3. 体温调节机能发育不全，抗寒能力差

神经调节机能不健全。初生的仔猪，下丘脑、垂体前叶和肾上腺皮质等系统的机能虽已相当完善，但大脑皮层发育不全。因此，神经性调节体温适应环境的能力差。

物理调节能力有限。猪对体温的调节主要是靠被毛、肌内颤抖、

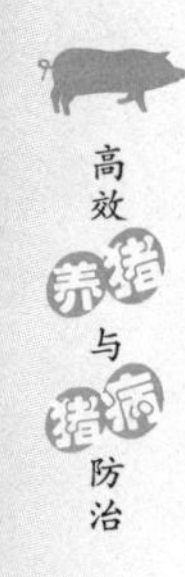

竖毛运动和挤堆共暖等物理作用来实现的，但仔猪的被毛稀疏、皮下脂肪又很少，保温隔热能力很差。

化学调节不全，体内能源储备少。仔猪由于大脑皮层调节体温的机制发育不全，不能协调化学调节。同时，初生仔猪体内的能源储备也非常有限，脂肪仅占体重的1%左右，每100mL血液中，血糖的含量仅70～100mg，如吃不到初乳，两天血糖即降至10mg以下，即使吃到初乳，得到脂肪和糖的补充，血糖含量可以上升，但这时脂肪还不能作为能源被直接利用，要到24h以后氧化脂肪的能力才开始加强，到6日龄时化学调节能力仍然很差，到20日龄时才接近完善。

缺乏先天免疫力，抵抗疾病能力差。仔猪出生时没有先天免疫力，自身也不能产生抗体。仔猪只有靠吃初乳获得母源抗体并过渡到自身产生抗体。仔猪出生后24h内对初乳中的抗体吸收量最大，仔猪出生36～48h后，吸收率逐渐下降。

> **【提示】** 分娩后立即使仔猪吃到初乳、吃足初乳是防止仔猪患病和提高成活率的关键。

仔猪在10日龄以后可产生抗体，主动免疫体系开始行使功能，至3周龄时，自身产生的抗体数量仍然很少，是最关键的免疫临界期。此时免疫球蛋白青黄不接，又加上胃液中游离盐酸少，仔猪已开始补饲，对随饲料和饮水进入胃中的病原微生物缺少抑制作用，致使仔猪多病。因此在生产中常采用限饲，降低日粮蛋白质含量，在饲料中加入抗生素、酶制剂、微生态制剂等防止疾病发生。因此，应加强仔猪生后初期的饲养管理，并创造良好的环境卫生条件，以弥补仔猪免疫力低的缺陷。

二 哺乳仔猪饲养

1. 吃足初乳

初乳通常指分娩后3～5天内分泌的乳汁，尤其指3天内乳。初乳中白蛋白是仔猪早期获得抗病力最重要的来源，而且初乳中含有镁盐，具有轻泻性。初乳的酸度高，有利于消化道活动，可促使胎粪排出。

仔猪刚出生时，四肢无力，行动不便，特别是弱小仔猪，往往不能及时找到乳头，因此，要求仔猪出生后，在擦干仔猪全身和断脐时，立即放入保温箱内，待全部仔猪产出后，立即人工辅助哺乳。也可随产随哺，这样做可以使仔猪尽快吃到初乳，尽早获取营养，母猪分娩结束后，全部仔猪都吃到足够的初乳。

【提示】 若母猪无乳，应尽早辅助仔猪吃到寄养母猪的初乳。

2. 开食补料

母猪泌乳高峰期是在产后20~30天，35天以后明显减少，而仔猪的生长速度却越来越快，存在着仔猪营养需要量大与母乳供给不足的矛盾。母乳对仔猪营养需要的满足程度是：3周龄为84%，到8周龄时降至20%，整个哺乳期平均为39%左右。可见3周龄以前母乳可基本满足仔猪的营养需要，仔猪无需采食饲料，但为了保证3周龄后仔猪能迅速大量地采食饲料以弥补母乳营养供给的不足，必须在3周龄以前提早训练仔猪开食，对早期断奶仔猪更应该提前开食补料。

(1) 开食训练 仔猪从吃母乳过渡到吃饲料，称为开食、引食或诱饲。它是仔猪补料中的首要工作，其意义有两个方面：一是锻炼消化道，提高消化能力，为大量采食饲料做准备。提早开食，使仔猪较早地采食饲料，可促进胃肠道的发育，刺激胃壁，使之分泌盐酸，激活酶原，从而使仔猪在3周龄左右当母乳量下降时，即可大量采食、消化饲料，保证仔猪正常生长发育和提高仔猪成活率；二是减少白痢病的发生。由于饲料的刺激，胃壁提早分泌盐酸从而形成一种酸性环境，能有效地抑制各种微生物的生长繁殖，预防下痢。训练仔猪开食越早越好。

目前，一般要求在仔猪生后5~7日龄左右开食。在诱导开食时，应根据仔猪的生理习性进行训练。

1）利用仔猪的探究行为。可在仔猪自由活动时，于补饲间的墙边地上撒些开食料（多为粒料）供仔猪拱、咬，也可将开食料放在周围打洞、两端封死的圆筒内，供仔猪玩耍时捡食从筒中漏在地上

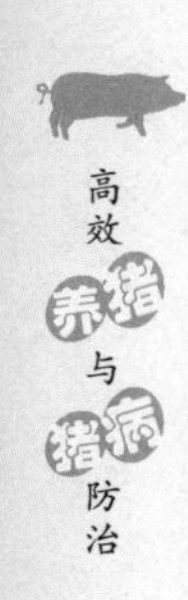

的粒料。

10 日龄以后，当仔猪已能采食部分粒料后，可给予稠稀料、干粉料、颗粒料或幼嫩的青草、青菜，薯、倭瓜等碎屑，放于小槽内诱导，并随其食量增加调整饲喂量。一般到 20 日龄，仔猪即能正常采食，30 日龄食量大增。

2）利用仔猪喜香、甜食的习性，可以选择具有香味的饲料，如炒得焦黄的玉米、高粱、大麦和大豆粒等，以及具有甜味的饲料添加剂，如在仔猪的开食料中加入香味剂、食糖等。

3）利用仔猪的模仿行为。仔猪具有模仿母猪和体重较大者行为的特性。在没有补饲期时可放低母猪的食槽，让其在母猪采食时，随母猪拣食饲料，为此，母猪食槽内沿高度不能超过 10cm。一周龄左右，当仔猪能自由活动，天气允许时，应放仔猪到运动场跟随大仔猪拱食补料。

（2）补料 根据母猪泌乳和仔猪生长发育的规律，仔猪生后第一个月营养的主要来源为母乳，以后则逐渐过渡到吃料，若开食抓得早，可保证 25 日龄左右能大量采食饲料，进入旺食阶段，此时继续饲喂玉米、高粱等开食料，已不能满足其对蛋白质等营养的需要，必须改喂全价混合料。根据不同体重阶段的营养需要配制标准饲粮，要求饲粮是高能、高蛋白、营养全面、适口性好而又易于消化，另可根据需要适当添加抗生素或益生素等。

仔猪补料时应注意以下几方面：仔猪料型以颗粒料、半干粉料（1 份混合料加 0.5 份水拌匀）或干粉料为好，有利于仔猪多采食干物，细嚼慢咽消化好，增重快。而稀料和熟粥料减少仔猪采食干物质量，冲淡消化液影响消化，容易污染圈舍，生下痢病，影响增重。

补饲次数要多，适应肠胃的消化能力生长发育。猪开食早且贪食，对营养的需要量大，但胃的容积小且排空快，最好采取自由采食的饲养方式。若采用顿喂，则应增加补饲次数，一般日喂次数最少 5~6 次，其中一次应放在夜间。

保证清洁充足的饮水。仔猪生长迅速，代谢旺盛，需水量较多，应保证水的供应。若饮水供应不足，将致使增重缓慢或仔猪喝脏水引起下痢。

自然哺乳的仔猪哺乳期的生长发育与初生时的体重和发育状况、母猪的食量、补料的数量及质量有关。补料的质量和仔猪的补料是主要的影响因素。

（3）补充铁、硒等矿物质 初生仔猪普遍存在缺铁性贫血的问题，仔猪初生时体内铁的储量为40～50mg，一大部分存在于血液的血红素和储存在肝脏中，正常生长的仔猪，体重每增加1kg需要铁35mg，而仔猪每天从母乳中只能获得1mg，即使给母猪补饲铁也不能提高乳中铁的含量。显然，如果没有铁的补充，仔猪体内的铁储量仅够维持6～7天，一般10日龄左右即出现因缺铁而导致的食欲减退、被毛粗乱、皮肤苍白、生长停滞等现象，因此要求仔猪生后2～3天必须补铁。通常在仔猪生后2～3天，肌内或皮下注射右旋糖酐铁1～2mL（每毫升含铁量50～150mg不等，视浓度而定），即可保证哺乳期仔猪不患贫血症。为加强效果，2周龄后可再注射1次。目前用于补铁的针剂也较多，如牲血素等。

仔猪对硒的日需要量，根据体重不同为0.03～0.23mg。我国大部分地区饲料中硒含量低于0.05mg/kg，黑龙江、青海全省及新疆、四川、江苏、浙江的部分地区则低于0.02mg/kg，因此补硒尤为重要，具体可于仔猪生后3～5天肌内注射0.1%亚硒酸钠维生素B合剂0.5mL，断奶前后再注射1mL。对已吃料的仔猪按每千克饲料添加0.1mg的硒补给。硒是剧毒元素，过量极易引起中毒，用时应谨慎。

【注意】 将硒加入饲料中饲喂时，应充分拌匀，否则会因个别仔猪过量食入而引起中毒。

三 哺乳仔猪管理

1. 固定乳头

仔猪有固定乳头吸乳的习惯，开始几次吸食哪个乳头，一经认定即到断奶不变。但在初生仔猪开始吸乳时，往往互相争夺乳头，强壮的仔猪争先占领最前边的乳头，而弱小仔猪则迟迟找不到乳头，错过放乳时间，吃乳不足或根本吃不到乳。还可能由于母猪侧卧，

下侧乳头埋于腹下，致使仔猪争抢上侧乳头而咬伤母猪乳头，导致母猪拒绝哺乳。为使同窝仔猪发育均匀、健壮，必须在仔猪出生后2~3天内，采用人工辅助方法，促使仔猪尽快形成固定吸食某个乳头的习惯。

当窝内仔猪差异不大，有效乳头足够时，生后2~3天内绝大多数能自行固定乳头，不必干涉。但如果个体间竞争厉害，应加以管理。若窝内仔猪间的差异较大，则应重点控制体大和体小的仔猪，中等大小的可自由选择。应将弱小的仔猪固定在前边的几对乳头，将初生重较大，健壮的仔猪固定在后边的几对乳头，这样就能利用母猪不同乳头泌乳量不同的规律，使弱小仔猪能获得较大量的乳汁以弥补先天不足，虽然后边的几对乳头泌乳量不足，但因仔猪健壮，按揉乳房和吸乳的动作较有力，仍可弥补后边几对乳头乳汁不足的缺点，从而达到窝内仔猪生长发育快且均匀的目的。

2. 保温防压

(1) 保温 由于初生仔猪调节体温适应环境的能力差，同时其保温性能差（皮薄毛稀），需热多（体温较成年猪高）、产热少（体内能贮少），故仔猪对环境温度的要求较高，有“小猪畏寒”之说。

寒冷对仔猪的直接危害是冻死，同时又是压死、饿死和下痢的诱因。仔猪遇低温时，因体温降低，行动呆滞，吸乳无力，而导致休克或下痢，最终导致被压死、饿死或病死。保温的措施是单独为仔猪创造温暖的小环境，因“小猪畏寒”，而“大猪怕热”，母猪的最适温度为18℃，如果把整个产房升温，一则母猪不适应，影响母猪的泌乳，二则多耗能源，不经济。因此生产中常控制产房温度在18℃，而采用特殊保温措施来提高仔猪周围环境温度。

1）厚垫草保温。猪的失热关键在于地面的导热性，如在水泥地面上，地面传导失热占15%，而在木板地面上，木板传导散热占6%，用1.2cm厚的木板代替2.5cm厚的水泥地面，可以提高地温12℃。所以，在没有其他取暖设施或有取暖设施又欲加强取暖效果时，应在水泥地面上垫厚草，厚度应达5~10cm或更厚，在不靠墙的几边设挡草板，以防垫草四散。应注意训练仔猪养成定点排泄习惯，使垫草保持干燥而不必经常更换。

2）红外线灯保温。将250W的红外线灯悬挂在仔猪栏上方或特制的保温箱内，仔猪生后稍加训练，就会习惯地出入红外线灯保温区或保温箱。可通过选择不同功率的红外线灯和调节灯的高度来调节仔猪床面的温度，如250W的红外线灯，在舍温6℃时，距地面40～50cm，可使床温保持在30℃。此种设备简单，保温效果好，且有防治皮肤病之效。如用木板或铁栏为隔墙时，相邻两窝仔猪还可共用五个灯泡。在有垫草的情况下，红外线灯与地面应保持适当距离，注意防火，并应防止母猪进入仔猪栏，撞碎灯泡发生触电。红外线灯的高度与温度的关系见表6-1。

表6-1　红外线灯（250W）的高度与温度的关系

高度/cm ＼ 温度/℃ ＼ 灯下水平距离/cm	0	10	20	30	40	50
50	34	30	25	20	18	17
40	38	34	21	17	17	17

3）火炕取暖法。可在仔猪保育间内的一侧，每两个相邻的猪床，合建1个火炕。建法是以中间隔墙为火道，并在两侧地下挖一个25cm宽的烟道，上面铺砖，砖上抹草泥。此法与国外采用电阻丝或热水源作热源的暖床相仿，其设备简单、成本低、效果好，适合北方寒冷地区使用。

4）电热板取暖。电热板是供仔猪取暖用的“电褥子”，是将电阻丝包在一块绝缘的橡皮内，一般用作初生仔猪的暂时保温，其特点是保温效果好，清洁卫生，使用方便。

（2）防压　在生产实践中，压死仔猪一般占死亡总数的10%～30%，甚至高达50%左右，且多数发生在生后1周之内。压死仔猪的原因，一是母猪体弱或肥胖，反应迟钝；性情急躁的母猪也易压死仔猪；初产母猪由于护仔经验少也常压死仔猪；二是仔猪体质较弱，或因患病虚弱无力，或因寒冷活力不强，行动迟缓，叫声低哑不足以引起母猪警觉；三是管理上的原因，抽打或急赶母猪，导致母猪受惊；褥草过长，仔猪钻入草堆，致使母猪不易识别或仔猪

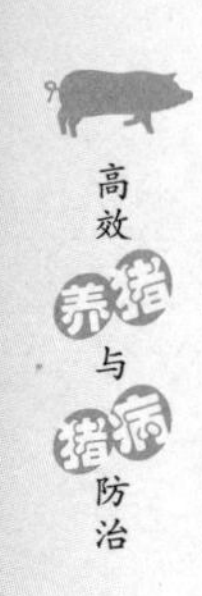

不易逃避；产圈过小，仔猪无回旋和逃避空间。生产中，应针对上述情况采取防压措施。

1）加强产后护理。多在母猪采食和排便后回圈躺卧时压死仔猪。因此，在母猪躺下前不能离人，若听到仔猪异常叫声，应及时救护，一旦发现母猪压住仔猪，应立即拍打其耳根，令其站起，救出仔猪。

2）设护仔栏。在产圈的一角或一侧设护仔栏（后期可用作补料栏），用红外线灯、电热板等训练仔猪养成吃乳后迅速回护仔栏内休息的习惯，或按照母猪正常泌乳的规律，采取人为定时吃乳，吃乳完毕后驱赶回护仔栏的方法。

3. 寄养、并窝

在生产中，有些母猪产仔数较多，而限于母猪体质、泌乳力和乳头数不能哺育过多的仔猪；也有些母猪产仔数过少，若让母猪哺育少数几头仔猪，经济上不合算；更有些母猪因产后无乳或产后死亡，其新生仔猪若不妥善处理就会死亡。解决这些问题的方法就是寄养与并窝。所谓寄养，就是将母猪分娩后患病或死亡造成的缺乳或无乳孤儿，以及超过母猪正常哺育能力的多余仔猪过寄给另一头母猪或几头母猪哺育。并窝则是指把两窝或几窝同胞少的仔猪，合并起来由一头泌乳性能好、母性强的母猪哺育，其余母猪提早催情配种。寄养和并窝以及调窝是生产中常用的方法，为使其获得成功，应注意以下问题。

寄养的仔猪与原窝仔猪的日龄要尽量接近，最好不要超过 3 天，超过 3 天以上，往往会出现大欺小、强辱弱的现象，使体小仔猪的生长发育受到影响。将生后 10 ~ 20 天的“僵猪”寄养给分娩日龄较晚的母猪。尽管其与新仔猪体重有一定差异，但因其活力不强，不会影响新仔猪的生长发育，而“僵猪”因能获得足够的营养物质，生长发育能明显加快。

寄养的仔猪，寄出前必须吃到足够的初乳，否则不易活。因此生产中多将生后 3 日龄左右的仔猪调给刚产仔的母猪。

承担寄养任务的母猪，要性情温顺，泌乳量高，且有空闲乳头。

母猪主要通过嗅觉来辨认自己的仔猪，为避免母猪闻出仔猪气味不同而拒绝哺乳或咬伤寄养仔猪（引入品种和绝育品种一般

不拒绝外来仔猪），以及仔猪寄养过晚而不吸吮寄母的乳汁，应分别采用干扰母猪嗅觉和饥饿仔猪法来解决。仔猪寄养、并窝等工作较为繁杂，但其效果很好。因此生产中一旦出现需要寄养或并窝的情况，应随时进行，以保证仔猪成活和提高母猪的利用效率。

4. 防治“僵猪”、预防下痢

（1）防治“僵猪” 因饲养管理不当或先天不足，个别仔猪皮肤失去光泽，被毛蓬乱，头大身小，发育受阻，生长停滞，毫无活力，称为“僵猪”，可分为胎僵、奶僵、病僵和食僵。因此应加强母猪妊娠期的饲养管理，保证胎儿的正常长发育，防止近亲交配，以免形成胎僵。加强哺乳母猪饲养管理以提高母猪的泌乳量；在仔猪生后2~3天内固定乳头，将体小瘦弱的仔猪固定于母猪前部乳头上，及时将无乳或缺乳仔猪过寄，并保证吃到充足的初乳，及时补铁，可防止奶僵。及时防病治病、驱虫，特殊护理体小瘦弱的仔猪，可防止形成病僵。哺乳期补料要营养全面，易消化吸收，切忌单一饲料。

同时注意不要使仔猪过食，以免形成食僵。可将奶僵猪寄养到分娩日龄较晚的母猪窝中，帮助其固定乳头，以弥补其不足。也可采用药物治疗，生产中常用维生素、肌苷酸等饲喂或注射，效果良好。具体可用维生素500μg、肌苷注射液2mL，混合后肌内注射，间隔1周后重复1次，并加强饲养管理，饲喂优质蛋白质饲料，优质青饲料，以补充营养，同时给予特殊护理。

（2）预防下痢 下痢是哺乳仔猪最常发的疾病之一，临床上常见的有黄痢和白痢，严重威胁仔猪的生长和成活。引起下痢原因很多，一般多由受凉、消化不良和细菌感染等因素引起。日常管理工作中应把好这三关。在确定和控制发病原因的基础上，有针对性地采取综合措施，才能取得较好的效果。

主要的预防措施有：母猪妊娠期要实行全价饲养，特别是宜多喂青饲料，保证正常的繁殖体况；母猪产前21天注射仔猪大肠杆菌菌苗。产仔前彻底消毒产房，整个哺乳期保持产房干燥、空气清新，尤其要注意仔猪保温。泌乳母猪的饲粮应全价，要保证充足的维生素，饲粮相对保持稳定，饲料骤变常会引起母猪乳汁改

变而引起仔猪下痢。按饲养标准为仔猪配制全价饲粮，注意饲粮中蛋白质的品质。一旦发生仔猪下痢，应同时改进母猪饲养，搞好猪舍卫生，消毒并及时治疗仔猪，不能单纯给仔猪治，更重要的是消除感染源。

5. 适时去势

公母猪是否去势和去势时间取决于仔猪的用途和猪场的生产水平及仔猪的品种。我国地方猪种性成熟早，肥育用猪如不去势，到一定阶段后，随着繁殖器官的发育成熟会有周期性的发情表现，影响食欲和生长速度。公猪若不去势，其肉具有较浓厚的臊味而几乎不能直接食用。因此地方品种仔猪必须去势后进行肥育。若饲养培育品种或地方品种的二元或三元杂种，而且饲养管理水平较高，猪在6个月龄左右即可出栏，母猪可不去势直接进行肥育，但公猪仍需去势。

仔猪出生后3个月内去势，一般对仔猪的生长速度和饲料利用率影响较小，需要考虑的因素是手术的难度，以及伤口愈合的快慢。仔猪日龄越大或体重越大，去势时操作费力，而且创口愈合缓慢。因此，一般要求公猪在20日龄，母猪在30~40日龄之前去势。公猪在30日龄去势正值母猪的泌乳量下降之时，若仔猪及时采食补料，仔猪营养减少，抵抗力低，因此，目前国内外一些猪场趋向采用两周左右进行公仔猪的去势。此时公仔猪体重小，一人即可做，而且去势创口愈合快。

仔猪去势后，应给予特殊护理，防止体大仔猪拱咬小仔猪的创口，引起失血过多而影响仔猪的活力，并应保持合理卫生，防止创口感染。

6. 预防接种

仔猪应在30日龄前后进行猪瘟、猪丹毒、猪肺疫和仔猪副伤寒疫苗的预防接种；必要时可进行猪瘟的超前免疫；是否进行其他疾病的预防接种，视本地区疫情和本场的猪群健康状况而定，具体接种方法和要求见疫病防治部分。仔猪的去势和免疫注射，必须避免在断奶前后1周内进行，以免加重刺激，影响仔猪增重和成活。

第二节　断奶仔猪的饲养管理

从断奶至70日龄左右的仔猪称为断奶仔猪，又叫保育猪，它是继哺乳仔猪管理后的又一重要阶段。保育期内仔猪的增重和健康状况，对其后期的发育将会产生极其重要的影响。

一　断奶仔猪的变化

断奶仔猪是指出生后3～5周龄断奶到10周龄阶段的仔猪。仔猪断奶是一次强烈的应激因素，如不加强饲养管理将会严重影响其生长发育。首先是营养的改变，由吃温热的液体母乳为主改成吃固体的生干饲料；二是由依附母猪的生活改为完全独立的生活；第三是生活环境的改变迁移，由产房转到保育舍，并伴随着重新编群；第四是容易受到病原微生物的感染而患病。以上诸多因素会引起仔猪的应激反应，影响仔猪正常的生长发育并造成疾病。加强断奶仔猪的饲养管理会减轻断奶仔猪应激带来的损失。

二　断奶仔猪的饲养

在断奶前后，提供适当的营养给小猪使小猪的生长速度达到最大，在保育舍的生长速度将会影响到育成期。如果保育期生长不好，这将使猪达到上市体重的时间延长。

由于断奶仔猪的消化系统发育仍不完善，生理变化较快，对饲料的营养及原料组成十分敏感，因此在选择饲料时应选用营养含量、消化率都高的日粮，如：脱脂奶粉、干乳清、葡萄糖、鱼粉、菜油等，以适应其消化道的变化，促使仔猪快速生长，防止消化不良。

由于仔猪的增重在很大程度上取决于能量的供给，仔猪日增重随能量摄入量的增加而提高，饲料转化效率也将得到明显的改善；同时仔猪对蛋白质的需要也与饲料中的能量水平有关，因此能量仍应作为断奶仔猪饲料的优先级考虑，而不应该过分强调蛋白质的功能。

断奶仔猪在各个生长阶段生理变化较大，生理特点不一样，营养需求也不一样，为了充分发挥各阶段的遗传潜能，应采用阶段日粮，最好分成三阶段，见表6-2。

表 6-2　断奶三阶段

阶　　段	日粮特点
第一阶段	断奶后头 7 天，饲喂哺乳仔猪料
第二阶段	断奶后第 7 天至第 21 天，粗蛋白含量 18% ~ 19%，赖氨酸含量 1.20% 以上
第三阶段	断奶后第 4 周、第 5 周和第 6 周，粗蛋白质含量 17% ~ 18%，赖氨酸含量 1.05% 以上

三 断奶仔猪的管理

1. 断奶日龄

一般情况下仔猪出生后 21 ~ 35 日龄，体重达 6 ~ 8kg 时断奶比较合适。这时间断奶，断奶一周后母猪即能发情配种，而过早断奶或过晚断奶，母猪发情变差，对提高分娩次数不利。

2. 断奶方法

（1）一次断奶法　当仔猪达到预定断奶日龄时，将母猪隔出，仔猪留原圈饲养。此法由于断奶突然，易因食物及环境突然改变而引起仔猪消化不良，又易使母猪乳房胀痛，烦躁不安，或发生乳房炎，对母猪和仔猪均不利。但此方法简便，适宜工厂化养猪使用，并应注意对母猪和仔猪的护理，断奶前 3 天要减少母猪精料和青料量以减少乳汁分泌。

（2）分批断奶法　具体做法是在母猪断奶前 7 天先从窝中取走一部分个体大的仔猪，剩下的个体小的仔猪数日后再行断奶，以便仔猪获得更多的母乳，增加断奶体重。缺点是不利母猪再发情，目前一般不用。

（3）逐渐断奶法　在断奶前 4 ~ 6 天开始控制哺乳次数，第一天让仔猪哺乳 4 ~ 5 次，以后逐渐减少哺乳次数，使母猪和仔猪都有一个适应过程，最后到断奶日期再把母猪隔离出去。但此种断奶方法较麻烦且费人力。

（4）超早期隔离断奶（Segregated Early Weaning，SEW）　美国养猪界在 1993 年开始试行的一种养猪方法。其实质内容是，母猪在分娩前按常规程序进行有关疾病的免疫注射，仔猪出生后保证吃到初乳，按常规免疫程序进行疫苗预防接种后，在 10 ~ 21 日龄断奶，

然后把仔猪在隔离条件下保育饲养。保育猪舍要与母猪舍及生产猪舍分离开，隔离距离根据隔离条件不同而不同（0.25～10km）。

3. 早期断奶的优点

1）提高母猪繁殖率，增加每头母猪的年产仔数，降低生产成本，见表6-3。

表6-3 断奶日龄与年产仔猪数

断奶日龄	年产窝数	断奶时活仔数	56日龄仔猪数
0	3.00	31.5	28.3
2	2.95	27.1	25.7
7	2.85	24.5	24.0
21	2.50	20.3	19.9
35	2.30	18.4	18.0

2）切断母子间疾病的传播，降低仔猪发病率，提高仔猪成活率和生长性能。

由于仔猪通过母乳获得的免疫抗体在14日龄时达到最低，而此时仔猪的自身免疫还未健全，此时猪的抗病能力非常弱，极易通过母体感染疾病。所以传统3周龄以后断奶的仔猪，大部分已感染呼吸道疾病，严重地影响日后猪的生长。有效排除疾病的断奶日龄见表6-4。

表6-4 有效排除疾病的断奶日龄

疾病/病原	日龄	疾病/病原	日龄
胸膜肺炎放线杆菌	15	萎缩性鼻炎	10
肺炎支原体	10	钩端螺旋体	10
猪繁殖与呼吸综合征	10	猪霍乱杆菌	21
波氏杆菌	10～12	传染性胃肠炎	21
多杀性巴氏杆菌	10～12	伪狂犬病	21
猪链球菌2型	5	副猪嗜血杆菌	14

3）有利于仔猪的生长发育，提高猪的生长性能，降低出栏时

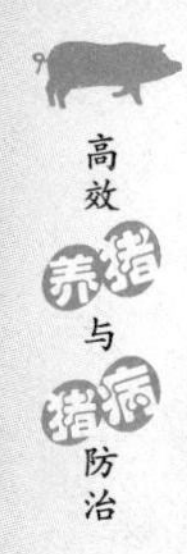

间。早期断奶猪与传统法断奶猪的生产性能的比较见表6-5。

表 6-5　早期断奶猪与传统法断奶猪的生产性能比较

天数	传统法		早期断奶		改善（%）
	体重/kg	ADG/g	体重/kg	ADG/g	
7	2.38	161	2.50	173	9
21	5.24	190	5.89	215	12
35	8.95	220	11.14	279	25
49	14.06	261	18.84	356	34

4）提高分娩舍的利用率。工厂化猪场实行仔猪早期断奶，可以缩短哺乳母猪占用产仔栏的时间，从而提高每个产仔栏的年产窝数和断奶仔猪头数，相应降低了生产一头断奶仔猪的产栏设备的生产成本。如将一个年生产万头商品猪的猪场，由4周龄断奶改为3周断奶，每个产栏的年产断奶窝数和年产断奶的仔猪头数约提高17%。

4. 管理技术

断奶仔猪免疫力不高，消化机能尚未健全，胃酸少，消化酶活性低，皮下脂肪层薄，再加上断奶应激，发病率增加，形成僵猪，甚至死亡。常会出现断奶应激综合征。

为了养好断奶仔猪，过好断奶关，要做到饲料、饲养制度及生活环境的“两维持，三过渡”，即维持在原圈管理和维持原哺乳期饲料，并逐渐做好饲料、饲养制度及环境的过渡。

（1）维持原圈饲养　仔猪断奶后1～2天很不安定，经常嘶叫并寻找母猪，夜间或听到邻圈母猪哺乳声时骚闹更厉害。为了减轻仔猪断奶后因失掉母乳和母仔共居环境而引起的不安，应将母猪调出另圈饲养。仔猪断奶后也不应立即混群，以免仔猪受到断奶、混群的双重刺激。

（2）维持原哺乳期饲料　断奶后2～3周内，仔猪饲料配方必须保持与哺乳期补料配方相同，以免突然改变饲料降低仔猪食欲，引起胃肠不适和消化机能紊乱。

（3）饲料类型的过渡　刚断奶仔猪1～2周内不能立即完全使用小猪料，用仔猪料在原栏饲养几天后，转往保育舍转料需有一个过程，一般在1周内转完，采取逐步更换的方法（每天20%的替换

率）。在转料过程中，一旦发现异常情况，需立即停止转料，直到好转后再继续换料。

⚠【注意】转料过程中注意提供洁净的饮水和电解质，注意添加药物。

（4）饲喂方法的过渡 在断奶后2～3天要适当控制给料量，不要让仔猪吃得过饱，每天可多次投料（4～5次/天，加喂夜餐，日喂量为原来的70%），防止因消化不良而引起下痢。保持圈舍干燥、卫生。日粮组成以低蛋白质水平饲料为好（控制在19%以内），能有效地防止或减少腹泻，但要慎重，因可能会影响长速。饲料中可加入抗生素，同时加入抗过敏药物。注意饲料适口性，以颗粒或粗粉料为好。保证充足的饮水，断奶仔猪栏内应安装自动饮水器，保证随时供给仔猪清洁饮水。

（5）生活环境过渡 即不调离原圈，不混群并窝的“原圈培育法”。断奶时把母猪从产栏中调出，仔猪留原圈饲养一段时间（7～15天），待采食及粪便正常后再转群。集约化养猪采取全进全出的生产方式，仔猪断奶立即转入仔猪保育舍，猪转走后立即清扫消毒，再转入待产母猪。断奶仔猪转群时一般采取“原窝培育”，即将原窝仔猪转入保育舍在同一栏内饲养。

⚠【注意】不要在断奶的同时把几窝仔猪混群饲养，以避免仔猪受断奶、咬架和环境变化引起的多重刺激。

5. 断奶仔猪管理要点

1）少喂勤添，逐步增加采食量。仔猪在断奶后常常会吃得过多，所以最好要在断奶后头两天内限制仔猪的采食量。方法是在饲槽中放置一定量的易于被采食的饲料，每天放置3～4次。第二天以后就应该允许仔猪自由采食。必须注意，自动饲喂器中的饲料不应装得过满。应该每3～5天就向饲槽的料斗中加入1次新鲜饲料。

2）必须保证刚断奶的仔猪能得到充足的饮水，对于刚断奶的仔猪可以有效地采用乳头状饮水器。

3）新断奶转群的仔猪吃食、卧位、饮水、排泄区尚未形成固定

位置。所以，要加强调教训练，使其形成理想的睡卧和排泄区。这样既可保持栏内卫生，又便于清扫。训练的方法是：排泄区的粪便暂不清扫，诱导仔猪来排泄。其他区的粪便及时清除干净。当仔猪活动时，对不到指定地点排泄的仔猪用小棍哄赶并加以训斥。当仔猪睡卧时，可定时哄赶到固定区排泄，经过一周的训练，可建立起定点睡卧和排泄的条件反射。

4）防止咬耳咬尾，消除使猪不适因素；注意及时调整日粮结构，使之满足仔猪的营养需求；为仔猪设立玩具，分散注意力；可人工断尾。

5）预防注射疫苗及驱虫，严格按免疫程序操作。按免疫程序进行免疫猪瘟和驱虫，驱虫以后要及时清除粪便，打扫卫生。

6）随时观察猪群状况，一看饲槽中剩料情况，及时调整饲喂量；二看仔猪动态，判断猪群健康状况；三看粪便色泽和软硬程度，了解消化状况和肠道病变。

【小知识】>>>>

仔猪日粮配制必须考虑4方面的问题

一是日粮中能量、氨基酸、维生素等营养素含量要高，且平衡性好，营养满足仔猪的需要，仔猪才能健康生长。二是消化率要高，由于仔猪消化系统不健全，在原料选择上应采用易消化原料配制日粮，减缓仔猪营养性腹泻。三是适口性要好，改善日粮的适口性，提高仔猪采食量。四是注意能量采食量，提高仔猪的体重。

第七章 生长育肥猪的饲养管理

仔猪保育阶段结束后便进入生长育肥猪阶段。生长育肥猪是猪一生中生长速度最快和耗料量最大的阶段，也是养猪生产的最后一个环节，在养猪生产中占有重要位置。猪的育肥时间，一般是从断奶或70日龄，到体重达到90～100kg时结束。

第一节 育肥猪的饲养

肉猪生产的目的就是在较短的时间内，使用较少的饲料，获得数量多、肉质好的猪肉。提高肉猪的日增重、出栏率和商品率，从而满足人们对猪肉的数量、质量的需求。

肉猪的快速育肥，不可照搬国外的高投入、高产出、高能量、高蛋白的做法。应立足于我国当前广大农村的实际生产水平和饲料条件与特点，应以高效益为前提，以解决我国十几亿人口吃肉为目标。这样，快速养猪法才是最适用、最经济的。

一 育肥猪生产的特点

1. 育肥猪生长发育的3个时期

从断奶至体重35kg为生长期，或称为小猪阶段或前期；体重35～60kg为发育期，或称中猪阶段或中期；体重60kg至出栏为育肥期，或称为大猪阶段或后期。实践证明，小猪阶段不易饲养，很容易感染疾病和出现生长发育受阻，而到中猪阶段以后就比较容易饲养了。

2. 育肥猪生长发育规律

（1）体重的增长 生长育肥猪的体重变化规律，是决定生长育肥猪适宜出售的重要依据之一，同时也是检验生长育肥猪日粮营养水平的重要依据。

在研究条件下，瘦肉型良种猪可以获得最大的生长速度为：体重5～10kg阶段的日增重400g，10～20kg阶段为700g，20～100kg阶段达1 000g以上。在育肥猪生产上要抓住增长速度高峰期，加强饲养管理，提高增重速度，减少每千克增重饲料消耗，降低饲养成本。

（2）体组织的增长 瘦肉型猪种骨骼、皮、肌肉、脂肪的生长是有一定规律的。随着年龄的增长，体组织的生长顺序是：先是骨骼，然后是皮肤，再然后是肌肉，最后是脂肪，说明脂肪是发育最晚的组织。

随着年龄的增长，当活重达到50kg以后，脂肪急剧上升。骨骼的强烈生长期是从出生后2～3月龄开始到活重30～40kg，肌纤维也同时开始增长。当活重达到50～100kg以后脂肪开始大量沉积。肉猪生产利用这个规律，生长肉猪前期（60～70kg活重）应保持高营养水平，注意日粮中氨基酸的含量及其生物学价值，促进骨骼和肌肉的快速发育，后期应适当限饲以减少脂肪的沉积，防止饲料的浪费，又可提高胴体品质和肉质。

（3）猪体的化学组成 随着猪体的组织及体重的生长，猪体的化学成分也呈现规律性的变化，即随着年龄和体重的增长，水分、蛋白质和矿物质等含量下降。蛋白质和矿物质含量在体重45kg阶段以后趋于稳定，而脂肪则迅速增长。同时，随着脂肪量的增加，饱和脂肪酸的含量也增加，而不饱和脂肪酸含量逐渐减少。

猪体化学成分变化的内在规律是制定商品瘦肉猪体不同体重时期最佳营养水平和科学饲养技术措施的理论依据。掌握肉猪的生长发育规律后，就可以在其生长的不同阶段，控制营养水平，加速或抑制猪体某些部位和组织的生长发育，以改变猪的体型结构、生产性能和胴体结构，向我们所需要的方向发展。

二 育肥方式

1. "吊架子"育肥法

也叫"阶段育肥法"，是在较低营养水平和不良的饲料条件下所采用的一种肉猪肥育方法。将整个过程分为小猪、架子猪和催肥三阶段进行饲养。此法目前使用较少。

2. "一条龙"育肥法

也叫"直线育肥法"，按照猪在各个生长发育阶段的特点，采用不同的营养水平和饲喂技术，在整个生长育肥期间能量水平始终较高，且逐阶段上升，蛋白质水平也较高。以这种方式饲养的猪增重快，饲料转化率高，这是现代集约化养猪生产普遍采用的方式。

3. "前高后低"的饲养法

在育肥猪体重达到60kg以前，按"一条龙"饲养方式，采用高能量、高蛋白质饲粮；在育肥猪体重达到60kg后，适当降低饲粮能量和蛋白质水平，限制其每天采食的能量总量。

三 饲喂方法

一般分为自由采食和限量饲喂两种。限量饲喂又主要有两种方法，一是对营养平衡的日粮在数量上予以控制，即每次饲喂自由采食量的70%～80%，或减少饲喂次数；二是降低日粮的能量含量，把纤维含量高的粗饲料配合到日粮中去，以限制其对养分，特别是能量的采食量。

若要得到较高日增重，以自由采食为好；若只追求瘦肉多和脂肪少，则以限量饲喂为好。如果既要求增重快，又要求胴体瘦肉多，则以两种方法结合为好，即在育肥前期采取自由采食，让猪充分生长发育，而在育肥后期（55～60kg后）采取限量饲喂，限制脂肪过多地沉积。

四 饲喂次数

猪的食欲以傍晚最盛，早晨次之，午间最弱，这种现象在夏季更趋明显。所以，对生长育肥猪可日喂3次，且早晨、午间、傍晚3次饲喂时的饲料量分别占日粮的35%、25%和40%。试验表明，体

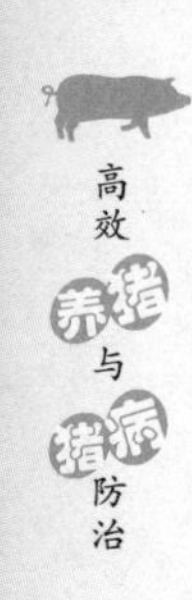

重为20～90kg时，日喂3次与日喂2次比较，前者并不能提高日增重和饲料转化率。因此，许多集约化猪场采取每天2次饲喂的方法是可行的。

五 饮水

必须供给猪充足的、清洁的饮水，如果饮水不足，会引起食欲减退，采食量减少，使猪的生长速度减慢，严重者还会引起疾病。猪的饮水量随生理状态、环境温度、体重、饲料性质和采食量等变化，一般在春秋季节其正常饮水量应为采食饲料风干重的4倍或体重的16%，夏季约为5倍或体重的23%，冬季则为2～3倍或体重的10%左右。猪饮水一般以安装自动饮水器较好，或在圈内单独设一水槽经常供给充足而清洁的饮水，让猪自由饮用。

六 应用促生长剂

（1）抗生素添加剂 常用的有土霉素、泰乐菌素、利高霉素、杆菌肽锌等，添加剂量为每千克饲粮加20～50mg。

（2）饲用微生物添加剂 益生素可通过有益微生物形成优势菌群、产酸或竞争营养物质等方式，抑制有害微生物的生长繁殖，或通过产生B族维生素、增强机体非特异性免疫功能来预防疾病，从而间接地起到提高生长速度和饲料转化率的作用。微生物生长促进剂是指能直接提高动物对饲料的转化率和生长速度的活的微生物培养物。

（3）酶制剂 一类用于补充内源性消化酶的不足；另一类用于消除饲料中抗营养因子的不良影响。常见的有植酸酶、木聚糖酶、β-葡萄糖酶、纤维素酶、α-淀粉酶、酸性蛋白酶、甘露聚糖酶等。目前，在酶制剂的应用上还存在效价不稳定和成本高等问题。

第二节 育肥猪的管理

一 合理分群及调教

（1）合理分群 生长育肥猪一般采取群饲方法。分群时，除考

虑性别外，应把来源、体重、体质、性情和采食习性等方面相近的猪合群饲养。根据猪的生物学特性，可采取“留弱不留强，拆多不拆少，夜并昼不并”的办法分群，并加强新合群猪的管理和调教工作，如在猪体上喷洒少量来苏儿药液或酒精，使每头猪的气味一致，避免或减少咬斗的发生，同时可吊挂铁链等小玩物来吸引猪的注意力，减少争斗。分群后要保持猪群相对稳定，除对个别患病、体重差别太大、体质过弱的个体进行适当调整外，不要任意变动猪群。每群头数，应根据猪的年龄、设备、圈养密度和饲喂方式等因素而定。

（2）调教 猪在新合群或调入新圈时，要及时加以调教。重点要抓好两项工作，第一是防止强夺弱食。为保证每头猪都能吃到、吃饱，应备有足够的饲槽，对霸槽争食的猪要勤赶、勤教。第二是训练猪养成“三定位”的习惯。使猪采食、睡觉、排泄地点固定在圈内三处，形成条件反射，以保持圈舍清洁、干燥，有利于猪生长。具体方法是猪调入新圈前，要预先把圈舍打扫干净，在猪躺卧处铺上垫草，食槽内放入饲料，并在指定排便地点堆放少量粪便、泼点水。把猪调入新圈后，若有个别猪不在指定地点排便时，要及时将其粪便铲到指定地点，并守候看管。这样，经过一周左右的训练，就会使猪养成“三定位”的习惯。

二 防疫和驱虫

（1）防疫 制定合理的免疫程序，认真做好预防接种工作。应每头接种，避免遗漏。对从外地引入的猪，应隔离观察，并及时免疫接种。

（2）驱虫 主要有蛔虫、姜片吸虫、疥螨和虱子等。通常在90日龄时进行第一次驱虫，必要时在135日龄左右时再进行第二次驱虫。驱除蛔虫常用驱虫净，用量为20mg/kg，拌入饲料中一次喂服。驱除疥螨和虱子常用美曲膦酯（敌百虫），配制成1.5%～2.0%的溶液喷洒体表，每天1次，连续3天。近年来，采用1%伊维菌素注射液对猪进行皮下注射，使用剂量为400μg/kg，对驱除猪体内、外寄生虫有良好效果。

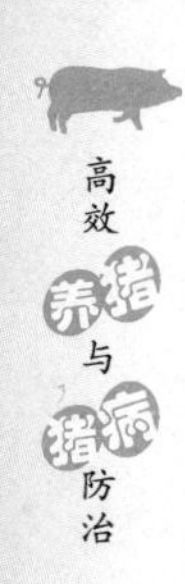

三 防止“咬耳咬尾”

消除使猪不适的因素；注意及时调整日粮结构，使之满足仔猪营养需求；为仔猪设立玩具，分散注意力。

四 管理制度化

对猪群的管理要形成制度化，按规定时间给料、给水、清扫粪便，并观察猪的食欲、精神状态、粪便有无异常，对不正常的猪要及时诊治。要完善统计、记录制度，对猪群周转、出售或发病死亡、称重、饲料消耗、疾病治疗等情况加以记录。

五 环境控制

现代肉猪生产是高密度舍饲，猪舍内的小气候是主要的环境条件。猪舍的小气候包括舍内温度、湿度、气流、光照、声音等场内外境，舍内二氧化碳、氨气、硫化氢气体等化学因素和尘埃、微生物等其他因素等都会对肉猪生产造成影响。

第三节 影响高产育肥的因素

一 品种

不同品种猪的生长发育规律不一样，在正常饲养管理水平下，早熟品种比晚熟品种猪生长快，日增重量高；杂种猪育肥快，饲料报酬高。因此，饲养时应按不同品种的生长发育规律进行。

二 年龄

猪的年龄对于肉和脂肪的形成有很大影响。一般在6～7月龄以前猪主要是长骨骼，长肉，生长速度最快，饲料消耗也最快；这以后沉积脂肪的能力逐渐增强。所以，采用直线育肥法至6～7月龄，体重可达90～100kg，生产出的猪瘦肉多，脂肪少。吊架子猪肥育猪在6～7月龄后催肥，生产的肥肉多，瘦肉少。

三 初生重

初生重量大的仔猪，在相同的饲养管理条件下，比初生重量小

的仔猪增重快，育肥期短。俗话说："初生差 1 两，断奶差 1 斤，育肥差 10 斤"。

四 性别

母猪比去势公猪生长慢，瘦肉多。年龄越大的去势公猪，膘越肥；母猪每增加 1kg 胴体重，膘厚增加 0.27mm，而去势公猪的膘厚则增加 0.45mm。

五 去势

做育肥用的仔猪，生后 28 天去势，比晚去势的长得快，体重可提前 10 天达到 100kg。不去势的小公猪长得快，但肉有臊味。

六 饲养

猪的育肥在很大程度上取决于饲料品质及饲养技术的好坏。饲料品质好，其单位重量中含有的营养物质多，猪吃了后生长的就快。调制好的饲料，不但能提高猪对饲料的利用率，增进食欲，而且能减少猪体消化食物所消耗的热能。将饲料进行糖化处理，可使饲料内含糖量提高 4～5 倍，能促进脂肪的沉积，在催肥末期效果更显著。发酵饲料，对育肥也有良好效果。但在催肥后期宜少喂，以防对肉的品质产生不良影响。饲养方式的不同，育肥效果也有差异。在温暖的猪舍里，喂稀料比喂干料日增重可提高 10g，每增重 1kg 少耗料 0.1kg。用颗粒饲料喂育肥猪，比用粗料，每千克增重少耗料 0.2～0.3kg。以精料为主时，育肥猪日喂 2～4 次，其育肥效果差异不明显。

若以青、粗饲料为主时，喂的次数越多，增重效果越好。不限量饲养日增重高，饲料消耗大，膘厚。限量饲养日增重较低，饲料消耗少，膘薄。为获取大量瘦肉，国外在育肥阶段都采取限量饲养。

七 管理

1）温度。温度的高低对猪的育肥影响很大。一般说来，肥猪最适宜的温度为 12～25℃。在有厚垫草的情况下，舍内温度 4～10℃与 15～21℃育肥效果一致。不铺垫草的肥猪舍，温度应

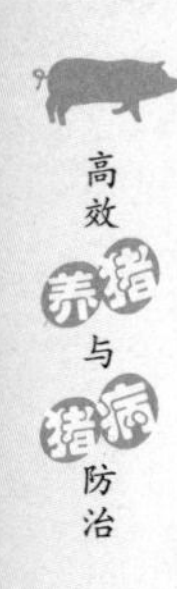

保持在26～29℃。所以，在猪的管理上，冬季要注意保温；夏季要防止暴晒，注意通风，增加饮水和水浴，还应减低圈内密度。

2）光线。育肥末期，如果把猪饲养在光线较暗的环境里，使猪减少活动，得到充分休息，一般体重增长速度都较快。

3）运动。俗话说："小猪游，大猪囚"，就是要让小猪得到适度的活动，能促进新陈代谢，使肌肉发达结实，身体强壮。进入育肥期以后，要减少活动，以减少体内养分的消耗。

【小知识】>>>>

育肥猪进行限制饲养合理吗？

限制饲养（仅供给日需要采食量的约85%）可以增加瘦肉率和改善饲料转化率，但是会降低增重速度。限制饲养对普通品种去势公猪最有益，可以限制其过肥。

第四节 提高育肥猪胴体瘦肉率的措施

目前，一些养猪技术先进的国家，肉猪的胴体瘦肉率较高，多为55%～65%，而我国的肉猪胴体瘦肉率较低，一般为40%～50%，远不能适应国外市场的需求。研究与实践证明，瘦肉型肉猪具有较强的沉积蛋白质的能力和较高的饲料转换率。

一 选种时应注重胴体瘦肉率

胴体瘦肉率遗传力很高。所以，选择胴体瘦肉率高的品种作为种猪，可以显著提高商品肉猪的胴体瘦肉率。研究表明，猪的膘厚与胴体瘦肉率呈很强的负相关关系。一般来说，膘厚的猪的胴体瘦肉率就低，胴体脂肪含量就高。膘薄的猪，其胴体瘦肉率就高，胴体脂肪含量就少。猪的品种不同，胴体瘦肉率也不同，优良的瘦肉型品种有杜洛克猪、汉普夏猪、大约克夏猪、长白猪等。

二 正确地开展杂交

正确地开展杂交是提高肉猪胴体瘦肉率的有效途径。

1. 应选择瘦肉率高的品种作杂交父本

一般两品种杂交肉猪其胴体瘦肉率介于父、母本之间，大致为父、母本的平均数，并向大值亲本偏移。地方猪种作母本的杂交组合，其杂交父本猪的瘦肉率越高，则对杂种肉猪胴体瘦肉率的提高越有利。如长白猪、大约克夏猪、杜洛克猪、汉普夏猪等。据辽宁省畜牧研究所报道，辽宁本地黑猪瘦肉率为48.7%，杜洛克猪瘦肉率为63.04%，“杜本”交一代肉猪瘦肉率为54.40%，杂种肉猪胴体瘦肉率比纯种母本猪提高了5.7%。

2. 进行三品种杂交可采用的两种方式

一是以我国地方猪种为母本，用繁殖性能较好的国外引进瘦肉型品种作第一父本与之杂交，所得到的一代杂种母猪留种，再用瘦肉率较高的国外引进瘦肉型品种作第二父本进行杂交，产生的子代肉猪就可以达到胴体瘦肉率55%的指标。

二是以培育的新品种作母本，先后用繁殖性能较好和瘦肉率较高的国外引进瘦肉型品种猪作第一和第二父本，那么三品种杂交的杂种瘦肉型肉猪，其胴体瘦肉率可达58%以上，甚至可达到60%以上。

据报道，以上海白猪为母本，长白猪和杜洛克猪先后作第一和第二父本，产生的三品种杂交的瘦肉型肉猪，其胴体瘦肉率达60%以上，肉质良好。值得重视的是，在同一品种内，个体间的瘦肉率也是有差异的。

三 灵活运用营养调控技术

营养调控技术主要包括营养水平的调控和使用营养重分配剂，其目的是减少生长育肥猪的脂肪沉积，增加瘦肉量。

限制饲料喂量和能量水平，能提高胴体的瘦肉率。根据实验，用25～90kg的杂交育肥猪，前期自由采食，后期限量饲养，与全期自由采食的育肥猪对比，前者膘薄，平均日增重降低27%，而胴体瘦肉率提高到42.5%。

提高蛋白质水平，同时保证各种氨基酸的均衡供给，有利于胴体瘦肉率的提高。猪瘦肉中蛋白质的含量达20%～21%；都是通过饲料中的粗蛋白质转化而成的。因此，在瘦肉型猪的日粮必须有较高的蛋白质水平。根据实验，生长肥育猪从20～90kg，早期18%～20%、中期16%、后期14%的蛋白质水平，其胴体瘦肉率就能很高。

饲粮中粗纤维含量会影响日增重、饲料利用率和胴体瘦肉率。饲粮中粗纤维含量提高，猪日增重降低，背膘变薄，瘦肉率提高。当饲粮中粗蛋白质和能量水平适宜时，体重20～35kg时粗纤维含量小于5%～6%，35～90kg时粗纤维含量小于7%～8%，最高不超过9%。

额外添加B族维生素，在10～28kg阶段，B族维生素的添加量为NRC标准的370%，能够具有最佳的生长效率和饲料转化率。

添加有机铁能协同有机铬提高瘦肉率；添加三价有机铬、甜菜碱或肉碱、亚油酸能提高瘦肉率。

四 适宜的环境温度

环境温度过高或过低对肉猪蛋白质的沉积都不利，都会降低肉猪的瘦肉率，所以应为肉猪创造一个适宜的圈舍温度条件。据报道，一般肉猪舍内温度为18～20℃时，有利于蛋白质的沉积，能促进肉猪瘦肉率的提高。

五 适时屠宰

育肥猪在不同体重屠宰，其胴体瘦肉率不同，所以掌握适宜屠宰体重，可提高猪的胴体瘦肉率。瘦肉的绝对重量，随体重的增加而提高，但瘦肉率却下降。

对于育肥猪的屠宰时机，既要考虑胴体瘦肉率，又要考虑综合的经济效益。一般而言，育肥猪饲养到160～180日龄，体重达到90～100kg时即可出栏。

六 改善饲喂方法

1）提倡生料饲喂。育肥猪饲喂生料有两种办法，一是把配合精

料按一定比例与玉米粉、麸皮混合后放入饲槽饲喂；另一种是把精料和其他饲料按一定比例混合并制成湿拌料饲喂。但现代养猪生产中多用颗粒料喂猪。

2）“前高后低”的饲养法。在育肥猪体重达到60kg以前，按“一条龙”饲养方式，采用高能量、高蛋白质饲粮；在育肥猪体重达到60kg后，适当降低饲粮能量和蛋白质水平，限制其每天采食的能量总量。

3）供给充足、清洁的饮水。要经常保持水槽内有充足、清洁的饮水，或者在猪舍内安装自动饮水器，以满足育肥猪的饮水量。

七 加强猪群饲养管理

1）合理分群。根据断奶仔猪生长发育情况、猪舍的大小进行合理分群，最好将断奶仔猪按原窝组群，但必须将发育不良、体重较小的挑出并单独组群。值得注意的是饲养密度要合理。

2）加强调教。首先进行“三定位”的调教；其次是人猪亲和训练，平时不能打猪，猪休息时人不能干扰。一旦形成饲养管理规律就不能再改变。

3）保持舍内良好的通风换气和清洁卫生。要及时将舍内的粪尿清出舍外，保持舍内的湿度在75%左右。

4）控制环境温度。为育肥猪创造适宜的环境温度可提高胴体的瘦肉率。

5）预防疾病，建立完善的防疫制度。猪舍和猪场要定期消毒，外人和车辆进入猪场时必须进行彻底消毒。猪群应按照规定的免疫程序进行免疫接种。

【小知识】>>>>

猪屠宰后，肌肉为什么发白？

猪在被屠宰以前，受到过强应激状态，屠宰之后，肌细胞膜破裂，里面的水分就会流出来。一些品种对应激特别敏感。一般来说，瘦肉率越高的品种，对应激越敏感。各种品种当中，以皮特兰猪最为敏感，因而也就最容易出现上述情况。现在可用基因标记技术去除应激基因，就可以消除这个现象。

第八章

猪场疾病预防控制措施

第一节 建立猪场生物安全体系

近年来，随着规模化、集约化养猪生产的发展，养猪业面临严峻的疾病挑战，尤其是每年因疫病死亡造成的经济损失巨大，使养猪生产的成本增加，企业经营无利或亏本，甚至倒闭。面临越来越复杂的疾病流行态势，要想养猪盈利，必须控制好疾病的流行。实践证明，建设好生物安全体系是预防控制疾病的最有效措施。生物安全体系是排除疫病威胁，保护动物健康的各种方法的集成，就是传统的综合防治和兽医卫生措施在集约化生产条件下的发展和宏观体现，是现代养殖生产中最基本、最重要的动物保健准则，它是一项系统工程，是疫病的预防体系。建立猪场生物安全体系要从以下几方面考虑。

一 猪场建设要求

猪场场址选择、合理布局、远离传染病原的猪场建筑是猪群生物安全体系的基础条件。具体要求见第二章第一节、第二节内容。

二 养猪生产工艺流程要求

养猪生产的工艺技术是实现猪群生物安全体系建立的关键措施。生物安全体系能否建立，能否有安全的保障效果，决定着工艺技术的实施，如小单元饲养，全进全出，早期断奶隔离饲养，母猪分段饲养及母猪分胎次饲养等。

1. 小单元全进全出

以周制为生产节律，将全年生产量均匀分布于每周内。以周一为始，周日为末。饲养于小单元猪舍内，实行全进全出的工艺流程，是保障猪群健康的关键技术措施之一。单元式生产的仔猪发病率、仔猪呼吸道发病率均低。全进全出和随进随出相比，猪的平均日增重可提高13.04%，达105kg体重日龄平均缩短了12天，平均每千克增重少耗料0.23kg。屠宰后肺部损伤和肺部感染分别减少52%和11.6%。

2. 早期断奶与隔离饲养

具体内容见第六章第二节。这种方法使养猪生产水平有了很大提高，并能有效摆脱疾病的困扰。

3. 三点式饲养

三点式饲养在国内已取得了良好效果。通过对一点式饲养（将种猪、保育猪、育成猪、育肥猪养在一点）、两点式饲养（将种猪、保育猪养在一点，育成猪、育肥猪养在一点）、三点式饲养（将母猪、公猪、空怀猪、妊娠母猪及哺乳猪养在一点，保育猪养在一点，育成猪、育肥猪养在一点，点与点之间相距1000m以上，采用全进全出、高床产仔和保育）三种饲养方式进行试验，发现三点式饲养比两点式和一点式减少了仔猪、保育猪和育肥猪的死亡率，减少了出栏猪的医药费，平均每头出栏猪的医药费比一点式饲养节省7.06元，各阶段死亡率均有所降低。为此，早期断奶三点式饲养是规模化养猪场建立生物安全体系的重要技术措施之一。

4. 引种与保健

引种前必须对引种地进行疫情调查，从无疫区引种。引种前做主要疫病的检疫，确定引种猪健康无病，并开具健康证明。引进种猪在运输过程中，注意防护，避免感染。对运输车辆做彻底清洗消毒。新引进的种猪，在远离饲养场的地方应有30天以上的隔离观察期，确认健康无病，并逐渐与原有猪群循序接触，才能合群饲养。

5. 注意满足猪只生理对环境卫生的要求

在规模化养猪生产中，猪只需要一个适宜、良好的环境。环境的卫生条件在人为控制下，通过建筑设备、工艺程序进行调节，以

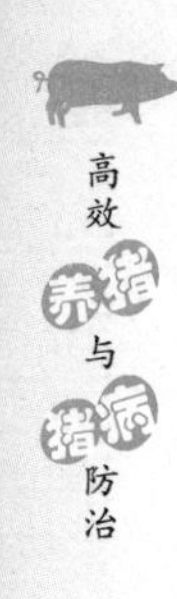

达到猪的生理要求。

（1）对温、湿度的要求 大猪极端怕热，环境温度一高，采食量就会下降，会出现体内热积蓄增加，不食不长、易生病。而初生仔猪怕冷，仔猪初生后要尽快吃好初乳，补充乳糖提高体温。所以，猪舍环境温度要求要适合，不可过高或过低，要按不同生理阶段，满足不同的温度需求。

（2）有害气体不得超标 氨气、硫化氢、二氧化碳、空气中细菌数和粉尘等任何有害物质都会影响猪群的健康。有害气体会损伤猪只呼吸道黏膜、溶解黏膜水中的钠离子引发结膜炎、肺炎，造成肺水肿，降低猪体免疫能力。为此，必须注意猪舍的通风换气。

（3）维持猪舍的环境卫生 各种猪舍都需要有良好的环境卫生，及时清除粪便，清洗猪床、猪栏、粪尿沟，清扫走道，认真地选择好的消毒药进行定期消毒。注意通风换气，保持空气清洁。

三 健全防疫制度

规模化养猪场应根据国务院、农业部颁布的动物防疫法规条例，依本场的实际情况，制定适宜的猪场防疫制度。并作为文件公布，从上到下共同遵守。要按有关法令、法规、规程、标准进行安全养猪生产，严格执行停药期的规定。

四 严格消毒

对猪场的消毒工作，要经常化、制度化、规范化、程序化，场区消毒、猪舍消毒、路道消毒、车辆用具的消毒要周密、严格、彻底。场区大门以及生产区入口处必须设有消毒池或消毒盆，消毒液用5%氢氧化钠溶液，进场、进舍必须浸泡胶鞋消毒。运送猪只的车辆、称量用具等，每次使用前都应进行消毒。平时做好带猪消毒，做好病、死猪的消毒和污水与粪便的消毒。

五 科学免疫

猪场免疫接种是将易感猪群转化为非易感猪群的一种手段。有组织、有计划地开展疫苗免疫注射，是预防和控制猪传染病的重要

措施之一。为使猪场搞好免疫注射，取得良好的免疫效果，必须注意以下问题。

1. 建立科学的免疫程序

免疫注射前必须制定科学的免疫程序，而制定科学的免疫程序必须考虑以下几个方面的因素：一是当地猪群的疫病流行情况及严重程度；二是传染病流行特点；三是仔猪母源抗体水平；四是上次免疫注射后存余的抗体水平；五是猪的免疫应答；六是疫苗的特性；七是免疫接种方法；八是各种疫苗注射的配合免疫对猪只健康的影响等。猪场要在实践中总结经验，制定符合本场实际的免疫程序。

2. 选择优质疫苗

疫苗质量关系着免疫注射的效果。因此，在选购疫苗时，一定要选择通过 GMP 认证的厂家所生产的、有批准文号的疫苗，并在当地动物防疫部门购买，杜绝在一些非法经营单位购买，以免购进伪劣疫苗。

3. 按规定运输、保存疫苗

猪用疫苗有严格的运输、保存条件。冻干疫苗运输时，必须放在装有冰块的疫苗专用运输箱内，严禁阳光直射，并避免接触高温，要在 -15℃以下保存；灭活苗应在 2～8℃下冷藏运输，避光保存，不得冻结。

4. 检查被免疫生猪

疫苗接种前，应向饲养管理人员了解猪群近期饮食、大小便等健康状况，必要时应对个别猪只进行体温检测和临床检查。凡是精神、食欲、体温非正常的，有病的，体质瘦弱的，年老的，幼小的，妊娠后期的等具有免疫接种禁忌症的对象，都不得注射或暂缓注射。

5. 注意无菌操作

免疫接种前，应将使用的器械如注射器、针头、稀释疫苗瓶等应认真洗净、高压灭菌。免疫接种人员的指甲应剪短，并用消毒液洗手，穿无菌工作服、鞋。吸取疫苗时，先用 75% 酒精棉球擦拭消毒瓶盖，再用注射器抽取疫苗。严禁使用给猪只注射过疫苗的针头去吸取疫苗，避免污染。注射部位应先剪毛，然后用碘酒消毒，再

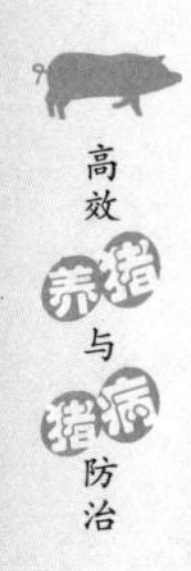

进行注射。每注射1头猪必须更换1次消毒过的针头。

6. 正确使用疫苗

使用疫苗前，必须详细阅读使用说明书，明确了解其用途、用法、用量及注意事项等。各种疫苗应严格按照说明书的规定稀释，否则会影响免疫效果。

7. 观察注射后的反应

预防注射后，要加强饲养管理，减少应激。遇到不可避免的应激时，应在饮水中加入抗应激剂，如电解多维、维生素C等，以缓解和降低各种应激反应，增强免疫效果。

8. 免疫前后要慎用药物

在免疫前后1周内，不要用肾上腺皮质激素等抑制免疫应答的药物。对于弱毒菌苗，在免疫前后1周内不要使用抗菌药物；口服疫苗前后2h内禁止饲喂酒糟、抗生素滤渣、发酵饲料，以免影响免疫效果。

9. 注苗反应的治疗

个别猪只注射疫苗后出现急性过敏反应，如气喘、呼吸加快、眼结膜充血、发抖、皮肤发紫、口吐白沫等应及时抢救，其疗法为肌内注射盐酸异丙嗪100mg，皮下注射0.1%盐酸肾上腺素1mL，即可使其较快康复。但对于过敏症状严重的病猪，对症用抗组胺类药物缓解或消除。

第二节 猪场日粮配制

营养物质既是动物生长发育的物质基础，也对动物机体免疫机能起重要作用。生产实践证明，适量的营养素能提高动物机体的免疫能力和抗病力。

一 蛋白质

缺乏蛋白质日粮，动物体内参与免疫反应的各种酶、淋巴细胞、巨噬细胞、杀伤细胞、血浆中的补体及血浆蛋白的含量均呈较低水平，这会影响动物的免疫反应。蛋白质缺乏将会降低机体抗感染能力和淋巴器官发育，降低细胞免疫功能，降低体液免疫功能，降低巨噬细胞的数量与活性。

二 氨基酸

赖氨酸缺乏会减少动物的采食量，影响生长发育，引发各种疾病。含硫氨基酸在很大程度上影响着动物的免疫功能及其对感染的抵抗力。半胱氨酸及其衍生物能调节淋巴细胞和巨噬细胞的功能。缺乏苏氨酸会抑制免疫球蛋白和T、B淋巴细胞及其抗体的产生。动物日粮中缺乏缬氨酸，会使动物的淋巴组织受损、胸腺和脾脏萎缩、抑制白细胞增生。

三 碳水化合物

由葡萄糖组成的低聚糖有助于动物免疫机能的发挥，而以甘露糖为主的低聚糖在提高动物的免疫机能和结合病原菌方面也表现出一些效果。从目前的研究来看，低聚糖具有辅剂及免疫调节效应。此外，含甘露糖的低聚糖也可刺激肝脏分泌甘露糖结合蛋白质，从而影响免疫系统。

四 维生素

所有维生素都直接或间接地参与免疫过程。维生素A是维持正常免疫功能的重要物质，严重缺乏或亚临床缺乏会导致免疫功能紊乱。维生素E是一种生物抗氧化剂，可增强动物机体的免疫功能，具有免疫佐剂的作用。维生素E在影响免疫功能方面与硒具有协同作用。维生素C具有抗应激和抗感染作用，与机体免疫功能密切相关。维生素D能调节淋巴细胞生成细胞、骨细胞的增殖和分化，修饰淋巴细胞活性。

五 微量元素

锌对免疫系统的发育、稳定、调节有重要作用。缺锌会导致免疫器官萎缩、免疫细胞减少和抗体水平下降。硒与动物的免疫状况密切相关，硒能刺激免疫球蛋白及抗体的生成，提高机体体液免疫、细胞免疫和非特异免疫功能。一些含铜蛋白能增强机体的免疫反应，铜缺乏，抗体的产生会受到抑制，此外，铜还参与补体的合成。缺铁将影响动物免疫器官的发育，影响细胞免疫功能，干扰素活性及白介素产量均会下降。

⚠【注意】 1. 营养平衡对动物机体免疫机能起重要作用。

2. 日粮中含丰富的蛋白质对免疫器官的发育、免疫细胞以及抗体的生成均有促进作用。

3. 所有维生素都直接或间接地参与免疫过程，多数维生素稳定性较差，饲料储存时间较长时要注意额外补充维生素。

第三节 猪场药物保健

药物保健是在动物无临床病症的情况下，为保持猪群健康，预防疾病的发生，而采取的一种预防性用药措施。根据不同阶段的疫病流行特点，有针对性地选用药物进行保健预防，能有效地清除或抑制猪体内病原菌的生长、繁殖，预防猪场传染病的发生。

一 药物保健方案的制定

1. 药物保健的类型与针对性（表8-1）

表8-1 药物保健的类型与针对性

药物保健类型	针 对 性
季节性保健	针对一些发生和流行具有较明显季节性疫病的保健，如夏季附红细胞体病
阶段性保健	针对不同生理阶段、年龄阶段猪群发病特点采用的保健用药，如仔猪保健、妊娠母猪保健、母猪产前/产后保健等
抗应激药物保健	针对各种可能发生的应激因素采取的保健，如仔猪断奶前后保健、转群保健、热应激保健等
驱虫性保健	针对线虫、球虫、绦虫及体外蜘蛛昆虫的保健
防霉菌保健	针对饲料尤其是大原料（如玉米）进行的防霉脱霉性保健

2. 制定药物保健方案时应考虑的因素

制定科学的药物保健方案，应注意药物种类的选择、保健时机的确定、用药方式的选择和用药剂量的确定等几大因素。

（1）药物种类的选择 选择药物时要有针对性，要根据猪场与本地区猪病近来发生与流行的特点和规律，选择高效、安全性好的药物。

注重中草药制剂的应用。某些中草药能够全面提高机体非特异性免疫功能，具有广泛的抗菌、抗病毒作用，且无残留、无耐药性，对食品卫生无明显影响，长期应用能够有效地控制猪场常见病、多发病，具有防病促生长的优点。

要科学地联合用药，注意药物配伍。用药之前，要根据药品的理化性质及配伍禁忌，科学合理地搭配，这样不仅能增强药物的预防效果，扩大抗菌谱，又可减少药物的毒副作用。

（2）药物保健时机的确定（表 8-2）

表 8-2　药物保健时机与保健内容

保健时机	保健内容
仔猪出生 1～3 天	预防大肠杆菌感染和补铁、补硒增强体质，提高抗病力
仔猪断奶前后及保育猪转群	应激的产生导致断奶仔猪的免疫机能和抗病力下降，是猪场猪病发生的一个高峰期，也是预防用药的重点时期
母猪生产前后	预防母猪产后感染（尤其是夏季）和产后少乳或无乳的发生
母猪断奶前后	达到保持母猪的膘情，预防产后不发情或迟发情的目的
外购猪进场	进场 1 周内要进行抗应激保健，保持猪群的稳定
某些季节	如夏季的抗热应激（如种猪热应激）和预防某些疾病的发生（如霉菌毒素中毒）

（3）保健用药方式的选择　不同的给药方式，影响着药物的作用效果，因此，在药物有效发挥作用的前提下，应考虑最佳的给药方式和给药时间。目前，保健用药常用的给药方法主要是混饲给药和混饮给药，还可应用注射给药、灌服给药等方法，猪场在产生实践中可根据具体情况，正确择保健用药方法。

（4）用药剂量的确定　要按药物规定的有效剂量添加药物，严禁盲目随意的加大用药剂量。用药剂量过大，不但会造成药物浪费，增加成本支出，而且会引起毒副作用，引发猪只意外死亡；用药剂量不够，可能会诱发细菌对药物产生耐药性，降低药物的保健作用。

3. 实施药物保健需注意的事项

1）要认真鉴别兽药真假。购买兽用药品时一定要认真查看批准文号、产品质量标准、生产许可证、生产日期、保存期及其药品包装物和说明书等。要选择由正规厂家生产的，有生产许可文号、质量好、含量足的药物。

2）注意母猪妊娠期间的用药安全。母猪妊娠期间对药物安全性要求高，用药不当易引起流产等其他异常危害反应。如短时间内应用化学药物进行保健可选用支原净、多西环素（强力霉素）、金霉素、泰乐菌素、阿莫西林等安全性较高药物，对于氟苯尼考和磺胺类药物要慎用。

3）接种弱毒活疫苗期间要注意避免使用抗病毒药或抗生素类药物保健，最好二者间隔一周以上的时间，否则影响弱毒活疫苗的免疫效果。

4）药物保健主要是对细菌性疾病、病毒性疾病、寄生虫病三者的控制，但规模化猪场一般还是从细菌性疾病、寄生虫两个方面着手，而对于病毒性疾病通过药物保健一是效果不佳，二是成本太大，三是猪只发病死亡主要是通过继发细菌性感染所致，所以病毒性疾病通过接种疫苗进行控制为好。

二 哺乳仔猪药物保健

预防初生仔猪腹泻，增强仔猪体质，提高成活率，预防细菌、病毒性的疾病发生，是哺乳仔猪保健的关键。可选用以下方案：

长效土霉素或长效阿莫西林，三针保健计划，3 日、7 日、21 日龄按说明注射。

仔猪吃初乳前口服庆大霉素、诺氟沙星（氟哌酸）或土霉素，3 日龄注射仔痢康 1 ~ 2mL。

仔猪出生后每千克体重注射 5% 头孢畜健 0. 1mL。

3 日龄补铁（如血康、牲血素等）、补硒（亚硒酸钠维生素 E，用血康不用再补硒）。

猪场呼吸道疾病比较严重，可在 1 日、7 日、14 日龄鼻腔喷雾卡那霉素、10% 呼诺玢粉（氟苯尼考粉）等。

三 保育仔猪药物保健

通常在断奶前一周至断奶后两周，对仔猪进行保健投药。以减少断奶时的各种应激，增强体质，提高仔猪免疫力和成活率。预防断奶后腹泻及呼吸系统疾病及水肿病，减少断奶仔猪多系统衰竭综合征的发病率。其保健方案如下：

80%泰妙菌素 110mg/kg + 金霉素 400mg/kg + 阿莫西林 200mg/kg。

25%替米考星 250mg/kg + 金霉素 300mg/kg（或土霉素 1000mg/kg，或多西环素（强力霉素）100mg/kg）。

10%氟苯尼考 500～1000mg/kg + 磺胺二甲氧嘧啶 110mg/kg + TMP（甲氧苄啶）50mg/kg。

10%氟苯尼考 500～1000mg/kg + 阿莫西林 200mg/kg。

10%黄芪多糖维生素 C 粉 500mg/kg + 10%泰妙霉素 180～360mg/kg。

四 育肥猪药物保健

主要目的是预防圆环病毒病、猪瘟、猪繁殖与呼吸综合征等疾病的发生，抑制病毒繁殖，减少附红细胞体的发生；预防呼吸道疾病的发生；增强体质提高免疫力，缩短出栏时间，提高料肉比。一般在前期各连用6～8天，后期5～7天，各猪场可根据具体情况决定投药时间与重点，并注意停药期。

金泰妙0.5kg + 15%金霉素 2kg/t。

多西环素（强力霉素）500mg/kg + 阿散酸 180mg/kg + TMP 120mg/kg。

10%氟苯尼考 1000mg/kg + 磺胺二甲氧嘧啶 110mg/kg + TMP 50mg/kg。

多效氟苯黄芪预混剂 500mg/kg。

10%氟苯尼考 100mg/kg + 磺胺二甲氧嘧啶 500mg/kg + 碳酸氢钠（小苏打）100mg/kg + 维生素 C 200mg/kg。

10%黄芪多糖维生素 C 粉 500mg/kg + 10%泰妙霉素 180～360mg/kg。

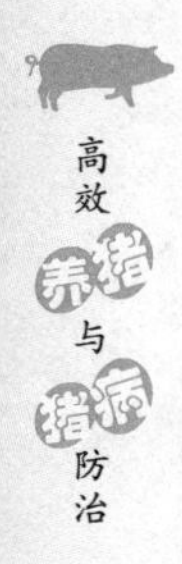

五 后备母猪药物保健

其目的是控制呼吸道疾病的发生，预防细菌或病毒性疾病的出现。增强后备母猪的体质，提高机体免疫力，促进发情，获得最佳配种率。

后备猪引入第一周，为降低应激，促使其迅速恢复体质、保证其群体健康，可采取以下方案根据条件，采用饮水或拌料的方式进行保健投药。

电解多维150mg/kg+阿莫西林230mg/kg饮水。

磺胺五甲氧嘧啶（磺胺-5-甲氧嘧啶）600mg/kg+碳酸氢钠1000mg/kg+阿散酸120mg/kg拌料。

10%黄芪多糖维生素C粉500mg/kg拌料。

后备种猪培育期，主要是减少呼吸道、肠道疾病和附红细胞体的发生，提高机体的抗病力。保健用药应视猪场及周边的情况选择或轮换投药，每月连用7天，直到配种。

多西环素（强力霉素）500mg/kg+阿散酸120mg/kg+TMP 120mg/kg。

10%氟苯尼考500mg/kg+磺胺二甲氧嘧啶120mg/kg+TMP 50mg/kg。

25%替米考星250mg/kg+金霉素300mg/kg（或土霉素1000mg/kg，或多西环素100mg/kg）。

金泰妙500~1000mg/kg+亚硒酸钠维生素E 500~1000mg/kg。

10%黄芪多糖维生素C粉500mg/kg+10%泰妙霉素180~360mg/kg。

80%泰妙菌素125mg/kg+金霉素300mg/kg（或多西环素100mg/kg）。

猪场周围若有猪繁殖与呼吸综合征、圆环病毒的存在，或者发生过传染性胸膜肺炎，可用金泰妙100mg/kg+氟苯尼考60mg/kg。

猪场可能有巴氏杆菌、沙门氏菌、副猪嗜血杆菌等病原菌存在的可能，可用金泰妙100mg/kg+头孢菌素60mg/kg。

六 母猪药物保健

1. 空怀及断奶母猪药物保健

为增强机体对疾病的抵抗力，提高配种受胎率，饲料中可适当添加一些抗生素药物，但要视猪群的健康状况和现场决定。

多西环素 500mg/kg + 阿散酸 120mg/kg + TMP 120mg/kg。

10% 氟苯尼考 500 ~ 1000mg/kg + 磺胺二甲氧嘧啶 120mg/kg。

25% 替米考星 250mg/kg + 金霉素 300mg/kg（或土霉素 1000mg/kg，或多西环素 100mg/kg）。

80% 泰妙菌素 125mg/kg + 金霉素 300mg/kg（或多西环素 100mg/kg）。

2. 妊娠母猪药物保健

主要是预防衣原体和附红细胞体感染，预防猪繁殖与呼吸综合征和圆环病毒等引起母猪繁殖障碍。可在妊娠的前期第一周和后期饲料中适当添加一些抗生素药物，同时饲料添加亚硒酸钠维生素 E，并视情况在妊娠全期饲料添加防治霉菌毒素药物。可用复方方案如下：

四环素 400mg/kg + 阿散酸 120mg/kg + TMP 100mg/kg。

多西环素 500mg/kg + 阿散酸 120mg/kg + TMP 120mg/kg。

10% 黄芪多糖维生素 C 粉 500mg/kg + 10% 泰妙霉素 180 ~ 360mg/kg。

多效氟苯黄芪预混剂 500mg/kg。

3. 围产期保健

主要是净化母体环境、减少呼吸道及其他疾病的垂直传播，增强母猪的抵抗力和抗应激能力。产前产后两周在饲料中适当添加一些抗生素药物。可视保健的重点选择或轮换使用以下方案：

多西环素 500mg/kg + TMP 120mg/kg。

10% 黄芪多糖维生素 C 粉 500mg/kg + 10% 泰妙霉素 180 ~ 360mg/kg。

25% 替米考星 250mg/kg + 金霉素 300mg/kg（或土霉素 1000mg/kg，或多西环素 100mg/kg）。

10% 氟苯尼考 500 ~ 1000mg/kg + 磺胺二甲氧嘧啶 120mg/kg +

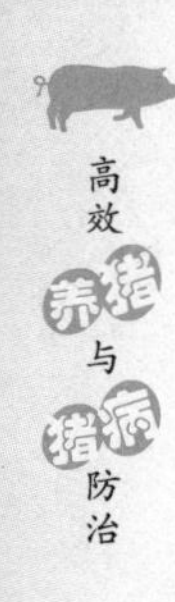

TMP 50mg/kg。

80%泰妙菌素 125mg/kg + 金霉素 300mg/kg（或多西环素 100mg/kg）。

产前肌内注射 1 次长效土霉素、长效阿莫西林等。

【注意】 1. 药物保健能有效地清除或抑制猪体内病原菌的生长、繁殖，达到净化猪场的目的。

2. 中药能提高机体免疫功能，有抗菌、抗病毒的作用，且无残留、无耐药性，具有独特的保健功能。

3. 注意药物保健时机的选择，不同年龄段保健药物针对的疾病不同。

第九章
猪的病毒性传染病

第一节 猪瘟

猪瘟是由猪瘟病毒引起的一种猪的急性或慢性、热性和高度接触性传染病。猪瘟分布于全世界，由于危害程度高，对养猪业造成的损失巨大，所以世界动物卫生组织（OIE）将此病列为 A 类传染病，我国农业部规定为一类动物疫病。目前此病在我国仍时有发生，是对养猪业危害最大、最危险的传染病之一。

一 病原

猪瘟病毒是黄病毒科瘟病毒属的一个成员，为单股 RNA 型，直径 38～44nm，有囊膜病毒。猪瘟病毒存在于发病猪的各个脏器、血液、粪便及分泌物中，淋巴结、脾脏和血液含毒量最高。

猪瘟病毒对环境的抵抗力不强，但存活的时间部分取决于含毒的介质。含毒的猪肉和猪肉制品几个月后仍有传染性。2% 氢氧化钠是最合适的消毒药。

二 流行病学

猪是此病唯一的自然宿主，病猪是最主要的传染源，易感猪与病猪的直接接触是病毒传播的方式之一。感染猪在发病前即可从口、鼻及泪腺分泌物、尿和粪中排毒，并延续整个病程，污染环境、饲料、饮水等，造成间接传播。

当猪瘟病毒感染妊娠母猪时，病毒可侵袭子宫中的胎儿，造成死胎或产出后不久即死去的弱仔，分娩时排出大量病毒。如果这种先天感染的仔猪在出生时正常，并保持健康几个月，它们可作为病毒散布的持续来源而很难被辨认出来。

猪群引进外表健康的感染猪是猪瘟暴发最常见的原因。病毒可通过猪肉和猪肉制品传播。未经煮沸消毒的含毒残羹是重要的感染媒介。人和其他动物也能机械地传播病毒。

在自然条件下猪瘟病毒的感染途径是口鼻腔，间或也可通过结膜、生殖道黏膜或皮肤擦伤进入。

三 临床症状

潜伏期一般为5~10天，最长可达21天。根据毒株毒力的强弱及引起的临床症状可分为最急性型、急性型、亚急性型、慢性型和温和型的繁殖障碍型猪瘟。

（1）最急性型 突然发病，高热达41℃左右，可视黏膜和皮肤有针尖大小的密集出血点，病程1~3天，死亡率达100%。最急性猪瘟很少见，多发于新疫区，没有免疫的猪群。

（2）急性型 病猪精神不振，食欲显著减退或停食，眼结膜发炎，有脓性分泌物，严重时眼睑完全封闭，体温升到40.5~41.5℃，呈稽留热，呼吸困难。四肢软弱，全身肌肉震颤，寒战怕冷，喜卧，弓背。病猪耳翼、颈部、下腹部、四肢内侧、外阴等处常有大小不等的紫红色斑点。公猪包皮内积尿，挤压时流出，尿浑浊，有沉淀物，有异臭味。仔猪发病时出现神经症状，嗜睡、磨牙、全身痉挛、运动失调。病初便秘，粪便发黑，如算盘珠子状；后期腹泻，液状粪便，淡黄或淡绿色，呈消化不良状。病猪在感染后10~20天因肺炎、坏死性肠炎或继发其他疾病，使体况恶化而死。

（3）亚急性型 病程长，可达21~30天。症状与急性型相似，皮肤有明显的出血点，耳、腹下、四肢、会阴等处可见陈旧性出血点，或新旧交替出血点，扁桃体肿胀溃疡。病猪行走摇晃，后躯无力，站立困难，以死亡转归。

（4）慢性型 多因急性不死而转为慢性或开始即呈慢性经

过。症状和急性型相似，但较缓和，病情时好时坏。病猪主要表现为消瘦、贫血、行走无力，食欲不振、异嗜，腹泻便秘交替进行，皮肤有紫斑或坏死痂。病猪生长迟缓，病程在 1 个月以上，病猪因体质恶化或继发感染而死，部分病猪可耐过而康复。

（5）繁殖障碍型猪瘟 母猪妊娠期感染所致。依据不同的毒株和妊娠时间，妊娠母猪感染后表现为流产，产木乃伊胎、畸形胎、死胎、弱仔或部分外表健康的带毒猪。子宫内感染的仔猪皮肤常见有出血点及出血斑，出生时死亡率高。出生后外表健康的仔猪，生后几个月内表现正常，随后可见轻度厌食、结膜炎、皮炎、腹泻、共济失调、后躯麻痹，最终死亡。母猪妊娠 50～70 天时感染可能导致仔猪持续性病毒血症。这种情况下，仔猪产后外观正常，之后逐渐消瘦或形成先天性震颤。病猪终生具有高水平的病毒血症，而不能产生针对猪瘟病毒的中和抗体，形成典型的免疫耐受现象。仔猪的这种感染称为“迟发型猪瘟”。

四 病理变化

（1）最急性型 浆膜、黏膜和肾脏中仅有极少数的点状出血，淋巴结轻度肿胀、潮红或出血。

（2）急性型 耳根、颈、腹、腹股沟部、四肢内侧的皮肤出血，呈紫红色。淋巴结明显肿胀，外观颜色从深红色到紫红色，切面呈红白相间的大理石样。脾脏不肿胀，边缘常可见到紫黑色突起（出血性梗死），这是猪瘟的特征性病变。肾脏的病变最具诊断意义，肾脏色较淡，点状出血非常普遍（几乎所有的病猪都出现），宛如麻雀蛋模样，俗称“麻雀肾”。切面肾皮质和髓质均只有点状和绒状出血，肾乳头、肾盂常见有严重出血。输尿管和黏膜常见出血。口角、齿龈、颊部和舌面黏膜有出血或坏死灶。舌底偶见梗死灶，大网膜和胃肠浆膜常见有小点状出血，胃底部黏膜可见出血溃疡灶，大肠和直肠黏膜随病程进度发展也常见有大量出血点。喉和会厌软骨黏膜常有出血点，扁桃体常见有出血或坏死，胸膜有点状出血。胸腔液量增加，呈淡黄红色。心包积液，心外膜、冠状沟和两侧沟及心内膜均见有出血斑点，数量和分布不均。

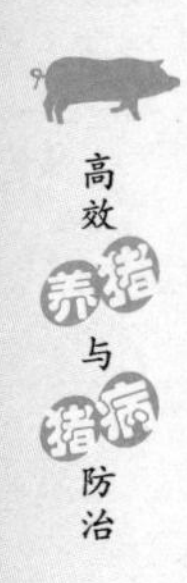

(3) 亚急性型 病程2~4周，主要病变表现为淋巴结、肾和脾，与急性病变相同。在耳根、股内侧有出血性坏死样病灶，断奶仔猪的胸壁肋骨和肋软骨结合处的骨合线明显增宽。

(4) 慢性型 慢性型与急性型基本相似，肾和淋巴结出血，但程度较轻。主要特征性病变为回盲口的纽扣状溃疡。断奶仔猪肋骨末端与软骨交界部位发生钙化，呈黄色骨化线。

(5) 繁殖障碍型 母猪具有高水平抗体，不发病，但子宫内胎儿却因猪瘟病毒感染而发病或死亡，致使母猪流产，产死胎、畸形胎或数天就死的弱仔，或仔猪出生健康，几天内突然死亡。

五 诊断

典型的急性猪瘟暴发，根据流行病学、临诊症状和病理变化可作出诊断。在诊断中应注意与猪副伤寒、弓形虫病、伪狂犬、猪丹毒、猪肺疫等病相区别。

随着养猪防疫水平的提高，典型猪瘟病例已较为少见，临诊上多以非典型猪瘟为主。因此，就需要采用先进的实验室诊断技术来进行诊断和鉴别。OIE（世界动物卫生组织）指定的试验方法有：荧光抗体试验，包括常规荧光抗体试验和荧光抗体病毒中和试验；过氧化物酶联中和试验。实验室诊断方法还有免疫酶染色试验、病毒分离与鉴定试验、直接免疫荧光抗体试验、RT-PCR技术诊断、兔体交互免疫试验、间接血凝试验及其抑制试验、反向间接血凝试验、酶联免疫吸附试验等。

六 防治

1. 预防措施

已消灭猪瘟的地区主要采取禁止从有猪瘟的地区引进生猪、猪肉和未充分加热的猪肉产品等措施，防止猪瘟病毒再次进入。如出现猪瘟病例则立即采取扑杀方法，销毁感染群的全部猪只，追踪传染源和可能的接触物，彻底消毒被污染场所。在猪瘟仅为散发的国家和地区也采用类似的控制和扑杀措施。

有猪瘟地方性流行的国家和地区，常采用疫苗接种，或疫苗接种辅之以扑杀的政策，以控制此病。我国的兔化弱毒疫苗是全世界使用最广泛也是最优秀的疫苗，接种后1周可产生免疫力，免疫期持续1年以上。在猪瘟防治实践中，多采用下面的程序：

猪瘟兔化弱毒冻干苗，种猪每年加强免疫1次，安排在适宜（隔胎）的配种前空胎进行；每头猪的剂量为2～4头份，同场的种公猪同步免疫接种。

疫场初生仔猪超前免疫，剂量为2头份，注苗后1～2h方可吃奶。由于本方法难操作，一般都在种猪场发生疫情时使用，直到最后一头猪瘟病猪死亡半年，无疫情发生，方可改为常规免疫。超前免疫猪65～70日龄进行二免，剂量为每猪4头份。

在疫情或环境污染较重的地区，仔猪初免于20日龄，剂量为2头份；二免于60～65日龄，剂量为每猪4头份。在污染小、疫情少的地区，仔猪于30～35日龄免疫，剂量为每猪4头份。在这两种情况下的仔猪，作为商品猪到此即是终生免疫；作为种猪配种前加强免疫1次，以后每年加强免疫1次，剂量为每猪2～4头份。

在伪狂犬病疫区，进行伪狂犬弱毒苗免疫时，必须与猪瘟免疫相隔1周，以避免伪狂犬对猪瘟的免疫产生干扰。

2. 治疗方法

发病后治疗可试用以下处方：

牛黄解毒丸5粒，黄芪多糖10片，土霉素4片，人工盐40g，甘草流浸膏40mL。1次灌服，每日2次，连用2～3天。

利福平6片，黄芪多糖42片，磺胺嘧啶18片，分2次服用，连用2天。

大黄15g，厚朴20g，枳实15g，芒硝25g，玄参10g，麦冬15g，金银花15g，连翘20g，石膏50g，煎水去渣，早晚灌服。此为10kg体重用量，用于恶寒发热，大便燥结。

黄连5g，黄柏10g，黄芩15g，金银花15g，连翘15g，白扁豆15g，木香10g，煎水去渣，早晚灌服。此为10kg体重用量，用于腹泻严重时。

取仙人掌5片去皮，捣烂如泥。挖取蚯蚓20～30条，放入盛有

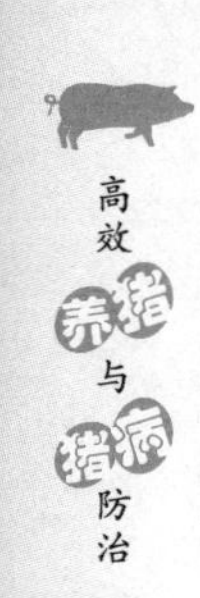

200g白砂糖的容器中，倒入仙人掌泥混匀，再拌入麸皮少许，每日早晚各喂猪1次，连用3天。

> ⚠【注意】1. 猪瘟病毒在淋巴结、脾脏和血液中含毒量最高，在采样进行实验室检测时注意采集相应的组织。
>
> 2. 大多数消毒药对猪瘟病毒均有效，但2%氢氧化钠仍是最合适的消毒药。
>
> 3. 母猪带毒是引起流产和仔猪对猪瘟疫苗免疫耐受的主要原因。
>
> 4. 非典型猪瘟必须采用先进的实验室诊断技术来进行诊断。

第二节 口蹄疫

口蹄疫是由口蹄疫病毒引起的一种急性、热性、高度接触性传染病。主要侵害偶蹄动物，偶见于人和其他动物。口蹄疫传播速度快，发病率高，传染途径复杂，病毒多型易变，使得预防和扑灭口蹄疫的难度很大，已成为世界性问题。世界动物卫生组织将此病列为A类动物疫病名单之首，我国也把口蹄疫列为一类动物疫病。

一 病原

口蹄疫病毒是小RNA病毒科口蹄病病毒属的唯一成员。口蹄疫病毒有7个血清型，65个以上的亚型。各型之间抗原性不同，彼此不能交叉免疫，同一型的不同亚型之间有部分交叉免疫性。

病毒在水疱皮和水疱液中的含量最高，另外，血液、奶汁、尿、粪便中都含有病毒。

口蹄疫病毒对外界抵抗力很强，耐干燥和低温。高温和阳光易杀死病毒，在直射阳光下30min、煮沸3min均可杀死病毒。酸和碱对病毒的作用很强，所以2%乳酸、2%～3%氢氧化钠或1%～2%甲醛溶液都是良好的消毒剂。碘酊、酒精、苯酚（石炭酸）、来苏儿、新洁尔灭（苯扎溴铵/溴化苄烷铵）等对口蹄疫病毒无杀灭效能。

二 流行病学

口蹄疫病毒的自然宿主包括所有的偶蹄动物，其中黄牛最易感，水牛、猪、绵羊、山羊、骆驼次之。新生仔猪对口蹄疫病毒最敏感，感染后发病率为100%，死亡率达80%以上。病畜、带毒家畜是最主要的直接传染源。患病动物通过水疱液、排泄物、呼出的气体等途径向外排出病毒，污染饲料、水、空气、用具和环境。此病主要通过消化道、呼吸道、破损的皮肤、黏膜、眼结膜、人工输精等直接或间接性的途径传播。另外，鸟类、鼠类、昆虫等野生动物也能机械性地传播此病。

此病一年四季均可发生，但以寒冷季节多发，一般从秋末开始，冬季和早春达到高峰，但在猪只比较密集和猪群流通频繁的地区夏季也有发生。

三 临床症状

口蹄疫的潜伏期为2～10天。猪感染发病后，病初体温突升至40～41℃，精神不振，食欲废绝。蹄部皮肤、鼻吻、鼻孔和下颌及口腔黏膜有红肿、斑块，形成水疱，呈米粒至黄豆大小，内有灰白色或暗黄色浆性液体，水疱快速破裂，露出无皮区和上皮结节，形成暗红色溃疡。重者卧地不起，蹄壳脱落，迫使运动时常常尖叫。无并发症的病例恢复较快，通常两周内黏膜破溃即可痊愈，蹄部损伤可能会留下后遗症。高烧能导致妊娠母猪流产。由于病毒诱发心肌炎，仔猪的死亡率能超过50%，小猪或成年猪甚至在水疱形成以前就死亡。

四 病理变化

病死畜尸体消瘦，除鼻镜、唇内黏膜、齿龈、舌面上发生大小不一的水疱疹和糜烂病灶外，咽喉、气管、支气管和胃黏膜也有烂斑或溃疡，小肠、大肠黏膜可见出血性炎症。死亡的哺乳期仔猪，胃肠可发生急性卡他样病变，心包膜有弥散性出血点，心包液浑浊，心肌变性似水煮过，其切面有灰白色或淡黄色斑点或条纹，称为“虎斑心”。

五 诊断

根据此病的流行特点、临床症状、病理变化并结合流行病学，一般不难作出初步诊断，但要与水泡病、水疱疹、水泡性口炎区别开，确诊则必须通过实验室检查才能作出。

实验室诊断方法有动物接种试验、抗酸试验、琼脂扩散试验、ELISA、病毒中和试验、间接血凝试验、反向间接血凝试验、血清保护试验和 RT－PCR 技术诊断等。

六 防治

1. 预防措施

有口蹄疫感染的地区可对易感动物每年接种疫苗 1～2 次。我国对口蹄疫实行强制免疫，免疫密度必须达到 100%。平时要做好口蹄疫的免疫接种工作，选择与流行毒株相同血清型的口蹄疫疫苗用于猪群的预防接种。猪可肌内注射 O 型口蹄疫灭活油佐剂苗，免疫期可达 6 个月。仔猪在 28～35 日龄时进行初免，间隔 1 个月进行 1 次强化免疫，以后每隔 6 个月免疫 1 次；种公猪每年接种 2 次，妊娠母猪应在分娩前 1 个月接种。

2. 治疗方法

对于口蹄疫目前无特效疗法，猪舍要保持清洁干燥，强化消毒，病灶涂紫药水或碘甘油，效果良好。也可用以下处方治疗：

硼砂 25g，冰片 15g，枯矾 15g，雄黄 10g，青黛 5g，共研细末，用竹管装药，吹入口内，每日 2～3 次。

雄黄 50g，细辛 25g，黄柏 100g，大黄 100g，芒硝 100g，陈石灰 150g，苎麻根 200g，煎汤，每天浸洗蹄部 2 次。

病猪蹄部可用 2% 来苏儿洗净，擦干后涂鱼石脂软膏，糜烂面涂 1%～2% 明矾或碘甘油；乳房可用 2%～3% 硼酸水清洗，涂青霉素软膏。

仔猪发生恶性口蹄疫时，应静脉或腹腔注射 5% 葡萄糖盐水 10～20mL，加维生素 C 50mg，皮下注射安钠咖 0.26g。

【注意】 1. 口蹄疫病毒各型之间抗原性不同，彼此不能交叉免疫，选择疫苗时要注意疫苗血清型要和本场流行毒株血清型相符合。

2. 对口蹄疫消毒时应选择酸或碱消毒药，如乳酸、过氧乙酸和氢氧化钠。碘酊、酒精、来苏儿和新洁尔灭等对口蹄疫病毒无效。

3. 良性口蹄疫采取强化消毒、病灶局部处理等常规措施就能收到良好效果；发生恶性口蹄疫时要注意强心补液。

第三节 猪流行性感冒

猪流行性感冒是由 A 型流感病毒引起的一种猪的急性、高度接触性传染病。此病最早于 1918 年由美国报道，现已呈世界流行，严重危害畜牧业的发展。我国农业部将猪流感列为三类动物疫病。

一 病原

猪流感由猪流感病毒引起。感染猪的流感病毒已发现至少有 5 种亚型，即 H1N1、H3N2、H1N2、H3N6 和 H1N7，各亚型之间有不同程度的血清学交叉反应。只有 H1N1 和欧洲型的 H3N2 能引起猪广泛发病。猪流感病毒存在于鼻液、气管和支气管渗出液及肺和肺部淋巴结中，而在血、脾、肝、肾、脑和其他淋巴结则常无病毒。

猪流感病毒广泛分布于自然环境中，对干燥和冰冻具有较强的抵抗力。60℃加热 2min 可灭活，一般消毒药对其均有灭活作用，对碘蒸气及碘溶液特别敏感。

二 流行病学

不同年龄、性别、品种的猪对该病均有易感性。病猪、带毒猪和其他带毒动物是主要传染源。病原存在于动物鼻液、痰液、口涎等分泌物中，多由飞沫经呼吸道感染。病毒主要通过病猪与健康猪接触经呼吸道传播，一旦传入猪群，只要有易感猪的存在，病毒就

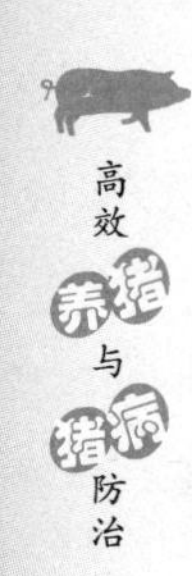

会继续传播。

此病一年四季均可发生，以春、冬寒冷季节多见。病程短，发病率高，死亡率低，常突然发作，传播迅速，一般在3～5天可达高峰，2～3周消失。此病在感染和发生过程中常继发或并发其他疾病，使此病复杂化。

三 临床症状

猪流行性感冒的潜伏期很短，几小时到数天不等。常会突然发病，全群几乎同时感染。病猪体温突然升高到40.3～41.5℃，有时可高达42℃；食欲减退，精神极度委顿，肌肉和关节疼痛，常卧地不愿起立或钻卧垫草中，捕捉时则发出惨叫声；呼吸急促，腹式呼吸，夹杂阵发性痉挛性咳嗽；粪便干硬；眼和鼻流出黏性分泌物，有时鼻分泌物带有血色。此病病程较短，如无并发症，多数病猪可于6～7天后康复。

如有继发性感染，则可使病势加重，发生出血性肺炎或肠炎而死亡。个别病例可转为慢性，持续咳嗽、消化不良、瘦弱，长期不愈，可拖延1个月以上，也常引起死亡。猪流感可继发感染呼吸道细菌，如胸膜肺炎放线杆菌、多杀巴氏杆菌、副猪嗜血杆菌和猪链球菌，由于继发感染使流感病毒感染更加严重，病程更加复杂。

四 病理变化

病变主要在呼吸器官。鼻、喉、气管和支气管黏膜出血，表面有大量泡沫状黏液，有时杂有血液。肺的病变部呈紫红色如鲜牛肉状。病区肺膨胀不全，塌陷，其周围肺组织则呈气肿和苍白色，界限分明。颈淋巴结和纵隔淋巴结肿大、充血、水肿，脾常轻度肿大，胃肠有卡他性炎症。

五 诊断

根据此病流行的特点、发生的季节、临床症状及病理变化的特点，可初步诊断。当猪群在2～3天不论大小猪全群发病，但死亡率很低，多数6～7天自愈等，就应怀疑猪流感。诊断应注意与猪肺疫、猪喘气病等呼吸道疾病相区别。

确诊需实验室诊断，常用的有动物接种试验、中和试验、ELISA 试验、血凝及血凝抑制试验、免疫组织化学试验和 RT-PCR 技术等。

六 防治

1. 预防措施

免疫接种和生物安全措施仍然是预防猪流感的主要措施。欧洲和美国已经有用于肌内注射的商品化猪流感灭活苗。初次免疫接种应进行 2 次，间隔 2 ~ 4 周。建议母猪每半年进行 1 次加强免疫。

平时应加强猪的饲养管理，保持舍内清洁、干燥，在秋冬气温骤然变冷时应注意防寒保暖，保持垫料干燥，定期驱虫。加强供给猪只富有维生素的饲料，加强抵抗力。在此病流行地区，秋冬变冷时可对每头猪每日用中药贯众 100g 煎水拌料内服来预防。

2. 治疗方法

发病后治疗可用以下处方：

黄芪多糖片，小猪每次 2mg，每日 3 次，连用 3 ~ 5 天。

为退热可肌内注射 30% 柴胡注射液 3 ~ 5mL，或 1% ~ 2% 氨基比林 5 ~ 10mL。

金银花、连翘、黄芩、柴胡、牛蒡、陈皮、甘草各 15g 煎水喂服。

麻黄 25g，荆芥 25g，防风 30g，桂枝 25g，白芷 25g，薄荷 30g，金银花 30g，连翘 25g，枳实 25g，陈皮 15g，山楂 25g，甘草 15g，共研为末，灌服。

三花注射液：野菊花、金银花、一枝黄花各 500g（均为鲜草），加水 1 500g，蒸馏成 1 300mL，分装，消毒备用。每头大猪肌内注射 10 ~ 20mL。

桉叶注射液：用鲜桉叶 500g，干白芷 250g，加水 1 000g，蒸馏成 500mL，小猪肌内注射 5 ~ 10mL，大猪肌内注射 10 ~ 20mL，每天 2 ~ 3 次。

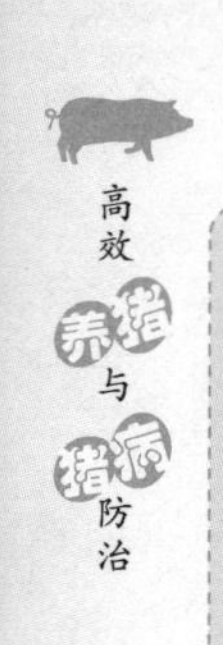

【注意】1. 猪流感病毒 H1N1 和 H3N2 的抗原性与引起人流感大流行的人 H1N1 与 H3N2 关系密切，因此养殖者要注意自我防护。

2. 猪流感多由呼吸道感染，秋、冬寒冷季节多发，单纯感染一般呈良性经过，有继发感染会造成较大损失，注意治疗初期要防止继发感染。

第四节　伪狂犬病

伪狂犬病是由伪狂犬病病毒引起的一种猪的急性传染病。我国农业部将伪狂犬病列为二类动物疫病。

一　病原

伪狂犬病病毒属于疱疹病毒科、α-疱疹病毒亚科水疱疹病毒属。伪狂犬病病毒只有一个血清型，但不同毒株在毒力和生物学特征等方面存在差异。

伪狂犬病病毒对环境的抵抗力较强。一般常用的消毒药对伪狂犬病病毒都有效。

二　流行病学

此病在全世界广泛分布。伪狂犬病自然发生于猪、牛、绵羊、犬和猫，另外，多种野生动物、肉食动物也易感。实验动物中家兔最为敏感。

猪是伪狂犬病毒的自然储存宿主，病猪、带毒猪以及带毒鼠类为此病重要传染源。带毒猪通过直接接触或排出的鼻液、乳汁、阴道分泌物等污染饲料、饮水而传染健康猪。母猪感染后可通过乳汁传给仔猪，妊娠期母猪感染时，可垂直感染胎儿。鼠类是该病的重要传播媒介。

仔猪和青年猪发病率和死亡率高。成年猪一般呈隐性感染，妊娠母猪可导致流产，产死胎、木乃伊胎和种猪不育等。15 日龄以内的仔猪发病死亡率可达100%，断奶仔猪发病率可达40%，死亡率在20%左右；对成年肥猪可引起生长停滞、增重缓慢等。

猪可经过各种途径感染发病，但主要经过消化道、呼吸道及生殖道黏膜、皮肤的伤口而感染。带毒猪排毒可达半年之久，其中以肺、肝带毒率最高，脾、肾、膀胱次之。

伪狂犬病的发生具有一定的季节性，多发生在寒冷的季节，但其他季节也有发生。

三 临床症状

潜伏期一般为2～6天，少数达10天。此病的临床症状主要取决于毒株的毒力和感染量、感染途径和动物免疫情况，最主要是与猪的年龄有关。由于病毒主要侵害呼吸和中枢神经，症状也主要表现为呼吸道和神经症状。仔猪高度易感，2周龄内发病率可达100%，第3～4周发病率降为50%。

（1）哺乳仔猪 体温升高至41～41.5℃，精神沉郁，厌食，口角有大量泡沫或流出唾液，眼睑和嘴角水肿。有的病猪呕吐或腹泻，其内容物为黄色。部分病猪出现神经症状，表现为兴奋不安，肌肉震颤、口流白沫、叫声嘶哑，随后出现共济失调，眼球震颤，站立不稳、盲目行走或转圈，进一步发展为四肢麻痹、头向后仰，四肢划动，或出现两肢开张和交叉，有的因呼吸困难而呈犬坐姿势，病程一般不超72h。发病24h以后部分病猪耳朵发紫，后躯、腹下等部位有紫斑。出现神经症状的仔猪几乎100%死亡，发病的仔猪耐过后往往发育不良或成为僵猪。

（2）断奶仔猪 与哺乳仔猪发病时的表现相似，但症状略轻，3～4周龄仔猪初次严重感染时，病死率约为50%。部分病猪表现为精神沉郁，厌食，高热（41～42℃），常并发呼吸症状，如打喷嚏、流鼻涕、呼吸困难、剧烈咳嗽。病猪发育不良，逐渐消瘦，临诊表现可持续5～10天。体温正常后食欲恢复，病猪会迅速康复。出现神经症状的病猪通常会死亡。仔猪日龄越大，症状越轻，但耐过的仔猪生长发育受阻。

（3）生长猪和育肥猪 感染伪狂犬病毒后最常见呼吸道症状，发病率高，死亡率低。主要表现为发热，精神沉郁，厌食和各种呼吸道症状，如鼻炎、喷嚏、流鼻涕，甚至可发展为肺炎，当病程持续6～10天后，病猪随体温降低，食欲恢复正常，猪群也很快恢复

正常。

成年母猪和公猪感染后主要是呼吸道症状。妊娠母猪感染后，通常表现为返情、流产、产死胎或弱仔。

四 病理变化

伪狂犬病毒感染一般无特征性病变。可见角膜炎、浆液性至坏死性纤维素鼻炎、喉炎、气管炎或坏死性扁桃体炎。有时还可见到肺充血、肺水肿，有弥散小坏死点、出血或肺炎。肝、脾等实质脏器常可见灰白色坏死病灶。母猪流产，产死胎、弱仔。流产母猪可见子宫内膜炎、阴道炎、子宫壁增厚及水肿。脾脏、肝脏、淋巴结、肾上腺有坏死灶。可见不同程度的卡他性胃炎和肠炎。中枢神经系统症状明显时，脑膜明显充血，脑脊液量过多。子宫内感染后可发展为溶解坏死性胎盘炎。公猪输精管退化，睾丸白膜有坏死灶。

五 诊断

根据疾病的临诊症状，3 周龄内仔猪出现神经症状、死亡率高；流涕、咳嗽、嗜睡和神经紊乱，妊娠母猪流产和产死胎；新生仔猪肝、脾灶性坏死，扁桃体坏死，结合流行病学，可作出初步诊断。

确诊必须进行实验室检查。同时要注意与猪细小病毒、流行性乙型脑炎病毒、猪繁殖与呼吸综合征病毒、猪瘟病毒、弓形虫及布鲁氏菌等引起的母猪繁殖障碍相区别。

实验室诊断最为准确，主要有家兔接种试验、组织切片荧光抗体检测、PCR 检测伪狂犬病病毒以及血清学诊断等，血清学诊断方法应用最广泛的有中和试验、酶联免疫吸附试验、乳胶凝集试验、补体结合试验及间接免疫荧光等。乳胶凝集试验以其独特的优点也在临诊上广泛应用，操作极其简便，几分钟之内便可得出试验结果。

六 防治

1. 预防方法

预防伪狂犬病要从以下几个方面入手：

(1) 搞好以灭鼠为主的兽医卫生措施 鼠是伪狂犬病病毒的携带者，可通过污染饮水、饲料及猪舍用具而使猪感染，因此消灭饲养场内的鼠类对控制此病有重要意义。同时，由于猪是此病的重要带毒者，因此引进种猪时要严格隔离检疫，防止引进带毒猪。做好猪场和猪舍的经常性卫生消毒，粪尿应做发酵处理。

(2) 坚持疫苗免疫接种，提高猪群的免疫接种密度 目前用于猪的伪狂犬病的免疫预防用疫苗有两种，一种是全病毒灭活疫苗，另一种是基因缺失疫苗（包括自然缺失和人工缺失）。商品猪场可使用全病毒灭活疫苗，而种猪场为了便于此病的净化和监测，最好使用基因缺失疫苗。种猪第一次免疫后，间隔 4 ~6 周加强免疫 1 次，以后每隔半年免疫 1 次，产仔前 1 个月加强免疫 1 次。经过前面规则免疫后的种猪所产仔猪，其母源抗体可以维持到 60 日龄左右。如果仔猪作为种用，可在 60 ~70 日龄首免，间隔 4 ~6 周加强免疫 1 次，以后按种猪免疫程序进行免疫；如果作为育肥猪，应在 60 ~70 日龄用基因缺失疫苗免疫 1 次，间隔 4 ~6 周后加强免疫 1 次，直到出栏。如果是没有规则免疫母猪所产的仔猪，可提前到断奶时免疫 1 次，间隔 4 ~6 周后加强免疫 1 次，直到出栏。

(3) 做好监测 种猪场、育肥猪场要对该病定期进行监测，种猪场每年监测两次，商品猪场每年 1 次。监测时种公猪（含后备种公猪）应 100% 检测，种母猪（含后备种母猪）按 20% 的比例抽检，商品猪按 5% 的比例不定期抽检；对有流产、产死胎等症状的种母猪进行 100% 检测。

(4) 紧急免疫接种和高免血清的应用 对发病种猪用灭活苗作紧急免疫接种，第一次免疫后，间隔 4 ~6 周加强免疫 1 次，以后按种猪免疫程序进行免疫。对正在发病的猪场，疑似的健康仔猪用疫苗作超前免疫，即滴鼻或肌内注射 1 头份剂量。作紧急免疫接种可收到很好的效果。同时对所有其他种猪用灭活疫苗注射。对于感染发病的猪，可在早期经腹腔注射 30mL 以上的猪伪狂犬病病毒高免血清，对断奶仔猪有较好的疗效。如果病猪已出现神经症状则效果不理想。为防止继发感染，可用磺胺类药物。

（5）搞好种猪群的净化

1）全群淘汰。这种方式适用于高度污染且种猪血统不太昂贵的种猪场。

2）免疫接种与监测相结合。淘汰阳性种猪是一种比较经济、值得推广的方式。用基因缺失疫苗免疫种猪，配合使用酶联免疫吸附试验（ELISA）试剂盒，定期对种猪群进行监测。病毒感染阳性者应作淘汰处理。

3）建立无伪狂犬病的清洁种猪群。隔离饲养阳性母猪所生仔猪，实行早期隔离断奶，并对仔猪群进行抗体监测，淘汰阳性猪，建立无伪狂犬病的清洁种猪群。

2. *治疗方法*

此病尚无有效药物治疗，对感染发病猪可注射猪伪狂犬病高免血清，它对断奶仔猪有明显效果，同时应用黄芪多糖中药制剂配合治疗。另外，应对未发病受威胁猪进行紧急免疫接种。

【注意】 1. 伪狂犬病为多种动物共患病，鼠类是该病的重要传播媒介，猪场要重视灭鼠工作，严防鼠类传播伪狂犬病毒。

2. 伪狂犬病传播途径多，可经消化道、呼吸道及生殖道黏膜、皮肤的伤口感染，带毒猪排毒达半年之久，因此此病一旦传入猪场，要下大力气才能净化。

3. 伪狂犬病免疫最好选择基因缺失疫苗，便于净化和监测。

第五节　猪繁殖与呼吸综合征

猪繁殖与呼吸综合征（PRRS）又称猪蓝耳病，是由猪繁殖与呼吸综合征病毒（猪蓝耳病病毒）引起的一种猪的繁殖障碍和呼吸道症状的高度接触性传染病。

该病于 1987 年在美国初次被发现，目前在许多国家已成为一种地方流行性传染病，对世界养猪业构成了严重的威胁。我国 1996 年报道此病，近年来该病的危害有越来越严重的趋势。2006 年，首先在我国南方爆发的“猪无名高热”疫情中，农业部最终调查结果表明，猪繁殖与呼吸综合征变异株在此次疫情中扮演了重要角色，是该疫病的元凶。农业部将由变异株引起的猪蓝耳病命名为“高致病性猪蓝耳病”。我国将高致病性猪蓝耳病列为一类动物疫病，经典猪蓝耳病列为二类动物疫病。

一 病原

猪蓝耳病病毒属于尼多病毒目、动脉炎病毒科、动脉炎病毒属的成员，根据病毒的抗原性质，基因组及致病性的差异，猪蓝耳病病毒可分为两个型，即欧洲型和美洲型。该病毒不耐酸、碱或热，低温下稳定。对消毒剂抵抗力不强。

该病毒变异性较强，不同地区或同一地区不同猪场的分离毒株可能存在毒力差异或抗原差异，不同日龄的猪感染后，其临诊表现不一致，但感染后均可导致免疫功能低下，形成免疫抑制，降低猪体对其他疾病的抵抗力而易继发或并发其他传染病。

二 流行病学

猪是猪蓝耳病病毒的唯一自然宿主，各年龄和种类的猪均可感染，但以妊娠母猪和一月龄内的仔猪最易感。

病猪和带毒猪是此病的主要传染源。可通过粪、尿、鼻腔分泌物等排出病毒，感染健康猪。仔猪是猪群内猪蓝耳病病毒的主要宿主，耐过猪多长期带毒，其分泌物及粪便中均有该病毒，血液及颌下淋巴结中可持续大量带毒。感染的公猪可以从精液中排出病毒。

易感猪与病毒携带者的密切接触是此病的主要传播途径。感染一般通过鼻与鼻接触或与污染粪尿接触而引起。空气是另一个重要的传播途径，尤其是近距离时更易感染。病毒在低温阴湿条件下容易存活，所以冬天的气候条件有利于其传播。病毒可在感染公猪的精液中存留35天，用感染猪的精液人工授精或注射均可使初产母猪血清转阳。

三 临床症状

1. 经典猪蓝耳病临床特点

该病传统毒株以母猪繁殖障碍和仔猪呼吸道症状为主。潜伏期为2～4天，妊娠母猪为4～7天。

母猪表现为精神不振，食欲减退，体温一过性偏高，咳嗽，不同程度的呼吸困难、发情不正常或不孕，妊娠母猪早产或产下死胎、木乃伊胎和病弱仔猪，流产率可达30%以上。有的产后无乳，胎衣停滞，少数母猪双耳、腹侧和外阴皮肤会出现一过性的青紫色或蓝紫色斑块。

仔猪表现为体温可达41℃以上，呼吸困难，大多表现为腹式呼吸；厌食，腹泻，皮肤发红，眼结膜炎，被毛粗乱，共济失调，容易继发其他疾病，窝发病率100%、死亡率可达50%以上。耐过仔猪长期消瘦，生长缓慢。

育肥猪表现为轻度的类流感症状，暂时性的厌食及轻度的呼吸困难，少数猪咳嗽及双耳背面、边缘和尾部皮肤有一过性的深青紫色斑块。

公猪发病率低，约2%～10%，表现为厌食，呼吸困难，消瘦。极少数公猪耳皮肤变色，公猪精液品质下降。

2. 高致病性猪蓝耳病临床特点

由于高致病性猪蓝耳病病毒毒力更强，其发病症状与经典猪蓝耳病毒株有一些差异。母猪繁殖障碍症状与经典猪蓝耳病基本一致，但妊娠前后期都会快速流产，且母猪症状表现更重，特别是体温呈稽留热，呼吸困难的症状明显加重，部分母猪以死亡转归。不同日龄仔猪及育肥猪均会感染发病，发病症状除经典猪蓝耳病症状外，部分猪还会出现神经症状。单一的猪蓝耳病病毒感染整体发病率可达到100%、死亡率可达50%以上，继发感染后死亡率可达80%。

四 病理变化

流产死胎体表在头顶部、臀部及脐带等处有鲜红色或暗红色出血斑。心脏色泽暗红，严重者呈蓝紫色。肺脏呈紫灰色，轻度水肿，肺小叶间质增宽。肝脏肿胀，质脆易破，颜色呈蓝紫色，严重者呈紫黑色。肾脏肿大呈紫黑色纺锤状，切面可见紫黑色肾乳头，肾盂水肿。腹股沟淋巴结微肿，呈紫黑色。

对哺乳仔猪、断奶仔猪和育肥猪不同发病阶段剖检可见，实质器官病变大体分为三期。心脏早期无明显变化；中期心包液开始增

多，表面颜色暗红；晚期心包液比正常增多1~2倍，呈紫褐色。肺脏早期色泽灰白；中期呈紫灰色；后期呈复杂病变，肺小叶间质增宽，表面有深浅不等的暗褐色到紫色斑点，膈叶出现实变，呈“橡皮肺”。肝脏早期颜色为淡灰色；中期呈灰紫色，微肿；晚期肝表面呈蓝紫色，肝质地变硬。腹股沟淋巴结微肿，呈蓝紫色。下颌淋巴结和肠淋巴结及扁桃体也有水肿及弥散性出血，心外膜点状出血，肠系膜充血，胃底出血及黏膜脱落，肾表面点状出血明显，脑软膜轻度淤血。

育肥猪病变与哺乳仔猪、断奶仔猪基本一致，不过较后两者轻微。但育肥猪胸腔和肺脏病变比较严重，因为猪蓝耳病病毒是原发病原，随后继发支原体、副猪嗜血杆菌、衣原体、链球菌等，其病变更为复杂，其胸腔内有大量暗红色或淡黄色胸水，有大量纤维蛋白将心肺粘连，腹腔内有大量淡黄色腹水。

五 诊断

该病主要依据病猪典型临床症状、特征性组织学病理变化，尤其是间质性肺炎作出临床诊断。进一步确诊还需要用病毒分离、RT-PCR等其他诊断方法。

如果出现体温升高、体温达41℃以上，眼结膜炎、眼睑水肿，咳嗽、气喘等呼吸道症状，部分猪后躯无力、不能站立或共济失调等神经症状，应首先考虑高致病性猪蓝耳病的可能性。若观察到患病猪蓝耳尖，蹄端、外阴部、乳头发绀，则临床诊断可以成立。但通常发绀时间很短，且不是所有患猪都出现。

1. 经典猪蓝耳病的诊断

对经典猪蓝耳病诊断，荷兰学者提出“三指标之二”诊断法，即20%以上胎儿死产。8%以上母猪流产。断奶前26%以上仔猪死亡，此三项指标有两项符合者，即可确定临床诊断结果。由于能引起流产、死胎、木乃伊胎等情况的疾病有多种，如流行性乙脑、细小病毒病、猪瘟、伪狂犬病、流感、布鲁氏菌病及李斯特菌病等，而能引起呼吸系统的疾病更多，所以，仅靠临床症表现进行临床诊断是不够的，也是不能完全定性确诊的，还应借助病毒分离、RT-PCR等其他实验室诊断方法。

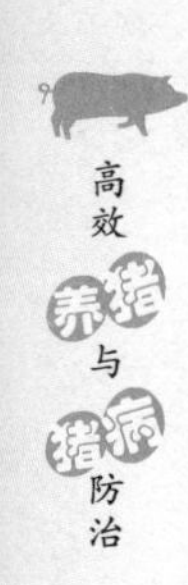

2. 高致病性猪蓝耳病的诊断

（1）临床指标 体温明显升高，可达41℃以上；眼结膜炎、眼睑水肿；咳嗽、气喘等呼吸道症状；部分猪出现后躯无力、不能站立或共济失调等神经症状。

（2）病理指标 可见脾脏边缘或表面出现梗死灶，显微镜下见出血性梗死；肾脏呈土黄色，表面可见针尖至小米粒大的出血斑点；皮下、扁桃体、心脏、膀胱、肝脏和肠道均可见出血点和出血斑；部分病例可见胃肠道出血、溃疡、坏死。显微镜下见肾间质性炎，心脏、肝脏和膀胱出血性、渗出性炎等病变。

（3）病原学指标 高致病性猪蓝耳病病毒分离鉴定阳性；或高致病性猪蓝耳病病毒反转录聚合酶链反应（RT-PCR）检测阳性。

符合临床指标和病理指标，可判定为疑似高致病性猪蓝耳病。疑似疫情，经病毒分离鉴定阳性或RT-PCR检测阳性，可确诊为高致病性猪蓝耳病。

六 防治

1. 预防措施

（1）坚持自繁自养与严格的检疫制度 胎盘传播是此病的重要传播途径，所以应坚持自繁自养，严禁从疫区引进种猪，引进的种猪要隔离观察两周以上，确保安全后方可入群。采取全进全出的饲养方式。定期对种母猪、种公猪进行此病的血清学监测，及时淘汰可疑病猪。

（2）疫苗接种 最近，国内外已试制了多种疫苗，但免疫效果欠佳，对灭活苗的安全性仍存在一定的争议，对疫苗的免疫效果也意见不统一。但此病具有传播途径多、传播速度快和可在猪群中长期持续感染等特点，使用疫苗免疫是控制此病的有效途径。当前灭活疫苗是预防此病的首选疫苗，适合种猪和健康猪使用。对于正在流行或流行过此病的商品猪场可用弱毒疫苗紧急预防接种或免疫预防。后备种母猪在配种前进行2次免疫，首免在配种前2个月，间隔1个月进行二免。仔猪在母源抗体消失前首免，母源抗体消失后进行再次免疫。公猪和妊娠母猪不能接种弱毒疫苗。

我国研制出了高致病性猪蓝耳病灭活疫苗，并已投入使用，应按《高致病性猪蓝耳病防治技术规范》和《猪病免疫推荐方案》落实各项防控措施。

(3) 加强消毒 发病后要加强消毒工作，对空圈及猪舍周围环境用2%热氢氧化钠溶液彻底消毒，对圈舍内外及猪体用百毒杀、过氧乙酸、复合酚等消毒剂，每隔3天进行1次大面积喷雾消毒。

2. 治疗方法

治疗主要采取对症治疗方法，用四环素类及磺胺类药物治疗，防止继发感染；给体弱病猪补充足够的蛋白质和高能量饲料，对腹泻病猪用口服补液法补充电解质；对发生早产、流产症状的母猪可在肌内注射黄体酮的同时，配合中药（黄芩10～15g，白术10g，砂仁5～10g）煎水内服，以利母猪安胎保胎；用阿司匹林给临产前的妊娠母猪喂饲，以减轻发热，延长妊娠期，减少流产。

【注意】 1. 猪蓝耳病病毒有两个显著的生物学特性，一是亲嗜肺泡巨噬细胞，二是抗体依赖的病毒增强作用。因此，猪蓝耳病病毒感染会引起猪群免疫抑制，易引起其他传染病的继发感染，且在抗体滴度较低水平时会促进病毒增殖，疫苗免疫时要格外注意。

2. 高致病性猪蓝耳病的诊断要考察临床指标、病理指标和病原学指标，确诊必须进行实验室病原鉴定。

第六节 猪细小病毒病

猪细小病毒病是由猪细小病毒引起母猪繁殖障碍的一种传染病。此病于1967年在英国首次报道，目前各个国家几乎都有此病发生。我国20世纪80年代从上海、北京和江苏等地相继分离到猪细小病毒。近几年该病对我国规模化猪场造成了严重的危害，我国将其列入二类动物疫病。

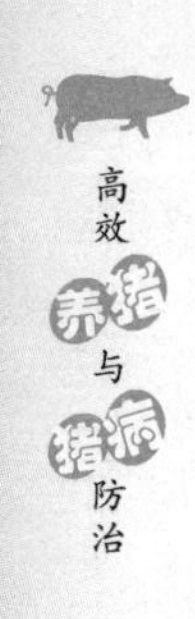

一 病原

猪细小病毒（PPV）属细小病毒科、细小病毒属。猪细小病毒通常在病猪的扁桃体、颌下淋巴结、肾脏、肝脏、脊髓和肠系膜淋巴结内增殖。

猪细小病毒只有一个血清型，与其他细小病毒无抗原关系。病毒具有血凝活性。病毒对热、消毒药的抵抗力强。用 0.5% 漂白粉液、2% 氢氧化钠溶液 5min 可杀死病毒，甲醛蒸气需相当长的时间才能杀死猪细小病毒。

二 流行病学

猪是已知的唯一的易感动物，不同年龄、性别的猪都可感染，尤以初产母猪为典型。此病一年四季都可发生，春、秋两季产仔多时最常见。

感染的公猪及母猪是主要的传染源，带毒猪经粪、尿、鼻液、唾液、精液以及死胎、弱胎、胎衣向外界排毒，污染水源、饲料、土壤、猪舍等。鼠类是重要的传播媒介。

此病一般呈地方性流行或散发，一旦猪细小病毒传入阴性猪场，于 3 个月内几乎 100% 的猪只都会受到感染。在此病发生后，猪场可能连续几年不断地出现母猪繁殖失败。

三 临床症状

猪细小病毒感染猪主要是引起母猪出现繁殖障碍，妊娠母猪可同时出现流产，产死胎、木乃伊胎、产后久配不孕等症状。不同孕期感染表现不同症状，在妊娠 30 ~ 50 天感染时，主要是产木乃伊胎，妊娠 50 ~ 60 天感染多出现死胎，妊娠 70 天以上则多能正常产仔，无其他明显症状。此病还可引起产仔瘦小、弱胎。弱仔生后半小时在耳尖、颈胸、腹下、四肢内侧出现淤血、出血斑，短时间内皮肤全部变为紫色而死亡。其他猪感染后无任何明显的临床症状。

四 病理变化

母猪流产时，肉眼可见母猪有轻度子宫内膜炎症，胎盘部分钙化，胎儿在子宫内有被溶解和被吸收的现象。大多数死胎、死仔或弱仔出现皮下充血或水肿，胸、腹腔积有淡红或淡黄色渗出液。弱仔出生后半小时先后在耳尖、颈、胸、腹部及四肢上端内侧出现淤血、出血斑，半日内全身皮肤变紫而死亡。

五 诊断

如果分娩死胎，但未见流产或胎儿发育异常等病症的同时母猪也没有明显的临诊症状；病猪以初产母猪为多，且有传染性时，即可怀疑此病。确诊需实验室诊断，常用诊断方法有病毒分离和血凝抑制试验。

引起猪繁殖障碍传染性因素中，除猪细小病毒外，还有乙型脑炎、伪狂犬病、布鲁氏菌病、血凝性脑炎、猪繁殖呼吸综合征等。可通过流行病学、症状、病理变化、血清学及病原分离与鉴定等方面加以区别诊断。

六 防治

此病目前无有效疗法，预防猪细小病毒病主要从以下几方面入手：

1）采取综合防治措施。猪细小病毒对外界环境的抵抗力很强，要使一个无感染的猪场保持下去，必须采取严格的卫生措施，尽量坚持自繁自养。如需要引进种猪，必须从无猪细小病毒感染的猪场引进。当血凝抑制试验结果为阴性时，方准许引进。引进后严格隔离 2 周以上，当再次检测血凝抑制试验结果为阴性时，方可混群饲养。

2）疫苗预防。对猪进行免疫接种，对此病有良好的预防效果。目前使用的疫苗主要有灭活疫苗和弱毒疫苗。其中以灭活疫苗多用，灭活疫苗包括氢氧化铝灭活疫苗和油乳剂灭活疫苗。疫苗接种可在母猪配种前的 1 ~2 月内进行，重点放在后备母猪的免疫接种，使之产生免疫力。

3）推迟母猪初配年龄。将初产母猪配种时间推迟到 9 月龄，对于预防初产母猪的繁殖障碍有一定作用。

4）妥善处理传染源，全场彻底消毒。猪群发病后应对其排泄物、分泌物和产出的胎儿及其污染的场所和环境等进行合理的处理。可选用甲醛溶液、氨水和氧化剂类消毒剂消毒。

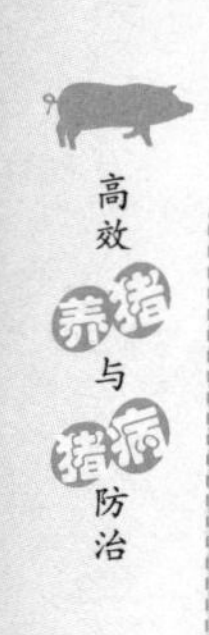

⚠【注意】 1. 猪细小病毒病主要发生于初产母猪，引起死胎、畸形胎、木乃伊胎，母猪本身无明显症状。经产母猪可感染但无临床症状。

2. 鼠类是猪细小病毒重要的传播媒介，猪场要做好灭鼠工作。本病既可水平传播，又可垂直传播。淘汰带毒母猪，净化猪群对防控细小病毒病有重要作用。

3. 猪细小病毒对外界环境的抵抗力很强，消毒要选用漂白粉、氢氧化钠、甲醛溶液和氨水等消毒剂。

第七节　猪日本乙型脑炎

猪日本乙型脑炎又称猪流行性乙型脑炎，简称猪乙脑，是由日本乙型脑炎病毒引起的一种急性人兽共患的蚊媒介传染病。该病于1934年在日本首次发现，我国1939年分离到乙脑病毒。由于此病疫区范围广，危害大，被世界卫生组织列为需要重点控制的传染病，我国将其列入二类动物疫病。

一　病原

日本乙型脑炎病毒属黄病毒科、黄病毒属。该病毒主要存在于中枢神经系统、脑脊液、血液和死胎仔猪的脑组织，能凝集鸡、鸭及绵羊的红细胞。病毒对热和阳光的抵抗力不强，常用的消毒药如2%氢氧化钠溶液、5%的来苏儿可将其杀死。

二　流行病学

患病猪和隐性感染猪在病毒血症期间可作为本病的传染源。猪的隐性感染很普遍，猪感染后出现病毒血症的时间较长，血中的病毒含量较高，媒介蚊又嗜其血，容易通过猪→蚊→猪等的循环，扩大病毒的传播。

此病主要通过带病毒的蚊虫叮咬而传播。病毒能在蚊体内繁殖和越冬，且可经卵传至后代，带毒越冬蚊能成为次年感染猪的传染源，因此蚊不仅是传播媒介，也是病毒的储存宿主。

猪乙脑的流行呈明显的季节性，多发生于夏秋蚊虫滋生季节。

一般是南方6月、7月，东北8月、9月达到高峰。此病呈散发流行，并多为隐性感染。在自然条件下，常呈现每4~5年流行1次的周期性倾向。

猪的发病年龄与性成熟有关，大多在6月龄左右发病。其特点是感染率高，发病率低（20%~30%），死亡率低，常因并发症死亡。

三 临床症状

人工感染猪日本乙型脑炎潜伏期一般为3~4天。常突然发病，病猪体温升高到41℃左右，呈稽留热。病猪精神沉郁，食欲减退，口渴，结膜潮红，喜卧地。有时可见猪流鼻涕，能听到鼻塞音，尿色深黄，粪便干结附有黏膜。有些病猪后肢轻度麻痹，步态不稳；有的后肢关节肿胀疼痛而表现跛行。最后身躯麻痹而死。

妊娠母猪的主要症状是发生流产或早产，初产母猪多发，第二胎后较少发生。胎儿多是死胎或木乃伊胎，或仔猪生后几天内发生痉挛而死亡。母猪流产后，其临床症状很快减轻，体温恢复常温，食欲也渐趋正常。母猪流产后不影响下一次配种。

公猪除上述一般症状外，常发生单侧或两侧睾丸发炎肿大，局部发热，有痛感，数天后睾丸肿胀消退，逐渐萎缩变硬，丧失配种能力。

四 病理变化

流产胎儿常见脑水肿，脑膜和脊髓充血，皮下水肿，心、肝、脾、肾肿胀并有小出血点。病死猪脑膜及脊髓膜显著充血，肝肿大，有界限不清的小坏死灶。肾稍肿大，也有坏死灶。母猪子宫内膜充血、出血，胎盘增厚。公猪睾丸肿大，切面充血、出血，有的公猪睾丸萎缩，与阴囊鞘膜粘连。

五 诊断

临诊综合诊断主要依据根据此病的发生有明显的季节性，呈散在性发生，感染猪有明显的脑炎症状，妊娠母猪发生流产或早产，初产母猪多发，第二胎后较少发生及公猪发生睾丸炎等特点可初步诊断。

在此病的血清学诊断中，血凝抑制试验、中和试验和补体结合试验是常用的实验室诊断方法，但这些血清学方法只能用于疾病回顾性诊断或流行病学调查，无早期诊断价值。

六 防治

1. 预防措施

消灭蚊虫和预防接种是预防本病的重要措施。

（1）改善猪舍环境卫生，驱灭蚊虫 在蚊虫活动季节应注意饲养场的环境卫生，经常进行沟渠疏通以排除积水、铲除蚊虫滋生地。在蚊蝇繁殖季节要定期用药毒杀、烟熏、药诱、灯诱捕杀，有条件的门窗加纱布阻挡。由于乙脑病毒能在蚊虫体内繁殖，并可越冬，经卵传递，成为次年感染动物的来源，所以冬季还应设法消灭越冬蚊。

（2）疫苗预防 在蚊虫活动前1~2个月，对后备和生产种公猪及种母猪用猪乙型脑炎弱毒疫苗或油乳剂灭活苗进行免疫接种，第一年以两周的间隔时间注射两次，以后每年注射1次。

（3）防止继发感染 病猪一般无特效疗法，用抗菌类药物可防止继发感染可提高自愈率。但在治疗的同时要做好工作人员的防护工作。

2. 治疗方法

安溴注射液10~20mL静脉注射，或巴比妥0.1~0.5g内服，或10%水合氯醛5~10mL静脉注射。

5%葡萄糖注射液200~500mL，维生素C 5mL，静脉注射。

板蓝根120g，石膏120g，大青叶60g，生地30g，连翘30g，紫草30g，黄芩18g，水煎一次灌服。

【注意】 1. 猪乙脑主要通过蚊虫的叮咬进行传播，多流行于夏秋季节，疫苗预防要在蚊虫活动前1~2个月进行。

2. 诊断猪乙脑应抓住几个特征，即发生有明显的季节性，呈散发特点，有明显的脑炎症状，妊娠母猪流产或早产，初产母猪多发，公猪发生睾丸炎。

第八节　猪传染性胃肠炎

猪传染性胃肠炎（TGE）是由猪传染性胃肠炎病毒（TGEV）引起的一种猪的急性、高度接触性胃肠道传染病。该病于1945年在美国首次发现，我国1956年发生，近年来呈上升趋势，而且与猪流行性腹泻的混合感染率也在逐年上升，对养猪业的危害相当严重。世界动物卫生组织将其列为B类动物疫病，我国将其列为三类动物疫病。

一　病原

猪传染性胃肠炎病毒属于冠状病毒科、冠状病毒属，目前只发现一个血清型。病毒存在于病猪的各器官、体液和排泄物中，但以病猪的空肠、十二指肠组织、肠系膜淋巴结含毒量最高。在病的早期，呼吸系统组织和肾的含毒量也相当高。

此病毒不耐热，对光线敏感，在阳光下暴晒6h即被灭活。紫外线能使病毒迅速灭活。所有对囊膜病毒有效的消毒剂对其均有效，甲醛、次氯酸钠、氢氧化钠、碘酒、季铵盐类等均能灭活病毒。

二　流行病学

病猪和带毒猪是本病的主要传染来源，病后康复猪带毒时间可长达8周，是发病猪场主要传染源。传染源从粪便、呕吐物、鼻液以及呼出气体中排出病毒，通过污染饲料、饮水、空气及用具等传染给易感猪。以10日龄以下的哺乳仔猪发病率和死亡率最高，随年龄的增大死亡率稳步下降；其他动物对本病无易感性。本病以消化道和呼吸道为主要的传播方式。

猪传染性胃肠炎一般多发生于冬季和春季，发病高峰为1、2月，夏季发病少，在产仔旺季发生较多。在新发病猪群，几乎全部猪均可感染发病，在老疫区则呈地方性流行，由于经常产仔和不断补充的易感猪发病，使此病在猪群中常在。

三　临床症状

该病潜伏期很短，为18～72h，有的可延长至2～3天。传播迅速，数日内可蔓延整个猪场。

仔猪的典型症状是短暂的呕吐和水样腹泻，粪便呈黄色、绿色或白色，常含有未消化的凝乳块，气味恶臭。病猪极度口渴，严重脱水，体重迅速减轻，日龄越小，病程越短，发病越严重。10 日龄内的仔猪多于 2 ~ 7 天内死亡。随着日龄的增长，病死率逐渐降低。3 周龄以上仔猪大多能存活下来，痊愈仔猪多生长发育不良。

老疫区病情轻缓，死亡率低，主要发生于断奶猪，症状类似"猪白痢"，育成猪和成年猪的症状较轻，通常有数日的食欲不振，个别猪有呕吐，主要是发生水样腹泻，呈喷射状，排泄物呈灰色或褐色，体重迅速减轻。部分泌乳母猪发病严重，体温升高，出现无乳、呕吐、厌食和腹泻，病程 1 周左右，腹泻停止而康复，极少死亡。也有哺乳母猪其仔猪感染而其本身无可见症状的情况。

四 病理变化

病死猪尸体肮脏、消瘦、脱水。具有特征性的病理变化主要见于小肠。剖检时取空肠一段，用生理盐水轻轻洗去肠内容物，置平皿中加入少量生理盐水，在解剖镜下观察。健康猪空肠绒毛呈棒状，均匀、密集，可随水的振动而摆动，而患病猪的小肠绒毛变短，粗细不均，甚至大面积绒毛仅留有痕迹或消失，二者对比十分明显。

整个小肠气性膨胀，伴有卡他性炎，肠管扩张，内容物稀薄，呈黄色、泡沫状，肠壁弛缓，缺乏弹性，变薄有透明感。胃底黏膜潮红充血，并有黏液覆盖，有小点状或斑状出血，胃内容物呈鲜黄色并混有大量乳白色凝乳块。

五 诊断

根据流行病学、症状和病变进行综合判定可以作出诊断。小肠壁变薄，呈半透明，肠管扩大，充满半液状或液状内容物，小肠黏膜绒毛萎缩。以这些特点可作出初步诊断，进一步确诊，必须进行实验室诊断。

可进行病毒的分离鉴定试验，还可用荧光抗体法检查病毒抗原，血清学方法、RT-PCR 技术也可用于 TGEV 的诊断。

六 防治

1. 预防措施

（1）加强饲养管理，做好消毒工作 平时要加强饲养管理，搞好猪舍卫生和消毒工作，并经常保持猪舍的温暖干燥。常用的消毒剂有1%～2%氢氧化钠溶液、1%苯酚（石炭酸）、10%～20%新鲜氢氧化钙溶液、10%～20%热草木灰水。

（2）重视免疫预防 用猪传染性胃肠炎弱毒疫苗对母猪进行免疫接种。母猪分娩前5个星期口服1头份，分娩前2个星期口服1头份，同时肌内注射1头份。

2. 治疗方法

治疗主要是对症疗法，补充体液，以防脱水和酸中毒。让仔猪自由饮服下列配方溶液：氯化钠3.5g，氯化钾1.5g，碳酸氢钠2.5g，葡萄糖20g，水1 000mL。另外，还可于腹腔注射一定量的5%葡萄糖盐水加灭菌碳酸氢钠。为防止继发感染，可适当使用抗生素。

使用抗病毒药物。可肌内注射黄芪多糖、双黄连等。

血清疗法。用猪传染性胃肠炎高免血清，按每公斤体重0.5mL肌内注射，每天1次，连用3天。

止痢注射液：地锦草、铁苋菜、扁蓄草各500g，冬季加乌药500g，夏季加地榆500g，加水2 000mL，蒸馏成1 000mL，过滤分装灭菌备用。小猪肌内注射5～10mL，大猪肌内注射10～20mL。

常山100g，马齿苋、鹅不食草各250g，煎水内服。

鸭跖草、凤尾草、鱼腥草、扁蓄草各100g，煎水内服。

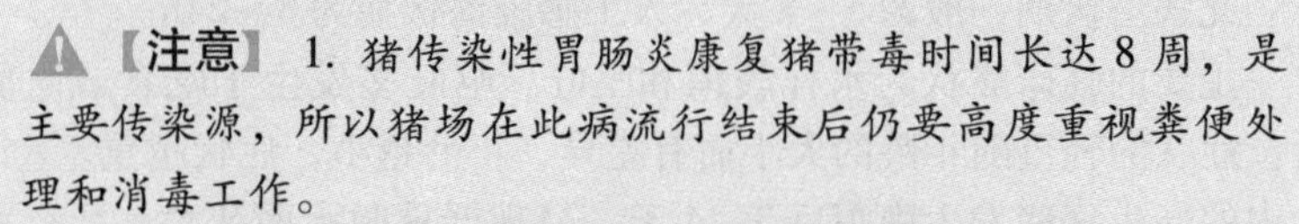

【注意】 1. 猪传染性胃肠炎康复猪带毒时间长达8周，是主要传染源，所以猪场在此病流行结束后仍要高度重视粪便处理和消毒工作。

2. 因其治疗效果往往不佳，故应特别重视预防工作，主要从加强饲养管理和疫苗免疫入手。

3. 猪传染性肠胃炎和流行性腹泻症状及剖检病理变化极为相似，确诊必须进行实验室诊断。

第九节 猪流行性腹泻

猪流行性腹泻（PED）是由猪流行性腹泻病毒（PEDV）引起的一种猪的高度接触性肠道传染病。此病1971年首发于英国，20世纪80年代初在我国陆续发生，近年来流行区域有逐渐扩大的趋势，我国将其列入三类动物疫病。

一 病原

猪流行性腹泻病毒属于冠状病毒科、冠状毒病属。目前还没有发现不同的血清型。

PEDV对外界环境和消毒药抵抗力不强，一般消毒剂即可将其灭活。病猪小肠及其内容物中的病毒含量最高。不同的毒株致病力不一样，有的能致各年龄段猪发病，有的却不能致哺乳仔猪发病。

二 流行病学

该病仅发生于猪，各品种、年龄、性别的猪同样易感。病猪和带毒猪是本病的传染源。它们通过粪便、唾液等排泄物、分泌物排出大量病毒，污染饲料、饮水，器具等，健康易感猪通过采食、饮水经消化道感染。此病的发生有一定的季节性，我国多在12月至次年的2月寒冬季节发生。本病有流行自限性，一般在流行约5周后自行终止。

三 临床症状

此病潜伏期一般为5~8天，人工感染潜伏期为8~24h。

主要的临床症状为水样腹泻和呕吐，呕吐多发生于吃食或吃乳后。症状的轻重随年龄的大小而有差异，年龄越小，症状越重。7日龄内的新生仔猪发生腹泻后3~4天，呈现严重脱水而死亡，死亡率可达50%~100%。病猪体温正常或稍高，精神沉郁，食欲减退或废绝。断奶仔猪、母猪常表现为精神委顿、食欲下降和持续性腹泻，约1周后，逐渐恢复正常。育肥猪感染后发生腹泻，1周后康复，死亡率为1%~3%。成年猪症状较轻，有的仅表现为呕吐，重者出现水样腹泻，3~4天后自愈。

四 病理变化

病死猪尸体消瘦脱水，皮下干燥，胃内有大量黄白色的乳凝块。小肠病变具有特征性，通常肠管膨胀扩张、充满黄色液体。肠壁变薄，肠系膜充血，肠系膜淋巴结水肿。显微镜或放大镜下观察可见小肠绒毛显著萎缩。

五 诊断

此病的流行病学、临床症状、病理变化基本上与猪传染性胃肠炎相似，只是病死率比猪传染性胃肠炎稍低，在猪群中传播速度也比较缓慢。根据上述特点可作出初步诊断。确诊要依靠实验室诊断，如免疫荧光、酶联免疫吸附试验或 RT-PCR 技术。

六 防治

1. 预防措施

（1）做好疫苗免疫预防 目前常用的疫苗有猪轮状病毒、猪流行性腹泻二联苗，猪流行性腹泻、猪传染性胃肠炎、猪轮状病毒三联苗。于每年的10月中旬左右，仔猪、架子猪和育肥猪每头注射1头份，生产母猪每头注射2头份。对于正在发病的猪群，应于母猪产前20~30天注射3头份。

（2）加强管理和消毒工作 加强饲养管理，饲喂营养丰富的饲料，做好仔猪、哺乳仔猪的保温和保健工作。做好场内的卫生消毒工作，用消毒威、百毒杀等消毒药对猪舍进行消毒，用干石灰铺设走道和运动场。

2. 治疗方法

本病无特效治疗药，主要采取对症治疗。通常应用对症疗法，可参考猪传染性胃肠炎的治疗方法。此外，实践中发现比较有效的治疗方法是：在每50kg饲料中加入喹乙醇100g，药物和饲料彻底混匀，日喂3次，连用7天。同时每天给病猪饮两次0.5%盐水，连用3~5天，有较好效果。

第十节 猪轮状病毒病

猪轮状病毒病是由猪轮状病毒感染引起的一种急性胃肠道传染

性病。猪轮状病毒可以单独感染引起腹泻，但通常是与大肠杆菌、冠状病毒合并感染。

一 病原

猪轮状病毒属呼肠病毒科、轮状病毒属。迄今为止，猪轮状病毒有 A、B、C、E 共 4 个血清群。

猪轮状病毒对外界的抵抗力较强。对常用的消毒剂如碘仿、高氯酸具有耐受性。1% 甲醛溶液在 37℃ 下须经 3 天才能灭活，0.01% 碘、1% 次氯酸钠和 70% 酒精可使病毒丧失感染力。

二 流行病学

病猪和带毒动物为主要的传染源。猪轮状病毒广泛分布于各地猪群中，各种日龄的猪都可感染，但通常以 7～40 日龄的幼龄猪发病率最高。母源抗体滴度达不到保护水平时，小猪就容易感染病毒，造成腹泻。病猪会通过粪便等方式排出大量病毒，污染饲料、饮水、垫草及土壤等，经消化道传染给易感动物。多发生于晚冬至早春的寒冷季节。如饲养管理不良、应激、环境卫生条件差等，病情将更为严重。

三 临床症状

此病潜伏期为 12～24h，呈地方性流行。在疫区由于大多数成年猪都已感染过而获得了免疫，所以得病的多是 8 周龄以内的仔猪。病猪病初精神委顿，食欲缺乏，常有呕吐。接着迅速发生腹泻，粪便呈水样或糊样，色黄白或暗黑。腹泻越久脱水越明显，严重脱水常见于腹泻后 3～7 天，体重可减轻 30%。症状轻重决定于发病日龄和环境条件，特别是环境温度下降和继发大肠杆菌病，常使症状严重和病死率增高。若无母源抗体保护，感染发病严重，病死率可高达 100%；如有母源抗体保护，则 1 周龄的仔猪一般不易感染发病。

四 病理变化

病变主要限于消化道。胃弛缓，胃内充满凝乳块和乳汁。肠壁菲薄，呈半透明，松弛、膨胀，肠内容物为浆液性或水样，多为灰黄色或灰黑色，肠系膜淋巴结水肿、呈棕褐色，胆囊肿大。小肠绒毛短缩扁平，肉眼可看出，如用放大镜或立体显微镜检查更清楚。

五 诊断

根据病发生在寒冷季节，多侵害幼龄动物，突然发生水样腹泻，发病率高和病变集中在消化道等特点可作出初步诊断。要注意与相似的疫病如仔猪黄痢、白痢，猪传染性胃肠炎及猪流行性腹泻等作区别诊断。确诊需进行病原分离鉴定。检测的方法有：RT-PCR、免疫组化、ELISA、乳胶凝集试验等。

六 防治

1. 预防措施

（1）加强饲养管理 加强饲养管理可以控制该病，通过疫苗或人工自然感染，可以提高母猪群尤其是后备母猪群初乳中抗体的含量，减缓仔猪的病情。平时应加强环境消毒，减少环境中的病毒。加强饲养管理，提高猪舍温度、提高日粮能量水平，可降低死亡率。母源抗体能大幅度减少和减轻仔猪轮状病毒的发病，所以人工感染或注射猪轮状病毒疫苗使母猪提高抗体水平有助于减少仔猪的发病。如果母猪没有进行过猪轮状病毒的免疫，也可以对仔猪注射病毒疫苗。

（2）免疫预防 猪轮状病毒和猪传染性胃肠炎二联弱毒苗，在新生仔猪吃乳前肌内注射，30min 后吃乳，免疫期可达 1 年以上。母猪分娩前注射可使所产仔猪获得免疫。

2. 治疗方法

发病后通过补给电解质，投给敏感抗生素可控制继发感染。使用含氯消毒药进行环境消毒，提供舒适的环境条件，可以减少损失。为了防止猪机体脱水，应在饮水中添加补液盐，严重者可静脉注射林格氏液、葡萄糖盐水等。

对症治疗，缓解腹泻可用收敛止泻剂，防止酸中毒可静脉注射 5% 碳酸氢钠，用抗生素可控制继发感染。

【注意】 1. 猪轮状病毒抵抗力强，在外界存活时间长，有此病存在的猪场要格外注意平时的卫生措施和选取合适的消毒药物。

2. 无母源抗体保护的仔猪感染发病严重，有母源抗体保护的仔猪即使发病也能迅速痊愈，病死率低，因此要做好母猪的免疫工作。

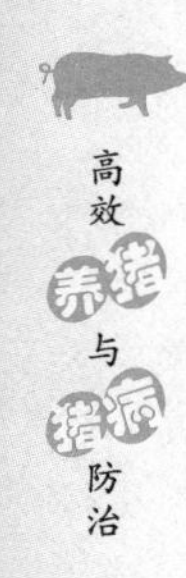

第十一节 猪圆环病毒病

猪圆环病毒病（PCVD）是由猪圆环病毒Ⅱ型（PCV-Ⅱ）引起的一种猪的多系统功能障碍性传染病，并出现严重的免疫抑制，从而容易导致继发或并发其他传染病，被世界各国公认为最重要的猪传染病之一。我国农业部将此病列为二类动物疫病。

此病于1991年首先在加拿大被发现，1996年暴发于世界许多国家。我国2001年证实猪群中存在此病，目前该病在我国猪群中广泛流行，给养猪业造成了巨大的经济损失。

一 病原

猪圆环病毒为圆环病毒科、圆环病毒属成员，是动物病毒中最小的一种病毒。此病毒分为两个基因型，即猪圆环病毒Ⅰ型和猪圆环病毒Ⅱ型。猪圆环病毒Ⅰ型对猪无致病性，但能产生血清抗体，在猪群中存在较普遍。猪圆环病毒Ⅱ型对猪有致病性，可引起猪发病。此病毒对外界环境的抵抗力极强，一般消毒剂很难将其杀灭，氢氧化钠或过氧乙酸消毒效果较好。

二 流行病学

猪圆环病毒的天然宿主是猪，各种年龄、不同性别的猪均可感染该病毒，但不一定都能表现出明显的临床症状，哺乳仔猪和育成猪最易感且临床症状明显。胚胎期或出生后早期感染的猪，往往在断奶后才会发病，一般集中在5～18周龄，尤其在6～12周龄最为多见。妊娠母猪感染后可经胎盘垂直感染仔猪，并导致繁殖障碍。感染猪可自鼻液、粪便中排出病毒，经消化道、呼吸道引起传播。

此病的发生无季节性。因猪圆环病毒可破坏猪的免疫系统，使猪的免疫力下降，产生免疫抑制，因此感染猪圆环病毒的猪易继发或并发其他传染病。此病的发生及危害程度与猪群的饲养管理及环境卫生等密切相关，各种应激因素会削弱机体的抗病能力，继发其他传染病而加重病情，造成不同程度的经济损失。

三 临床症状与病理变化

目前的研究认为，PCV-Ⅱ主要引起猪的以下几种疾病：断奶仔猪多系统衰竭综合征、猪皮炎肾炎综合征、妊娠母猪繁殖障碍以及增生性坏死性间质性肺炎。

1. 断奶仔猪多系统衰竭综合征

断奶仔猪多系统衰竭综合征是一种多因子所致的疾病，但多数学者认为 PCV-Ⅱ是首要病因。断奶仔猪多系统衰竭综合征多发于 4~8 周龄的猪，临床表现为断奶后仔猪体温升高至 41~42℃、食欲不振、生长迟缓、消瘦、皮毛粗乱、皮肤苍白，常伴有黄疸，伴有黄疸的猪可见全身组织黄染；有的在耳部、腹部可见出血性紫红色斑块；站立不稳、呼吸困难、咳嗽、水样下痢或黑便；部分仔猪出现神经症状，震颤，四肢呈划水状。

主要剖检变化：全身淋巴结肿大，特别是腹股沟淋巴结肿大可达 5~10 倍，色苍白或淡黄，表面和切面均呈水肿状，肠系膜淋巴结肿大、出血；肺主要呈弥散性、间质性肺炎变化，质地硬如橡皮，失去弹性，有的肺脏出血，气管内分泌物增多，表面一般呈灰褐色的斑驳状外观，有点状脓性病灶；肾可见皮质和髓质散在大小不一的白色坏死灶，由于水肿而导致其呈现蜡样外观，有的肾脏表面有针尖大的出血点；脾萎缩、边缘变薄；大多病猪的肝有不同程度的萎缩、纤维化。

2. 猪皮炎肾炎综合征

多发于 8~18 周龄的猪。主要的临床症状为病猪皮肤出现红紫色病变斑块，以后躯最明显，其次可见皮下水肿，食欲丧失，体温可升至 41.5℃，通常在 3 天内死亡。

病理学变化：出血性、坏死性皮炎和动脉炎以及渗出性肾小球性肾炎和间质性肾炎，肾肿大、苍白，肾表面可见出血点或坏死点，表现为胸水和心包积液。

3. 妊娠母猪繁殖障碍

PCV-Ⅱ感染妊娠母猪可导致子宫内膜感染、产木乃伊胎、不同妊娠期的流产以及死产和产弱仔等。

4. 增生性坏死性间质性肺炎

此病主要危害 6~14 周龄的猪，与 PCV-Ⅱ有关，也有其他病原

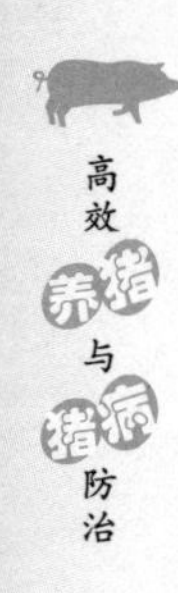

参与。眼观病理变化为弥漫性间质性肺炎，颜色灰红。

四 诊断

该病仅靠症状、病变难以确诊，因此主要依靠实验室诊断。实验室诊断包括抗体和抗原检测。

检测抗体方法主要有间接免疫荧光、酶联免疫吸附试验和单克隆抗体法等。检测抗原的方法主要有病毒分离鉴定、电镜检查、原位杂交、免疫组化和PCR技术等。

五 防治

目前国内已有PCV-Ⅱ灭活疫苗上市销售。种猪肌内注射2mL；仔猪在14日龄肌内注射2mL，或在12日龄注射1mL，然后在25日龄再注射1mL。此外还必须采取综合性的防治措施。

1）购入种猪要严格检疫，隔离观察。应用酶联免疫吸附试验与PCR技术对购入种猪进行检疫，隔离饲养1个月，健康者方可进入猪场生产区。

2）严格实行“全进全出”制度，落实生物安全措施。猪舍要清洁卫生、保温，通风良好，降低氨气及有害气体的浓度；饲养密度要适中，不同日龄的猪应分群饲养，不要混养；减少各种应激因素，创造一个良好的饲养环境。

3）定期消毒，杀死病原体、切断传播途径。生产中应用3%的氢氧化钠溶液、0.3%的过氧乙酸溶液及0.5%的强力消毒灵和抗毒威消毒效果良好。

4）药物预防继发感染。如应用支原净、卡那霉素、多西环素、庆大霉素、磺胺嘧啶钠、抗病毒药等治疗，同时肌内注射维生素 B_{12}、维生素C及肌酐和静脉注射葡萄糖注射液等有一定的治疗效果。

【注意】 1. 猪圆环病毒对外界环境的抵抗力极强，一般消毒剂很难将其杀灭，选用氢氧化钠或过氧乙酸消毒效果好。

2. 猪圆环病毒病是一种免疫抑制病，因此感染猪圆环病毒的猪易继发或并发感染，其造成的危害和损失与猪群的饲养管理密切相关，因此要提升饲养管理水平，降低发病损失。

第十章
猪的细菌性疾病

第一节　大肠杆菌病

猪的大肠杆菌病是由病原性大肠杆菌（大肠埃希菌）引起的仔猪的一组肠道传染病，常见有仔猪黄痢、仔猪白痢和仔猪水肿病三种类型。随着规模化、集约化养殖业的发展，致病性大肠杆菌对畜牧业造成的危害日益严重。此病属于我国法定三类动物疫病。

一　病原

大肠杆菌为革兰氏染色阴性，无芽孢，一般有数根鞭毛，常无可见荚膜、两端钝圆的短杆菌。大肠杆菌有多种血清型，其血清型与致病性有着密切的关系，引起仔猪黄痢的为某些致病性溶血性大肠杆菌；仔猪白痢是由产肠毒素性大肠杆菌引起的；仔猪水肿病是由某些溶血性大肠杆菌引起的。

二　流行病学

哺乳仔猪最易感染此病，仔猪黄痢主要发生于1周龄以内的仔猪，以1～3日龄发病率最高。仔猪黄痢同窝仔猪发病率最高可达100%，死亡率高。但随着日龄的增长，发病率和死亡率会逐渐减少。另外，炎夏和寒冬及潮湿多雨季节发病严重，分散饲养的发病较少。

仔猪白痢主要发生于2~3周龄的仔猪，以15~20日龄居多。严冬、炎热及阴雨连绵季节发生较多；气候骤变时发病数显著增加；7日龄以内及30日龄以上的猪很少发病。卫生条件不良、缺乏矿物质和维生素可促进此病的发生。

仔猪水肿多发于仔猪断奶后1~2周。近年来呈现新的流行特点，发病日龄不断增加，40~50kg的猪也有水肿病发生；采食量大、生长速度快的猪发病率和死亡率高。此病多见于春季和秋季，特别是气候突变和阴雨后。

病猪和带菌猪是此病的主要传染源，特别是带菌母猪。此病主要经消化道传播。

三 临床症状与病理变化

1. 仔猪黄痢

又称为早发性大肠杆菌病。该病潜伏期短，一般在24h左右，病猪的主要症状是拉黄痢，粪大多呈黄色水样，内含凝乳小片，混有小气泡并带腥臭味，顺肛门流下。下痢重时，后肢被粪液污染。病仔猪精神沉郁，不吃奶，口渴、脱水，但无呕吐现象，最后昏迷而死。

尸体脱水，表现为皮肤干燥、皱缩，口腔黏膜苍白。剖检主要病变是胃肠卡他性炎症，其中以十二指肠最为严重。表现为肠壁变薄、松弛、充气，肠黏膜肿胀、充血或出血。肠系膜淋巴结充血肿大，切面多汁。胃黏膜红肿，心、肝、肾有变性，重者有出血点。

2. 仔猪白痢

又称为迟发性大肠杆菌病。病猪畏寒、脱水，吃奶减少或不吃，有时可见吐奶。体温一般不升高，常排白色、灰色粥状或黄白色稀粪。除少数发病日龄较小的仔猪易死亡外，一般病猪病症较轻，易自愈，但多反复发病。

一般表现为消瘦和脱水等外观变化。剖检时胃肠道呈卡他性炎症，胃内常积有多量凝乳块。肠壁薄而带半透明状，肠系膜淋巴结肿胀出血。

3. 猪水肿病

突然发病，体温在病初升高，很快降至常温或偏低。各种刺激或捕捉时，触之叫声嘶哑，倒地，四肢乱动，似游泳状，逐渐后躯无力，卧地不起；眼睑或结膜水肿，重者延至颜面、颈部等其他部位，头部变“胖”，病程数小时至1~2天。

死于猪水肿病的猪大多营养状况良好，皮肤略显苍白，水肿的部位不定。当出现水肿时，头部皮下、胃壁及肠系膜的水肿是本病的特征。剖检可见上下眼睑、颜面、下颌部、头部皮下水肿；胃壁黏膜水肿多见于胃大弯和贲门部，黏膜层和肌肉层之间呈胶冻样水肿，整个肠系膜红肿，甚至出血；胃底和小肠黏膜、淋巴结等处有不同程度的充血。心包、胸腔和腹腔有程度不等的积液。有时可见胆囊的水肿。肺脏表现不同程度的水肿，有斑块状充血。在一些病例，这是唯一可观察到的病变，有些也可观察到喉部水肿。

四 诊断

根据流行病学、临床症状和病理变化可作出初步诊断。确诊需进行细菌学检查。细菌检查的取材部位，败血型取血液、内脏组织，肠毒血症为小肠前部黏膜，肠型为发炎的肠黏膜。对分离出的大肠杆菌应进行生化反应和血清学鉴定，然后再根据需要，做进一步的检验。

五 防治

1）仔猪黄痢：对第一胎母猪及新建设的猪场，在仔猪出生后即全窝口服抗菌药物，连用3天，以防止发病。也可以采用本场淘汰母猪的全血或血清，给初生仔猪口服或注射进行预防。开始发病时，立即对全窝仔猪给药，常用药物有诺氟沙星、金霉素等。因细菌易产生抗药性，应做药敏试验，选出最敏感的治疗药物，方能收到好的疗效。常发地区，可用大肠杆菌K 88、K 99、987P三价灭活菌苗，或大肠杆菌K 88、K 99双价基因工程苗给产前一个月的妊娠母猪注射，使仔猪通过母乳获得被动保护，防止发病。另外，做好圈舍的消毒工作及产房的清洁卫生工作，防止产房潮湿。

2）仔猪白痢：治疗药物同仔猪黄痢，以收敛、止泻、助消化为主要用药，最好以药敏试验为依据，选择最敏感的药物进行治疗。早期治疗和改善饲养管理条件才能获得良好的效果。如病程延长到2~3周以上，治愈后仔猪生长发育缓慢。平时要加强仔猪的饲养管理，不要让仔猪受凉感冒，有条件的可用本场免疫母猪菌苗进行预防。

治疗白痢验方：

大蒜150g，捣碎后加水150mL，煮沸过滤，每头猪每次喂服2mL。

大蒜100g，白胡椒50g，明雄黄25g，白酒20mL，先将大蒜捣烂浸泡在酒内，12h后取浸出液，再将白胡椒、明雄黄研成末，泡于大蒜浸液内，将此药涂于母猪乳头上，使仔猪吮食，断奶猪可直接涂在口内。

白头翁2份，龙胆末1份，混合制成散剂，每天1次，每次3g，连用3天。

白头翁300g，苦参80g，黄芩20g，秦皮80g，水800mL，煎至600mL，每头每天服2次，每次10mL。

3）猪水肿病：加强断奶前后仔猪的饲养管理，提早训练采食、补料，使断奶后能适应独立生活；断奶不要太突然，不要突然改变饲料和饲养方法；饲养喂量逐渐增加，防止饲料中蛋白质含量过高，要适当搭配一些青饲料，防止饲料单一或过于浓厚，增加维生素丰富的饲料，缺硒地区的仔猪断奶前应补硒。病初投服适量缓泻盐类泻剂，促进胃肠蠕动和分泌，以排出肠内容物。对此病的治疗主要采用综合的对症疗法。

发病可试用以下处方：

20%磺胺嘧啶钠5mL，肌内注射，每日2次；维生素B_1 3mL肌内注射，每日1次。

硫酸镁15~30g，双氢克尿噻20~40mL，维生素B_1 100mg，加水一次喂服，连用2次。

5%~10%氯化钙5mL，50%葡萄糖100mL，10%乌洛托品10mL，静脉注射，30%甘露醇30~50mL，或25%山梨醇50~100mL静脉注射。

当归、赤茯苓、猪苓、泽泻、枣仁各15g，川芎、白术、赤芍、黄芪、大腹皮各10g，车前子25g，水煎去渣，药水每天分2次放料内或灌服，连用3天。

> **【注意】** 1. 诊断猪大肠杆菌病应把握流行病学特点，仔猪黄痢主要发生于1周龄以内的仔猪，仔猪白痢常见于2~3周龄的仔猪，仔猪水肿多发于仔猪断奶后1~2周。
>
> 2. 及时隔离腹泻仔猪，清理粪便，对排粪点进行严格消毒，是防止疫情蔓延的基本措施。
>
> 3. 由于临床大肠杆菌菌株耐药性不同，选用抗生素前最好做药敏试验，根据药敏结果选择有针对性药物。

第二节 猪沙门氏菌病

猪沙门氏菌病又称为仔猪副伤寒，是由致病性沙门氏菌引起的一种仔猪的传染病。此病在我国各地猪场均有流行，特别是饲养条件差的猪场更容易发生，给养猪业造成较大的经济损失，在我国属于三类动物疫病。

一 病原

引起猪沙门氏菌病的病原有猪霍乱沙门氏菌、猪伤寒沙门氏菌、鼠伤寒沙门氏菌、肠炎沙门氏菌等，其中最主要是猪霍乱沙门氏菌和猪伤寒沙门氏菌。

此菌革兰氏染色阴性，不产生芽孢，也无荚膜，绝大多数沙门氏菌有鞭毛，能运动，呈卵圆形的小杆菌。沙门氏菌分为许多血清型。此菌在普通培养基上生长良好，形成圆形、光滑、无色半透明的中等大小菌落。

沙门氏菌对干燥、日光、腐败等因素具有一定的抵抗力，在外界环境中可以生存数周至数月。此菌对化学热和消毒剂的抵抗力不强。

二 流行病学

病猪和带菌猪（临床上健康猪的带菌现象相当普遍）是此病的

主要传染源，人类带菌也可成为传染源。由粪便、尿液、乳汁以及流产的胎儿、胎衣和羊水排出病原菌污染饲料和水源，经消化道感染健康猪只。此病常发生于6月龄以下的猪，以2~4月龄的仔猪较为多发。

此病多呈散发或地方流行。气候多变季节和阴雨天气多发，以春、冬两季最常见。环境卫生不良、仔猪抵抗力差是发病的诱因。

三 临床症状

本病潜伏期为3~30天，在临床上可以分为急性型、亚急性型和慢性型3种。

急性型（败血型）：断奶至4月龄的猪发病较多，当猪抵抗力弱而毒力又强时，病猪感染后迅速发展为败血症，表现为体温升高至40.5~41.5℃，精神沉郁，不食，不爱运动，呼吸急促，后期间有下痢，耳根、胸前和腹下皮肤有紫红色斑点。发病后多数2~4天死亡，有的出现症状后24h内死亡，病死率很高。

亚急性型和慢性型：是本病临床上多见的类型。病猪体温升高至40~41℃，精神沉郁，寒战，堆叠在一起，眼有脓性分泌物，上下眼睑常被粘着，少数发生角膜混浊，严重时发展为溃疡。病猪食欲减退，喜饮水，初便秘而后下痢，粪便呈水样，淡黄色或灰绿色，味恶臭，有时带有血液。部分病猪后期出现弥散性湿疹，特别是腹部，有时可见到绿豆大小、干涸性浆膜覆盖物，揭开可以见到浅表性溃疡。病猪最后极度消瘦衰竭而死。有的病猪症状逐渐减轻，但发育不良，最后成为僵猪。

有的猪群发生所谓潜伏性“副伤寒”，小猪生长发育不良，被毛粗乱，污秽，体质较弱，偶尔下痢。体温和食欲变化不大，一部分患猪发展到一定时期突然症状恶化而引起死亡。

四 病理变化

急性型主要为败血症的病理变化。脾常肿大，色暗带蓝，硬度似橡皮，切面呈蓝红色，脾髓质不软化。肠系膜淋巴结条索状肿大。其他淋巴结也有不同程度的增大，软而红，类似大理石状。肝、肾也有不同程度的肿大、充血和出血。有时肝实质可见糠麸状、极为细小的黄灰色坏死小点。全身各黏膜、浆膜均有不同程度的出血斑点，肠胃黏膜可见急性卡他性炎症。

亚急性型和慢性型的特征性病变为坏死性肠炎。盲肠、结肠肠壁增厚，黏膜上覆盖着一层弥漫性、坏死性和腐乳状物质，剥开见底部红色，边缘有不规则的溃疡面，此种病变有时波及至回肠后段。肠系膜淋巴结索状肿胀，脾稍肿大，肝有时可见黄灰色坏死小点。

五 诊断

根据临床症状，结合病理变化和流行情况进行诊断，确诊时须进行实验室检查。对急性型病例确诊有困难时，可采用病死猪的肝、脾等病料做细菌培养鉴定。

六 防治

1. 预防措施

（1）加强饲养管理 此病的发生是由于仔猪的饲养管理和卫生条件不良导致和传播的，因此，预防本病的根本措施是认真贯彻“预防为主”的方针。首先应该改善饲养管理，仔猪要提前补料，增强抵抗力。饲养用具和食槽应经常清洗和消毒，圈舍要经常清洁，勤换垫草，保持干燥。断奶仔猪根据体质强弱和个头大小，分槽饲喂。

（2）定期预防接种 在此病常发地区，可对1月龄以上的仔猪接种仔猪副伤寒弱毒冻干菌苗，用20%氢氧化铝稀释，肌内注射1mL，免疫期为9个月；口服时，严格按照相关说明，服前用冷开水稀释成每头份5～10mL，掺入料中及时喂服。

2. 治疗方法

发生此病时，应及时进行治疗，对此菌首选的药物是氯霉素，但在兽医中禁用，可用氯霉素的第二代产品甲砜霉素及第三代产品氟苯尼考进行治疗，效果比较理想，另外还要配合退热药。为防止病猪因腹泻而造成的脱水，可在饮水中加入口服补液盐、电解多维进行配合治疗。

治疗也可使用以下处方：

青木香10g，仓术10g，黄连10g，地榆炭15g，白芍（炒）15g，

白头翁10g，车前子10g，烧枣5个为引，共研为末，拌在食里一次喂服。

黄连15g，木香15g，白芍（炒）20g，槟榔20g，茯苓20g，滑石25g，甘草10g，水煎，分4次服，2天服完。

大黄15g，芒硝15g，枳实10g，厚朴10g，荆芥15g，防风15g，知母10g，甘草5g，煎水分2次服。

黄连10g，黄柏15g，白头翁25g，金银花20g，煨葛根30g，茯苓20g，枳实10g，槟榔15g，木香10g，煎水去渣，每日分2次灌服。

【注意】 1. 临床发现猪群出现顽固性下痢，剖检在大肠上发生弥漫性纤维素性坏死性肠炎，且主要集中发生于2～4月的仔猪，即可怀疑慢性猪副伤寒。

2. 仔猪发病与饲养管理和卫生条件不良密切相关，预防本病的根本在于提高管理和卫生水平。

3. 治疗时采取中西药结合要优于单纯使用西药。

第三节 猪链球菌病

猪链球菌病是由多个不同血清群链球菌感染引起的猪的多种不同临床症状传染病的总称。我国农业部将其列为二类动物疫病。

目前该病分布范围极广，世界各地均有发生。特别是猪链球菌2型导致的猪链球菌病和人感染的疫情在国内外多次爆发。1968年丹麦首次报道人感染猪链球菌引起脑膜炎的病例，我国自1990年以来，多次发生人感染猪链球菌2型疫情，出现多人死亡，不但给养猪业造成了严重的经济损失，也给公共卫生和食品安全带来了威胁，已成为全球性的人畜共患病重要的新病原菌。

一 病原

猪链球菌属于链球菌属，菌体呈圆形或椭圆形，单个或成双排列，少数呈短链状。猪链球菌可分为35个血清型（1～34及1/2），猪链球菌2型是其中致病力最强、最常见的一种，是一个重要的人兽共患病原菌。猪链球菌2型菌株分为强毒力株、弱毒力株和无毒力株，强毒力株可引起猪的严重临床症状（如脑炎）；弱毒力株的菌株只能引起猪轻微的临床症状（如肺炎）；非致病性的菌株对猪是完全无毒力的。

猪链球菌对外界的抵抗力较强，对一般消毒药均敏感。

二 流行病学

病猪及带菌猪是本病自然流行的主要传染源。病猪的鼻液、尿液、粪、唾液、血液、肌肉、内脏、关节液均含有病原菌。病猪和带菌猪是人感染猪链球菌病的主要传染源。猪链球菌病可通过呼吸道、消化道、受损的黏膜和皮肤感染。猪链球菌对仔猪危害大，尤其是断奶后10多天到转栏的仔猪感染后可能会发生败血症及脑炎而死亡。哺乳仔猪及母猪多发生关节炎及化脓性淋巴结炎。

猪链球菌病的流行无明显的季节性，一年四季均可发生，但7～10月易出现大面积的流行。其致病作用一般在多种诱因作用下才能发生，如饲养管理不当，环境卫生差，夏季气候炎热、干燥，冬季寒冷、潮湿、忽冷忽热以及遗传等使动物抵抗力降低时，都可能引起猪的发病。

三 临床症状

猪链球菌病临床表现可分为：急性败血型、脑膜脑炎型、慢性型（包括关节炎型和淋巴结脓肿型）。

急性败血型：本型的主要发病特征是：发病急、病程短、死亡率高，体温升高至41.5～42℃，呈稽留热型，全身症状明显，精神沉郁，卧地不起，呼吸急促，震颤，食欲减退，喜饮水，眼结膜潮红，有出血斑，流泪，鼻镜干燥，流出浆液性、脓性鼻液。颈部、耳郭、腹下及四肢下端皮肤呈紫红色，并有出血点，指压不褪色。个别猪只出现神经症状，病程1～5天后因衰竭而死。

脑膜脑炎型：病初体温升高，不食，便秘，有浆液性或黏液性鼻液等全身症状，随后出现一系列的神经症状，四肢共济失调，转圈，磨牙，直至后躯麻痹，仰卧于地，四肢呈游泳状划动，甚至昏迷不醒，病程1～5天，预后发育不良。

关节炎型：主要由前两型转化而来，或发病即表现出关节炎症状，一肢或几肢关节肿胀、疼痛，严重者不能站立，后躯麻痹及跛行，精神和食欲时好时坏，或衰竭死亡或康复，病程为2~3周。

淋巴结脓肿型：多见于颌下淋巴结，有时见于咽部和颈部淋巴结。淋巴结肿胀、疼痛，局部温度升高，采食、咀嚼困难，化脓，自行破溃流出脓汁，以后全身症状好转，预后良好，病程为2~3周。

四 病理变化

急性败血型：以出血性败血症病变和浆膜炎为主。血液凝固不良，耳、腹下及四肢末端皮肤有紫斑，黏膜、浆膜及皮下出血。鼻黏膜呈紫红色，有充血及出血。喉头、气管黏膜出血，常见大量泡沫。肺充血肿胀。全身淋巴结有不同程度的充血、出血、肿大，有的切面坏死或化脓。心包及胸腹腔积液、浑浊、含有絮状纤维素。脾脏肿大。

脑膜脑炎型：脑膜充血、出血，严重者溢血，部分脑膜下有积液，脑切面有针尖大的出血点，并有败血型病变。

慢性型：关节腔内有黄色胶冻样或纤维素性、脓性渗出物，淋巴结脓肿，有些病例心瓣膜上有菜花样赘生物。

五 诊断

根据本病的流行病学特点、临床症状和病理变化可作出初步诊断，确诊需进一步做实验室诊断，如细菌分离鉴定、原位杂交法、免疫组化法或PCR技术检测猪链球菌并分型。

六 防治

1. 预防措施

（1）综合预防措施 加强管理和消毒，出现外伤及时处理，坚持自繁自养和全进全出制度，严格执行检疫隔离制度，淘汰带菌母猪等措施对预防本病有重要作用。

（2）疫苗预防 目前有猪链球菌弱毒菌苗和灭活苗，最好选用当地菌株疫苗。

2. 治疗方法

治疗病猪可用大剂量青霉素和链霉素混合肌内注射，连用3～5天。此外，发病早期用氨苄西林、小诺霉素（小诺米星）、磺胺嘧啶、磺胺六甲氧等药物治疗有一定的疗效。由于临床细菌耐药性复杂，最好结合药敏试验选择抗生素。也可使用以下传统良方：

仔猪发病初期用射干、山豆根各15g，煎水加冰片0.15g，一次灌服。

野菊花、金银花藤、筋骨草各100g，犁头草50g，七叶一枝花20g，加水浓煎，分2～3次服。

金银花、麦冬各15g，连翘、蒲公英、紫花地丁、大黄、豆根、射干、甘草各10g，共煎水服。

野菊花100g，忍冬藤100g，紫花地丁50g，白毛夏枯草100g，七叶一枝花根25g，共煎水服。

【注意】 1. 猪链球菌病是人畜共患病，可经破损皮肤或黏膜感染人，猪场工作人员要做好防护。

2. 猪链球菌血清型多，最好选用当地菌株疫苗免疫。

第四节　猪丹毒

猪丹毒也叫“钻石皮肤病”或“红热病”，是由红斑丹毒丝菌引起的一种猪的急性、热性传染病，主要侵害架子猪。此病于1882年前就有报道，流行于欧亚、美洲各国。我国最早发生于四川，1946年后其他各省都有相应报道，目前仍然是危害养猪业的重要传染病。我国农业部将此病列为二类动物疫病。

一　病原

红斑丹毒丝菌俗称猪丹毒杆菌，也叫丹毒丝菌，是一种纤细的小杆菌，形直或略弯。从慢性病灶分离出的菌株呈不分枝长丝或中等长度的链状。目前已确认的血清型有25个，不同血清型菌株致病力不同。此菌无荚膜、芽孢和鞭毛。革兰氏染色阳性。

此菌对外界抵抗力较强，在猪肉内经盐淹或熏制后，能存活3～

4个月，暴露于日光下可存活10天。此菌可以抵抗胃酸的作用，但对热的抵抗力较差。对消毒药敏感，一般消毒药如1%漂白粉、3%来苏儿、10%～20%的石灰乳都可很快将其杀死。此菌对青霉素最敏感，四环素次之。

二 流行病学

此病主要发生于猪，3～12月龄猪易感，以4～6月龄的架子猪发病最多。其他家畜如牛、羊、马、犬、鼠、家禽及鸟类也能感染发病。人可经伤口感染，称为类丹毒。

病猪、带菌猪是主要的传染源。35%～50%健康猪的扁桃体和淋巴组织中存在此菌，可经排泄物、分泌物污染饲料、饮水、土壤、用具等。此外，其他禽畜、两栖类、爬行类、野生动物也可成为带菌者。

此病以消化道感染为主，也可通过损伤的皮肤及蚊、蝇等吸血昆虫传播，带菌猪在不良条件下抵抗力降低，也可引起内源性感染发病。

此病一年四季均可发生，常为散发性或地方流行性传染，有时爆发流行。北方地区5～8月炎热多雨季节是流行的高峰，春秋次之；南方地区则在冬春季流行。

三 临床症状

潜伏期一般3～5天。临床症状根据病程长短和临诊表现不同可分为急性败血型、亚急性疹块型和慢性型。

急性败血型：见于流行初期，少数健壮猪无任何症状突然死亡。多数病猪以败血症为主，表现为不食，偶见呕吐，体温高达42℃以上。精神沉郁，喜卧。强迫驱赶，则发出尖叫，步态僵硬或跛行。病初粪干，有的后期腹泻。发病1～2天后，皮肤上出现形状和大小不一的红斑，以耳、腹、腿内侧皮肤多见，指压褪色。

亚急性疹块型：病程较缓和，其特征是皮肤表面出现疹块，俗称“打火印”或“鬼打印”，通常取良性经过。病初食欲减退，口渴，便秘，有时有呕吐，精神不振，不愿走动，体温升高至41℃以上，败血症临诊症状轻微。常在发病后2～3天在胸、腹、背、肩、四肢等部位的皮肤出现方形、菱形或不规则的疹块。初期充血，指压褪色；后期淤血，呈紫黑色。疹块发生后，体温逐渐恢复正常，数日后，病猪多自行康复。病程约1~2周。

慢性型：一般由急性与亚急性病例转化而来，也有原发性的。常见的有关节炎型、慢性心内膜炎型和皮肤坏死型。关节炎型主要表现为四肢关节肿痛，跛行或卧地不起，食欲正常，但消瘦、衰弱，病程数周至数月。心内膜炎型主要表现为消瘦、贫血，全身衰弱，不愿走动，听诊心脏有杂音，心跳加快，心律不齐，呼吸急促，有时由于心脏停搏而突然死亡。皮肤坏死型常发生于耳、背、肩及尾部，病变部皮肤变为黑色，干硬似皮革，经2~3个月坏死皮肤脱落。

四 病理变化

急性败血型：主要表现为败血症变化，全身淋巴结肿胀充血，切面多汁，常见小点出血。脾脏充血性肿大，呈樱桃红色。肾脏常发生出血性肾小球肾炎变化，肿大，色暗红，称为“大红肾”。胃肠道有卡他性或出血性炎症，以胃或十二指肠较明显。心包积液，心内外膜小点出血。肝充血、肿大。肺淤血、水肿。

亚急性疹块型：以皮肤疹块为特征变化。疹块内血管扩张，皮下组织水肿浸润，疹块中央呈苍白色。死亡病例也有上述败血症病变。

慢性型：关节炎型多见于四肢一个或多个关节肿胀，关节增生肥厚，不化脓，切开关节囊有浆液性、纤维素性渗出物。心内膜炎型可见心脏瓣膜表面有菜花样疣状赘生物。

五 诊断

根据以上流行特点、临床症状和病理变化可作出初步诊断。确诊必须通过实验室诊断，如细菌分离鉴定、PCR技术检测、荧光抗体快速诊断等。

六 防治

1. 预防措施

(1) 预防接种 每年定期进行预防接种是控制本病的最有效方法，菌苗有：猪丹毒弱毒菌苗（GT10和GC42），用20%氢氧化铝生

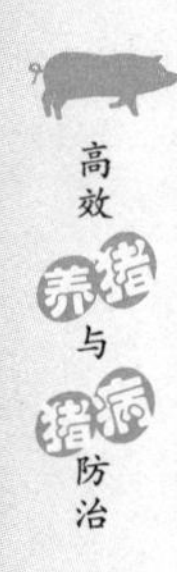

理盐水稀释，每头猪皮下注射1mL，7~10天产生免疫力，免疫期为6个月。其中GC42可口服，口服时，剂量加倍，口服后9天产生免疫力，免疫期为6个月。猪丹毒氢氧化铝甲醛菌苗，断奶15天以上的猪，一律肌内注射5mL，14~21天产生免疫力。未断奶猪注射3mL，间隔1个月后再补注3mL。

（2）隔离防护 发病后早期确诊，隔离病猪，严格对猪场环境和饲养用具进行消毒；猪粪、垫草集中堆肥，发酵腐熟后用做肥料；病死猪及内脏等高温处理；工作人员加强防护。

2. 治疗方法

治疗病猪可用以下处方：

青霉素，每千克体重用5 000~10 000国际单位，肌内注射，每天2~3次，连用2~3天。配合使用链霉素，每千克体重用30mg，肌内注射，每天1~2次，连用数天。

抗猪丹毒血清，皮下或静脉注射，仔猪用5~10mL，3~10月龄猪用30~50mL，成年猪用50~70mL，每24h注射1次，直至猪体温恢复正常。

白虎连翘解毒汤（10kg猪用量）：石膏30g，知母20g，甘草15g，金银花25g，连翘15g，葛根15g，柴胡10g。煎水去渣，分早晚灌服。

黄连10g，黄柏15g，黄芩15g，栀子15g，大黄25g，芒硝30g，生地20g，玄参20g，丹皮15g，石膏30g，甘草10g。煎水去渣，分早晚灌服。

葛根10g，蝉蜕、炒牛蒡子10g，石膏15g，丹皮10g，连翘10g，赤芍5g，金银花15g，僵蚕15g。共研为末，拌在食里1次喂服，2天1剂，连用3剂。

第五节 猪肺疫

猪肺疫是由多杀巴氏杆菌引起的一种猪的传染病，又称猪巴氏杆菌病、猪出血性败血症，俗称“锁喉风”或“肿脖子瘟”。此病是危害养猪业的常见传染病，在我国属于二类动物疫病。

一 病原

多杀巴氏杆菌是两端钝圆，中央微凸的短杆菌，革兰氏染色阴性，病料组织或体液涂片用瑞氏、姬姆萨氏法或亚甲蓝染色镜检，呈两极着色。此菌按抗原成分的差异，可分为若干血清型。

此菌存在于病畜全身各组织、体液、分泌物及排泄物里，只有少数慢性病例仅存在于肺脏的小病灶里。健康家畜的上呼吸道也可能带菌。

此菌对物理和化学因素的抵抗力比较低，普通消毒药常用浓度对本菌都有良好的消毒力，加热至60℃、1%苯酚（石碳酸）、5%石灰乳或1%漂白粉均能在1min内将其杀死，但克辽林对本菌的杀菌力很差。

二 流行病学

患病猪和带菌猪是主要的传染源。健康猪带菌的现象比较普遍，健康猪上呼吸道中常带有此菌。由于猪群拥挤、圈舍潮湿、卫生条件差及气候骤变等不良因素，降低了猪体的抵抗力，或发生某种传染病时，病菌乘机侵入机体内繁殖，引起发病。

该病主要通过消化道和呼吸道传播，感染猪的飞沫或气溶胶均可传播此病，也能通过呼吸道分泌物污染过的媒介物接触而传播。在不良因素的影响下，降低了动物的抵抗力也可引起内源性感染。

多杀巴氏杆菌对多种动物（家畜、野生动物和禽类）和人均具有致病性。猪以小猪和中猪的发病率较高。

三 临床症状

潜伏期长短不一，随细菌毒力强弱而定，自然感染的猪快者为1~3天，慢者为5~14天。临床上常分为最急性、急性和慢性3种类型。

最急性型：常见于流行初期，病猪于头天晚上吃喝如常，无明显临诊症状，第二天早晨已死在圈内。症状明显的可见体温升高至41℃以上，食欲废绝，精神沉郁，寒战，可视黏膜发绀，耳根、颈、腹等部皮肤出现紫红色斑。较典型的症状是急性咽喉炎，颈下咽喉部急剧肿大，呈紫红色，触诊坚硬而热痛，重者可波及耳根和前胸

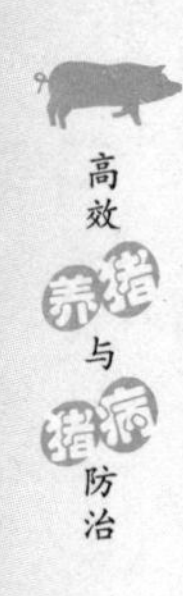

部，致使呼吸极度困难，叫声嘶哑，常两前肢分开呆立，伸颈张口喘息，口鼻流出白色泡沫液体，有时混有血液，严重时呈犬坐姿势张口呼吸，最后窒息而死。病程1~2天。病死率很高。

急性型：又称为胸膜肺炎型，是此病常见的病型，主要表现为肺炎症状，体温升至41℃左右，精神差，食欲减少或废绝，初为干性短咳，后变湿性痛咳，鼻孔流出浆性或脓性分泌物，触诊胸壁有疼痛感，听诊有啰音，呼吸困难，结膜发绀，皮肤上有红斑。初便秘，后腹泻，消瘦无力。大多4~7天死亡，不死者常转为慢性。

慢性型：初期症状不显，继则食欲和精神不振，持续性咳嗽，呼吸困难，进行性消瘦，行走无力。有时发生慢性关节炎，关节肿胀、跛行。有的病例还发生下痢。如不加治疗常于发病2~3周后衰竭而死。

四 病理变化

最急性病例主要为全身黏膜、浆膜和皮下组织大量出血点，尤以咽喉部及其周围结缔组织的出血性浆液浸润最为特征。切开颈部皮肤时，可见大量胶冻样淡黄或灰青色纤维素性浆液。水肿可自颈部蔓延至前肢。全身淋巴结出血，切面呈红色。心外膜和心包膜有小出血点。肺急性水肿。脾有出血，但不肿大。胃肠黏膜有出血性炎症变化。皮肤有红斑。

急性型病例除了全身黏膜、浆膜、实质器官和淋巴结和出血性病变外，特征性的病变是纤维素性肺炎。肺有不同程度的肝变区，周围常伴有水肿和气肿，病程长的肝变区内还有坏死灶，肺小叶间浆液浸润，切面呈大理石纹理。胸膜常有纤维素性附着物，严重的胸膜与病肺粘连。胸腔及心包积液。胸腔淋巴结肿胀，切面发红、多汁。支气管、气管内含有大量泡沫状黏液，黏膜发炎。

慢性型病例的尸体极度消瘦、贫血。肺肝变区较大，并有黄色或灰色坏死灶，外面有结缔组织包囊，内含干酪样物质，有的形成空洞，与支气管相通。心包与胸腔积液，胸腔有纤维素性沉着，胸膜肥厚，常与病肺粘连。有时在肋间肌、支气管周围淋巴结、纵隔淋巴结以及扁桃体、关节和皮下组织见有坏死灶。

五 诊断

根据流行病学，临床症状和剖检变化及结合治疗效果可对本病作出初步诊断，确诊时须有赖于细菌学检查。采取肝、脾、肺、胸腔液或腹腔液等病料，制成涂片，用碱性亚甲蓝液染色后镜检，如果从各种病料涂片中均见有两极着色的小杆菌时，即可确诊。

此病的急性型应注意与败血型猪瘟、猪丹毒、猪副伤寒、猪链球菌病区别。

六 防治

1. 预防措施

（1）加强饲养管理 预防此病必须贯彻“预防为主”的方针，消除降低猪体抵抗力的一切不良因素，加强饲养管理，做好兽医卫生工作，以增强猪体的抵抗力，防止发生内源性感染。

（2）定期预防接种 定期免疫接种，每年春秋两季定期进行预防注射，以增加猪体的特异性抵抗力。猪肺疫氢氧化铝菌苗，断奶后的大小猪只一律皮下或肌内注射5mL。注射后14天产生免疫力，免疫期为6个月。口服猪肺疫弱毒冻干菌苗，按瓶签说明的头份，用水稀释后，混入饲料或饮水中喂猪，使用方便。不论大小猪，一律口服1头份，免疫期为6个月。还有供注射的弱毒疫苗。

2. 治疗方法

发病时，应及时隔离患病猪，并对墙壁、地面、饲管用具进行严格消毒，垫草应烧掉或与粪便堆积发酵。治疗可用青霉素、链霉素、四环素族和氟苯尼考等抗生素，也可将抗生素和磺胺类药物合用，则疗效更好。抗猪肺疫血清在疾病早期应用，有较好的效果。

中药治疗以清热解毒、泻肺利喉为原则，可用以下处方（药量适于25~30kg重的猪）：

黄芩散：黄芩15g，炙杷叶10g，黄连7.5g，元参15g，山豆根15g，薄荷10g，马勃5g，射干15g，石膏15g，酒大黄25g，雄黄

15g，鸡蛋清2个为引，共研为细面，拌在食里一次喂服。每天1剂，连用3天。

清肺散：白药子15g，黄芩15g，大青叶15g，知母10g，炙杷叶15g，炒牛蒡子15g，连翘10g，炒葶苈子5g，桔梗10g，鸡蛋清2个为引，共研为细面，拌在食里一次喂服。每天1剂，连用3天。

丹皮25g，紫草50g，射干20g，山豆根35g，黄芩15g，麦冬40g，大黄35g，连翘25g。煎水灌服，过4h再将药渣煎服1次。

苦参、瓜蒌子各50g，石膏、甘草各25g。水煎两次，每天分2~3次内服。

> ⚠【注意】 健康猪普遍带有多杀巴氏杆菌，在不良条件刺激下易引起内源性感染发病，要注意在气候变化、运输、免疫等应激较大时预防本病。

第六节　猪传染性胸膜肺炎

猪传染性胸膜肺炎是猪的一种呼吸系统重要传染病，又称坏死性胸膜肺炎，是由胸膜肺炎放线杆菌引起的一种急性呼吸道传染病。急性者病死率高，慢性者常能耐过。此病于1957年由英国首次报道，目前该病在世界上广泛存在，造成了巨大的经济损失，是当代国际上公认的危害现代养猪业的五大重要传染病之一。

一　病原

胸膜肺炎放线杆菌（APP）曾命名为副溶血嗜血杆菌，属巴氏杆菌科、放线杆菌属，革兰氏阴性小杆菌。此菌包括两个生物型，即生物Ⅰ型和生物Ⅱ型。生物Ⅰ型分为15个血清型，生物Ⅱ型有2个血清型。各型对猪都有高度致病性，生物Ⅰ型的毒力比生物Ⅱ型强，在生物Ⅰ型中血清型1型毒力最强，100个菌可引起猪发病，10万个菌可导致猪的死亡。

此菌抵抗力不强，常用的消毒药均能将其杀死。

二　流行病学

此病对不同年龄的猪均有易感性，尤以断奶仔猪与架子猪发病

率最高，3 月龄猪最为易感。病猪和带菌猪是本病的主要传染源，尤其慢性带菌猪是重要的传染源。此病在猪群之间的传播主要由引进带菌猪引起。主要传播途径是气源感染，通过猪对猪的直接接触或通过短距离的飞沫小液滴传递病原。

拥挤、气温急剧改变、相对湿度高和通风不良等应激因素可促进本病的发生和传播，使发病率和死亡率升高。

三 临床症状

自然感染潜伏期为 1 ~2 天，与猪的免疫状态、应激程度、环境状况和病原毒力等有关。根据猪的临床表现，可分为最急性、急性和慢性 3 个类型。

最急性型：多见于断奶仔猪。病猪突然发病，体温升高至 41. 5℃，初期精神沉郁，食欲废绝，咳嗽、呼吸困难，常出现心脏衰竭，短期轻度腹泻和呕吐。中后期则张口呼吸，呈犬坐姿势。病猪腹部、双耳、四肢发绀。一般发病一天左右死亡，死前从口和鼻孔中流出带泡沫的血样渗出物，也有个别猪不见任何症状突然死亡。

急性型：病猪体温升高至 40 ~41. 5℃，病猪食欲减退，呼吸极度困难，张口伸舌，咳嗽，常站立或犬坐而不愿卧地。鼻盘、耳尖、四肢皮肤发绀。如不及时治疗，常于 1 ~2 天内窒息死亡。若病初临诊症状比较缓和，能耐过 4 天以上者，临诊症状逐步减轻，常能自行康复或转为慢性型。

慢性型：常由急性转变而成，在慢性感染猪群中，常有大量无症状病猪。有时可见病猪体温升高至 39 ~40℃，有些病例无体温升高症状，有间歇性咳嗽，病情缓和，增重速度下降。但有时在其他病原体混合感染或应激条件下，可能使症状加重甚至转为急性。

四 病理变化

病变主要存在于呼吸道，特别是以局部肺炎病变为主。肺炎多为两侧性，与周围健康组织界限分明，纤维素性胸膜炎很明显。

最急性型与急性型突然死亡的猪，剖检多无明显病变。急性型剖检可见胸腔内有血样液体，呼吸道气管和支气管内充满带血色黏

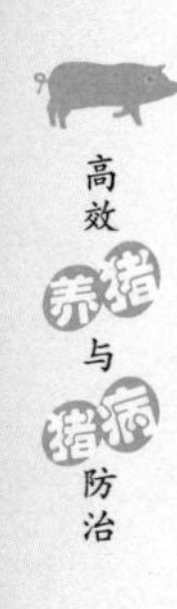

液性的泡沫性渗出物。肺呈紫红色，坚实，切面似肝，间质充满血色液体。黏膜水肿、出血。全身淋巴结肿大，呈暗红色，切面呈大理石状花纹。

慢性型可见肺脏有大小不同的脓肿样结节，并由一层厚的结缔组织膜包裹，有黄色胶样渗出物，心包膜与心脏粘连。有些病例肺部病变消失，只残留部分病灶和胸膜粘连。

五 诊断

根据临床症状和剖检变化可作出初步诊断，确诊则需进行实验室检查。常用细菌学诊断和血清学诊断。本病与猪肺疫、猪支原体肺炎的症状、病变相似，应注意区别。

六 防治

1. 预防措施

（1）加强饲养管理 要搞好猪舍日常环境卫生，坚持自繁自养，加强检疫，严格消毒，严防将带菌猪引入。

（2）做好定期接种 由于免疫母猪通过初乳传递的母源抗体可在5~9周内保护仔猪免受感染，所以仔猪首免不应早于6~8周龄，首免后隔两周再免疫1次。初产的妊娠母猪产前6~7周首免，产前2~3周加强免疫1次；经产母猪每次分娩前2~3周免疫1次，种公猪在引入时或6月龄进行免疫。

2. 治疗方法

发病后应进行合理治疗，早期治疗效果较好，恩诺沙星有特效，也可以选用青霉素、氨苄西林及头孢类等药物。若猪食欲正常，可注射与口服同时给药治疗。胸膜肺炎放线杆菌容易产生耐药性，因此在饲料中不可长期添加同一种抗生素药物。

中药治疗：

清肺止咳散：当归20g，冬花30g，知母30g，贝母25g，大黄40g，木通20g，桑皮30g，陈皮30g，紫菀30g，马兜铃20g，天冬30g，百合30g，黄芩30g，桔梗30g，赤芍30g，苏子15g，瓜蒌子50g，生甘草15g。共研为末，温水冲服。

瓜蒌子50g，杏仁、紫菀各40g，旋复花、知母各25g，桑白皮、

黄柏、黄芩、桔梗、沙参、葶苈子、山芝麻、当归各30g，天冬、甘草、百部各100g，黄连藤、栀子各50g。水煎去渣，加蜂蜜150g为引灌服，每日1次。

> ⚠【注意】在当前猪群病毒性传染病增多、混合感染常见的情况下，对于传染性胸膜肺炎和其他非病毒性呼吸系统疾病应尽可能采取药物预防的办法。预防用药要定期更换药物品种，预防耐药性的产生，提高用药预防的效果。

第七节　猪支原体肺炎

猪支原体肺炎又称猪地方流行性肺炎，俗称猪气喘病，是由猪肺炎支原体引起的一种猪的慢性呼吸道传染病。本病死亡率虽不高，但长期以来，一直被认为是最常发生、流行最广、最难净化的重要疫病之一，是当前集约化养猪业的主要呼吸系统传染病，给养猪业造成了重大经济损失。我国农业部将其列为二类动物疫病。

一　病原

病原体为猪肺炎支原体，属支原体科、支原体属成员。猪肺炎支原体对自然环境的抵抗力不强，圈舍、用具上的支原体一般在2～3天失活。常用的化学消毒剂均能达到消毒目的。猪肺炎支原体对青霉素、链霉素和磺胺类药物有抵抗力，而对卡那霉素、土霉素、林可霉素、泰乐霉素等抗生素敏感。

二　流行病学

病猪和隐性带菌猪是此病的主要传染来源，特别是隐性带菌病猪是最大的祸根，引种不慎将隐性病猪引入后，常造成此病的流行。病母猪常使吃奶小猪受到传染。病猪在很长时间内，甚至在病状消失后，还可排出病原体。因此，猪场一旦传入此病后很难净化此病。

病原体存在于病猪呼吸器官内，随病猪咳嗽、气喘和喷嚏的飞沫排出体外。病猪与健康猪同圈、同运动场或同地放牧直接接触时，可经呼吸道感染发病。

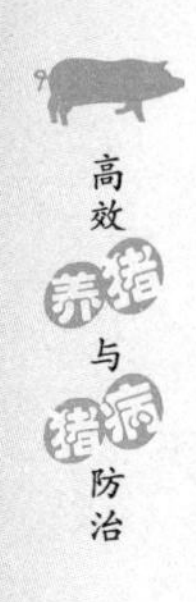

此病只能使猪患病，其他的家畜、动物和人都不感染。任何年龄、性别、品种和用途的猪都能感染发病。

饲养管理和卫生条件等诱因是影响该病发生和死亡的重要因素。此病没有明显的季节性，一年四季均有发病，但寒冷和多雨、潮湿的季节发生较多。常为地方流行性，此病一旦传入则很难根除。

三 临床症状

潜伏期一般为11～16天，最长可达1个月以上。根据病的经过，大致可分为急性、慢性和隐性3个类型。

急性型：主要见于新疫区和新感染的猪群。病初精神不振，头下垂，病猪呼吸困难，严重者张口喘气，发出哮鸣声，有明显腹式呼吸。体温一般正常，如有继发感染则可升到40℃以上。病程一般为1～2周，病死率也较高。

慢性型：急性转为慢性，也有部分病猪开始时就取慢性经过，常见于老疫区的架子猪、育肥猪和后备母猪。在发病早期主要症状就是咳嗽，在吃食、剧烈跑动、夜间和天气骤变时发生最多。随着病程延长，咳嗽增重，次数增多，由单声咳嗽变为连续咳嗽，由干咳变为湿咳。病猪咳嗽时常站立不动，弓背、伸颈、头下垂几乎接近地面，直到呼吸道中分泌物咳出为止。病的中期，出现喘气症状，腹部随呼吸动作而有节奏的扇动，特别是在站立不动或静卧时更明显。病的后期，呼吸急促，呼吸次数增多，病猪呈犬坐姿势，张口呼吸或将嘴支于地面而喘息。这时病猪精神委顿，食欲废绝，被毛粗乱，结膜发绀，怕冷，行走无力，最后因衰竭窒息而死。

隐性型：可由急性或慢性转变而成。有的猪只在较好的饲养管理条件下，感染后不表现症状，但用X射线检查或剖解时发现有肺炎病变，在老疫区的猪只中本型占相当大比例。

四 病理变化

本病的主要病变在肺脏和肺门淋巴结及纵隔淋巴结，以肺发生对称性实变为主，实变区大小不一，呈淡红色或灰红色，随病程延长、病变部转为灰白色，或灰黄色。初带有胶样浸润的半透明状，呈淡灰红色，界限分明，如鲜嫩肉一样，俗称“肉变”。随着病程的发展，病变部的颜色转为灰白或灰黄，硬度增强，和胰脏组织相似，有“胰变”之称。随病期延长，胶样浸润减轻，在肺膜下陷处可见粟粒大黄白色小点，切面致实、隆起，小支气管壁肥厚，从小支气管壁中流出白色黏液或带泡沫的暗红色液体。病变部与周围组织有不同程度的淤血和水肿。肺门和纵隔淋巴结肿大，质硬，断面呈黄白色。其他内脏一般无明显变化。

五 诊断

根据流行病学、临床症状和病变的特征可作出诊断，本病仅发生于猪，以妊娠母猪和哺乳仔猪症状最为严重，病死率较高，在老疫区多为慢性和隐性经过。

诊断此病时应以一个猪场整个猪群为单位，当猪群中发现 1 头病猪，就可以认为是病猪群。X 射线检查对此病的诊断有重要价值，对隐性或可疑患猪通过 X 线透视呈阳性可作出诊断。

微量补体结合试验、免疫荧光、微量间接血凝试验、微粒凝集试验、ELISA、核酸探针、PCR 等诊断方法也有助于本病的快速诊断。

六 防治

1. 预防措施

（1）定期预防接种 接种疫苗是预防该病的重要措施，目前有两类疫苗可用于预防，一类是弱毒疫苗，由中国兽医药品监察所研制成功的猪气喘病乳兔化弱毒冻干苗，对猪安全，保护率可达 80%，免疫期为 8 个月；江苏省农业科学院畜牧兽医研究所研制的 168 弱毒菌苗，保护率可达 80% ~96%。另外还有进口灭活苗。

但要注意的是，弱毒苗和灭活苗的保护力均有限，预防或消灭猪气喘病主要在于坚持采取综合性防治措施。

（2）加强饲养管理 安全区域要坚持自繁自养的原则，尽量不从外地引进猪只，这是保护安全区（场）的一项根本性措施。若必须从外地引进猪只，则应坚持严格的检疫制度。另外要加强饲养管理，做好卫生防疫工作，同时搞好其他疫病的预防接种和驱虫工作，以增强猪体的抵抗力，一旦发现可疑猪应立即隔离检查。

对于疫区或疫场，由于本病的隐性感染比例很大，发病后要对全群猪采取严格分群隔离饲养，尽快育肥后全群捕杀利用，并对所有可能被污染的环境和物品进行彻底消毒。对确有经济价值的猪群，也应逐步淘汰病猪和可疑猪，最后全群更换健康猪。

为有效地控制和消灭此病，建立健康猪场是最有效的措施，可培育和建立无特定病原（SPF）猪群，以新培育的健康母猪取代原来的母猪。但由于猪肺炎支原体可以通过气溶胶传播，很难彼此隔离阻断，而且花费很大，所以可操作性不强。

2. 治疗方法

发生气喘病的病猪应该淘汰，对确有经济价值的可采用抗生素治疗。可选用土霉素、卡那霉素、四环素、林可霉素、泰乐菌素和大观霉素等对支原体有效的药物。

也可采用中药治疗，处方如下：

桔梗、陈皮、连翘、苏子、金银花、甘草、黄芩各150g，百部100g，共研为末，大猪每头每次喂50g，中猪35g，小猪25g。

生大黄15g，芒硝10g，生石膏15g，栀子15g，连翘（去芯）10g，黄芩10g，薄荷10g，生甘草7.5g，知母10g，粳米一把为引，煎3次，先煎15min，再加入大黄煎10min取药液，加入芒硝，作1日量，分2次服（20kg猪的用量）。

麻黄、杏仁、薄荷、苏子、桔梗、天花粉、陈皮、半夏、知母各20g，桑白皮25g，金银花30g，紫菀20g，款冬花、马兜铃各15g，黄芩30g，黄柏20g，大黄50g，石膏100g，川贝母15g，甘草20g，共研成细末，温水冲服。用量为大猪150g，中猪100g，小猪50g。

【注意】 1. 此病的主要病变特征是肺脏发生对称性实变，实变区呈淡红色或灰红色。

2. 控制猪气喘病不能依赖疫苗免疫，疫苗保护力有限，重点在于坚持采取综合性防治措施。

第八节　副猪嗜血杆菌病

副猪嗜血杆菌病是由副猪嗜血杆菌引起的猪的多发性浆膜炎和

关节炎。该病于1910年由Glasser首次报道，因此又称为革拉斯氏病，呈世界性分布，我国也从部分规模化猪场中分离到该菌。我国农业部将此病列为二类动物疫病。

一 病原

副猪嗜血杆菌为革兰氏阴性菌，具有多种不同的形态。该菌的血清型复杂多样，至少可为15种血清型，各血清型菌株之间的致病力存在极大的差异。另外，副猪嗜血杆菌还具有明显的地方征，相同血清型的不同地方分离株可能毒力不同。

二 流行病学

副猪嗜血杆菌只感染猪，从2周龄到4月龄的猪均易感，通常见于5～8周龄猪。发病率一般在10%～15%，严重时死亡率可达50%。对于猪的呼吸道疾病，如猪支原体肺炎、猪繁殖与呼吸综合征、猪流感、猪伪狂犬病和猪呼吸道冠状病毒等感染时，副猪嗜血杆菌的存在可加剧疾病的临诊表现。其传播途径是呼吸道和消化道，另外可通过创伤而侵害皮肤引起皮肤的炎症和坏死。本病一年四季均可发生，但以早春和深秋天气变化较大时多发。

三 临床症状

临诊症状包括发热、食欲不振、厌食、反应迟钝、呼吸困难、咳嗽、疼痛（尖叫）、关节肿胀、跛行、颤抖、共济失调、可视黏膜发绀、侧卧、消瘦和被毛凌乱；随之可能死亡。急性感染后可能留下后遗症，即母猪流产、公猪慢性跛行。即使应用抗生素治疗感染母猪，分娩时也可能引发严重疾病，哺乳母猪的慢性跛行可能引起母性行为极端弱化。

四 病理变化

眼观病变主要是在单个或多个浆膜面，可见浆液性和化脓性纤维蛋白渗出物，包括腹膜、心包膜和胸膜，损伤也可能涉及脑和关节表面，尤其是腕关节和跗关节。在显微镜下观察渗出物，可见纤维蛋白、中性粒细胞和较少量的巨噬细胞。副猪嗜血杆菌也可能引

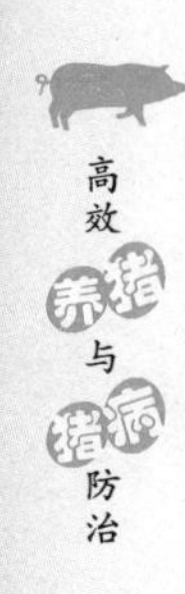

起急性败血症，在不出现典型的浆膜炎时就呈现发绀、皮下水肿和肺水肿，乃至死亡。此外，副猪嗜血杆菌还可能引起筋膜炎、肌炎，以及化脓性鼻炎等。

五 诊断

根据流行病学调查、临诊症状和病理变化，结合对病畜的治疗效果，可对此病作出初步诊断，确诊有赖于细菌学检查。但细菌分离培养往往很难成功，因为副猪嗜血杆菌营养要求很高，培养较困难。PCR技术可以快速而准确地诊断出副猪嗜血杆菌病。另外，还可通过琼脂扩散试验、补体结合试验和间接血凝试验等血清学方法进行确诊。

六 防治

1. 预防措施

（1）预防接种 疫苗的使用是预防副猪嗜血杆菌病的最为有效的方法之一，但由于副猪嗜血杆菌具有明显的地方性特征，而且不同血清型菌株之间的交叉保护率很低，因此要用当地分离的菌株制备灭活苗，才可有效控制副猪嗜血杆菌病的发生。

（2）加强饲养管理 在未发病地区，应坚持自繁自养原则，加强饲养管理，搞好环境卫生，尽量不要从外地，特别是疫区引进猪只。必须引进时，应进行严格的检查。由于此菌是条件致病菌，所以平时要注意增强机体的抵抗力，降低不良环境对猪的刺激而减少本病的发生。

2. 治疗方法

一旦发生本病时，必须应用大量的抗生素治疗。副猪嗜血杆菌对氟喹诺酮类、头孢噻呋钠、氟苯尼考、多西环素、庆大霉素等抗生素敏感，可以用这些药物对病猪进行肌内注射。对于未发病的猪群，采用以上药物拌料的方式，同时对全群用电解多维和维生素C粉饮水，也可在饮水或饲料中加入免疫肽或黄芪多糖，以增强机体的抵抗力，减少应激反应等。

【注意】 1. 疫苗预防副猪嗜血杆菌病效果良好，但由于副猪嗜血杆菌不同血清型菌株之间的交叉保护率很低，因此用当地分离的菌株制备灭活苗进行免疫为上策。

2. 副猪嗜血杆菌是条件致病菌，平时要注意增强机体抵抗力，降低不良环境对猪的刺激，能有效减少本病的发生。

第九节 猪萎缩性鼻炎

猪萎缩性鼻炎是由产毒素性多杀巴氏杆菌单独或与支气管败血波氏杆菌联合引起的一种猪的慢性呼吸道传染病。1830 年首先在德国发现此病，现在世界猪群有 25% ~50% 受感染，已成为重要的猪传染病之一。我国于 1964 年从英国进口大约克夏种猪时发现本病。20 世纪 70 年代，我国一些省、市从欧、美大批引进瘦肉型种猪使此病由多渠道传入我国，造成广泛流行。我国将其列入二类动物疫病。

一 病原

大量研究证明，产毒素性多杀巴氏杆菌和支气管败血波氏杆菌是引起的猪萎缩性鼻炎的病原。

支气管败血波氏杆菌与渐进性萎缩性鼻炎病例联系不大，虽然支气管败血波氏杆菌感染的猪能引起鼻甲骨的损伤，但上市前鼻甲骨又能得到再生，现将其称为非进行性萎缩性鼻炎。相反，用支气管败血波氏杆菌和产毒素性多杀巴氏杆菌或仅产毒素性多杀巴氏杆菌就可导致猪鼻甲骨产生不可逆转的损伤，而且产毒素性多杀巴氏杆菌一般只能从患有严重萎缩性鼻炎的病猪上分离到，现将这种严重的萎缩性鼻炎的表现形式称为进行性萎缩性鼻炎。但除病原因素外，环境及应激因素等也有助于萎缩性鼻炎的发生。

支气管败血波氏菌为革兰氏染色阴性小杆菌。此菌对外界环境抵抗力弱，常规消毒药即可达到消毒目的。

产毒素性多杀巴氏杆菌属巴氏杆菌科、巴氏杆菌属。此菌为革兰氏染色阴性。其抵抗力不强，一般消毒药均可杀死。

二 流行病学

任何年龄的猪都可感染此病，但以仔猪的易感性最高。1 周龄的猪感染后可引起原发性肺炎，并可导致全窝仔猪死亡，发病率一般随年龄增长而下降。1 月龄以内的仔猪感染，常在数周后发生鼻炎，并引起鼻甲骨萎缩。品种不同的猪，易感性也有差异，国内土种猪较少发病。

病猪和带菌猪是主要传染源，其他动物如犬、猫、家畜（禽）、兔、鼠、狐及人均可带菌，甚至引起鼻炎、支气管肺炎等，因此也可能成为传染源。

传染方式主要是飞沫传播，传播途径主要是呼吸道。

萎缩性鼻炎在猪群内传播的速度比较缓慢，多为散发或地方流行性。各种应激因素可使发病率增加。

三 临床症状

最初呈现鼻炎症状，多见于 6 ~ 8 周龄仔猪。表现为喷嚏、剧烈地将鼻端向周围的墙、物上摩擦，鼻腔流出少量浆性、黏性或脓性鼻汁，吸气时鼻开张，发出鼾声，严重的会张口呼吸。由于鼻泪管阻塞，同时可见流泪和附着于眼内角下的弯月形的黄、黑色泪斑。继鼻炎后会出现鼻甲骨萎缩，致使鼻腔和面部变形，是该病的特征症状。如两侧鼻甲骨病损相同时，外观鼻短缩；若一侧鼻甲骨萎缩严重，则使鼻弯向一侧；鼻甲骨萎缩额窦不能正常发育，使两眼间宽度变小和头部轮廓变形。有的鼻炎延及筛骨板，则感染可经此而扩散至大脑，发生脑炎。此外，病猪常会发生肺炎，其原因可能是由于鼻甲骨损坏，异物和继发性细菌侵入肺部造成的。

四 病理变化

一般局限于鼻腔及其周围组织。剖检见鼻腔的软骨和骨组织软化和萎缩，主要是鼻甲骨有萎缩，特别是鼻甲骨的下卷最为常见。有时上下卷都呈现萎缩状态，甚至鼻甲骨完全消失。有时也可见鼻中隔部分或完全弯曲。鼻黏膜充血水肿，鼻旁窦内常积聚大量黏性、脓性或干酪样分泌物。肝、肾表面有淤血斑，脾表面有广泛性点状出血或边缘有梗死灶，肺萎缩。

五 诊断

根据流行病学、症状和病理变化一般不难作出正确诊断，确诊需作细菌的分离鉴定。

六 防治

1. 预防措施

未发病地区，重点是加强检疫工作，以杜绝传染源。必须引进的猪只，要严格隔离检疫，特别应注意带菌母猪或带有哺乳仔猪的母猪，必须隔离到产后8周，无鼻炎症状后，方可合群。

发病猪场，最好淘汰病猪，可采用育肥后全群屠宰利用，严格、彻底消毒后建立新猪群。

目前，国内外用于预防本病的疫苗多数是灭活苗，如氢氧化铝甲醛苗和油乳剂灭活苗。对非免疫母猪所生的仔猪，1~3周龄时肌内注射1mL，间隔1周后，再注射2mL，若能结合滴鼻免疫，效果更佳。也可对妊娠母猪产仔前2个月和1个月分别注射1mL和2mL，下一胎预产期前，皮下注射2.5mL加强免疫一次。二联苗（波氏杆菌+产毒素性D型多杀巴氏杆菌）灭活苗，妊娠母猪产前2~6周免疫一次；未接种过疫苗的猪需两次接种，其间间隔6周，一律每头耳后肌内注2mL。可保护仔猪不感染发病。

药物预防法能够在很大程度上减少本病的发生。对于母猪（产前1个月）、断奶仔猪及架子猪，可在其饲料中加入药物预防，各药物用量为：磺胺二甲嘧啶100~450g/t饲料；或磺胺二甲嘧啶100g/t饲料、金霉素100g/t饲料、青霉素50g/t饲料；或泰乐霉素100g/t饲料、磺胺嘧啶100g/t饲料；或土霉素400g/t饲料，连喂4~5周。

2. 治疗方法

仔猪治疗：磺胺嘧啶按12mg/kg计算，甲氧苄啶（甲氧苄氨嘧啶）按2mg/kg计算，肌内注射，每周1次，连用9次。链霉素按1万单位/kg计算，肌内注射，每天1~2次，连用3天以上。此外，土霉素、泰乐霉素、氯霉素、金霉素等对减轻症状、消除病菌均有一定效果。

对本病的治疗，应全身治疗和局部治疗相配合，常用抗生素和磺胺类药物。用卢戈氏液或2%硼酸冲洗鼻腔，25%硫酸卡那霉素鼻

腔内喷雾。

第十节　猪梭菌性肠炎

猪梭菌性肠炎又叫仔猪红痢，又叫猪传染性坏死性肠炎，是由C型产气荚膜梭菌引起的1周龄仔猪高度致死性的肠毒血症。1955年由英国首先报道，并先后在欧洲各国发现。我国也有此病发生。

一　病原

仔猪红痢的病原为C型产气荚膜梭菌，又称为C型魏氏梭菌，革兰氏染色阳性。细菌产生毒素引起仔猪肠毒血症、坏死性肠炎。

C型产气荚膜梭菌繁殖体的抵抗力不强，一般消毒药均能杀死梭菌的繁殖体。但若其形成芽孢后，对热、干燥和消毒药的抵抗力就会显著增强，用强力消毒液如20%漂白粉、3%～5%的氢氧化钠溶液消毒才能使其失去活力。

二　流行病学

此病主要危害1～3日龄的仔猪，1周龄以上的仔猪很少发病。任何品种的猪均易感染。此菌在环境中广泛存在，一些母猪的肠道中也有，仔猪出生后会因接触被污染的哺乳母猪的乳头及垫草，将本菌吞入消化道而感染发病。此病发病快，病程短，死亡率高。此病没有季节性，一年四季均可发生。

三　临床症状

此病按病程长短可分为最急性型、急性型、亚急性型和慢性型四种。

最急性型：出生仔猪当天就发病，出现出血性腹泻，可见仔猪后躯沾满血样稀粪。病猪精神沉郁，走路摇摆，虚弱，昏迷，抽搐，很快变为濒死状态。部分病猪无血痢而衰竭而死。

急性型：病仔猪排出带血的红褐色稀粪，并含有灰色组织碎片，病猪迅速脱水、消瘦最终衰竭而死。病程常维持2天，一般在第3天死亡。此类型在临床最常见。

亚急性型：病猪开始精神和食欲尚可，病猪呈持续性腹泻，粪便由开始的黄色软粪变为清水样粪便，其中含有坏死的组织碎片。病猪被毛粗乱，并随着病程的发展，病猪极度消瘦、脱水，一般5～7天后死亡。

慢性型：病猪呈间歇性腹泻或持续性腹泻，粪便呈灰黄色糊状。病程在1周至数周。病猪渐行性消瘦，生长停滞，最后死亡或因发育受阻无饲养价值而淘汰。

四 病理变化

外观无明显变化，剖检时可见胸腔和腹腔有大量的樱桃红色积液，主要病变在空肠，有时也可扩展至回肠，常见长短不一的出血性坏死，十二指肠一般无病变。

最急性型：空肠呈暗红色，与正常肠段界线分明，肠腔内充满暗红色液体，有时结肠后部肠腔也含有带血液体。肠黏膜及黏膜下层广泛出血，肠系膜淋巴结呈深红色。

急性型：出血不太明显，可见肠壁变厚，弹性消失，色泽变黄。坏死肠段浆膜下可见小米粒大小数量不等的小气泡，使肠壁显得粗糙和肥厚，肠腔内含有稍带血色的坏死组织碎片松散地附着于肠壁。肠系膜淋巴结充血。

亚急性型和慢性型：病变肠段黏膜坏死状，可形成坏死性伪膜，易于剥下，肠管外观正常。脾边缘有小出血点，肾呈灰白色，其他实质器官也呈组织变性，并有出血点。

五 诊断

根据流行病学此病主要发生在3日龄以内的仔猪，临床上以血痢，病程短，死亡率高，肠腔内充满暗红色含血液体，坏死性肠炎的病理变化可以作出初步诊断。如有必要可进行实验室细菌学检查作出确诊。

目前酶联免疫吸附试验和PCR技术已经成为毒素基因测定的主要方法。

六 防治

本病发展迅速，病程短，一旦临床症状明显，治疗几乎不能改

变病程的进展。因此，日常管理中要认真打扫产房，并进行消毒，母猪乳头要用清水擦干净，以减少本病的发生和传播。在常发病猪场，可在仔猪出生后，用抗生素如青霉素、链霉素、土霉素、泰乐菌素、诺氟沙星进行预防性口服，可取得良好的预防效果。对常发病猪场，给第一和第二胎的妊娠母猪各肌内注射两次 C 型仔猪红痢干粉菌苗免疫母猪，第一次在分娩前 1 个月，第二次于分娩前半个月左右，剂量为每次 5 ~ 10mL。以后每次在产仔前半个月注射 3 ~ 5mL，能使母猪产生坚强的免疫力，仔猪仅可通过初乳获得很好的被动免疫保护。

【注意】 猪梭菌性肠炎主要发生在 3 日龄以内的仔猪，一旦出现明显的临床症状，治疗收效甚微。因此，日常管理中要格外注意母猪舍和母猪体的卫生消毒，减少本病的发生和传播。常发此病的猪场，要有意识地在仔猪出生后及时使用抗生素进行预防。

第十一节　猪痢疾

猪痢疾是由猪痢疾短螺旋体引起的一种猪的肠道传染病。此病于 1921 年首次报道，但直到 1971 年才确定病原为猪痢疾短螺旋体。目前此病呈世界性分布，我国 1978 年由美国进口种猪后发现此病，20 世纪 80 年代后疫情迅速扩大，涉及 20 多个省市，采取综合防治措施后，20 世纪 90 年代后此病得到有效的控制，目前仍有零散发生。此病是我国农业部规定的三类动物疫病。

一　病原

此病的病原体为猪痢疾短螺旋体，曾命名为猪痢疾密螺旋体、猪痢疾蛇形螺旋体，存在于猪病变肠黏膜、肠内容物和粪便中。短螺旋体有 4 ~ 6 个弯曲，两端尖锐，呈缓慢旋转的螺旋线状，革兰氏染色阴性。

猪痢疾短螺旋体对外界环境抵抗力较强。对消毒药抵抗力不强，普通浓度的过氧乙酸、来苏儿和氢氧化钠均能迅速将其杀死。

二 流行病学

猪痢疾短螺旋体只感染猪，不感染其他动物，各种品种和年龄的猪均易感染，但以2~3月龄猪发病最多，哺乳仔猪发病较少。病猪和带菌猪是主要传染源，康复猪带菌可长达数月，经常从粪便中排出大量菌体，污染周围环境、饲料、饮水或经饲养员、用具、运输工具的携带而传播。此病的传染途径是经消化道，健康猪会因吃下污染的饲料、饮水而感染。运输、拥挤、寒冷、过热或环境卫生不良等诱因都是此病发生的应激因素。

此病流行经过比较缓慢，持续时间较长，且可反复发病。此病往往先在一个猪舍开始发生几头，以后逐渐蔓延开来。在较大的猪群中流行时，常常拖延达几个月，直到出售时仍有猪只发病。

三 临床症状

本病潜伏期为2天至3个月不等，平均为1~2周，常见症状为不同程度的腹泻，有体温升高和腹痛现象，病程长的还表现脱水、消瘦和共济失调。

最急性型：见于暴发初期。突然死亡且死亡率很高，多数病例表现为食欲废绝，病猪肛门松弛，剧烈下痢，粪便开始时呈黄灰色软便，含黏液、血液或血块，气味腥臭。随后迅速转为水样腹泻，高度脱水，寒战、抽搐，最后死亡。

急性型：多见于流行初、中期。体温升高达40~40.5℃，食欲减少，同时因腹痛表现为拱背，并迅速消瘦，贫血。病初排稀便继而粪便带有大量半透明的黏液而呈胶冻状，夹杂血液或血凝块及褐色脱落黏膜组织碎片。有的死亡，存活的病猪一周左右转为慢性。

亚急性型和慢性型：多见于流行的中、后期。病情较轻，食欲正常或稍减退，下痢时轻时重，反复发生。粪带黏液和血液，病程长的出现进行性消瘦，生长严重受阻，病死率低。亚急性型病程为2~3周，慢性型为4周以上，少数康复猪经一定时间还会复发。

四 病理变化

病变主要局限于大肠，最急性型和急性型病例表现为卡他性出

血性炎症、病变肠壁肿胀，肠腔充满黏液和血液，呈红黑色或巧克力色。当病情进一步发展时，大肠壁水肿减轻，而黏膜炎症逐渐加重，出现坏死性炎症。病的后期，病变区扩大，可能分布于整个大肠部分，肠黏膜表面见有点状坏死和伪膜，呈麸皮样。刮去伪膜可露出糜烂面，肠内容物混有坏死组织碎片，血液相对较少。肠系膜淋巴结轻度肿胀、充血，腹水增量。小肠和小肠系膜及其他脏器无明显病变。

五 诊断

根据此病的流行病学特点、临床症状和剖检病理变化可作出初步诊断，如萎靡不振、脱水和粪便带血或黏液性腹泻对本病具有提示意义。大肠弥散性肠炎，肠腔中出现黏液性纤维素性渗出物和血液具有特征性。确诊时要依赖于实验室检查，其中 PCR 技术检测病原、ELISA 试验进行血清学检查应用得越来越广泛。

六 防治

1. 预防措施

此病目前尚无有效菌苗，在饲料中添加药物，有短期预防作用，但不能彻底消灭，须采用综合防制措施：禁止从疫区购猪，外地引进猪需隔离观察 1 个月以上；在无此病的地区或猪场，发生此病时，最好全群淘汰，猪场彻底清扫和消毒，并空圈 2~3 个月，粪便及猪舍均应彻底消毒；若不能立即做到全群淘汰，应用凝集试验或其他方法进行检疫，对感染猪群实行药物治疗，无病猪群实行药物预防。经常定期消毒，严格控制本病的传播。

2. 治疗方法

药物治疗可选用常见的痢菌净、二甲硝咪唑、诺氟沙星、庆大霉素、硫酸新霉素、林可霉素、四环素族抗生素等多种抗菌药物都有一定疗效。

> **【注意】** 该病治后易复发，须坚持药物治疗、改善饲养管理及搞好清洁卫生相结合，方能收到好的效果。

第十二节 猪增生性肠炎

猪增生性肠炎（PPE）又称猪增生性肠病，是由专性胞内劳森菌引起的猪的接触性传染病。早在1931年，英国就曾作过相关报导。在我国，伴随着养猪集约化生产的推进，该病已逐渐呈蔓延态势。

一 病原

猪增生性肠炎的病原是专性胞内寄生的胞内劳森菌，该菌仅能在活细胞内生长繁殖，最容易在肠上皮细胞的细胞质内生长。

胞内劳森菌是一种弯曲或直的弧状杆菌，革兰氏染色阴性。胞内劳森菌在5～15℃条件下可以在粪便中存活2周。细菌对季铵盐消毒剂和含碘消毒剂敏感。

二 流行病学

该病传染源主要是病猪及病菌携带猪。此病以水平传播为主。病猪和带菌猪病原菌随粪便排出体外，污染外界环境、饲料、饮水等，经消化道感染使健康猪发病。该病的宿主范围很广，除猪外，其他多种动物都可感染。白色品种猪更易感染，猪群中各种年龄的猪都可感染，但多发生于断奶后6～20周龄，特别是18～45kg的猪多见，有时也发生于刚断奶的仔猪和成年公、母猪。

三 临床症状

此病潜伏期3～6周，有急性型与慢性型之分，但无论是急性型还是慢性型，如无继发感染，体温一般都趋于正常。

急性型：多发于4～12月龄的猪，主要表现为突然严重腹泻，排黑色油状粪便，后期转为黄色或血样粪便，不久虚脱死亡。此病的发病率、死亡率均较高，可达40%。皮肤苍白、贫血等症状对此病具有一定诊断意义。

慢性型：多发于6～12周龄的猪，症状较轻，有间歇性下痢，颜色深暗，呈糊状或水样。在断奶后至育肥阶段，表现为食欲减退或废绝，消瘦、生长迟滞、被毛粗乱、精神沉郁或昏睡，少数死亡，大部分猪几天后自动痊愈，其中一些猪成为僵猪。

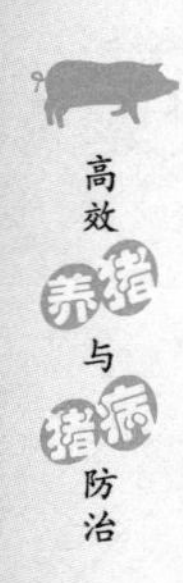

亚临床型：无明显的临床症状，有时发生轻微下痢，生长速度和饲料利用率明显下降。

四 病理变化

剖检常可见小肠末端、结肠袢的上 1/3 和盲肠的肠壁增厚，肠管加粗，浆膜下和肠系膜水肿明显。肠黏膜呈现分枝状皱褶，黏膜表面湿润而无黏液，有时附有颗粒状炎性渗出物。有些病猪可见回肠黏膜出现不同程度的溃疡，表面覆盖有黄色、灰白色纤维素性渗出物，浆膜下层或肠系膜水肿。更多的猪表现出增生性、出血性肠炎。粪便呈黑色柏油状，回肠腔内充满凝血块，结肠内混有带血的粪便。

五 诊断

因增生性肠炎症状是非特异性的，故很难根据临床症状及剖检病变作出准确的诊断。实验室诊断常使用酶联免疫吸附试验检测猪血清中的病原抗体，诊断结果的可靠性较强。另外，也可应用间接免疫荧光试验、免疫过氧化物酶单层试验、聚合酶链反应等技术对发病猪血清和粪便样进行诊断。

六 防治

1. 预防措施

应加强饲养管理，改善饲养环境，采用全进全出的饲养制度，以提高猪体本身的抵抗力为主要预防措施。在流行期间，可在饲料中阶段性添加泰妙菌素、林可霉素、大观霉素、泰乐菌素等药物，增强机体免疫力，从而有效地预防该病的发生。

2. 治疗方法

抗生素对本病的治疗有一定效果，可视疗效选用四环素、新霉素、泰乐菌素、诺氟沙星和硫酸粘菌素。

本病常与猪的霉菌中毒混合感染，预防过程中也应同时添加脱霉剂，以减少发病概率，从而降低损失。

第十一章 猪寄生虫病

第一节 猪蛔虫病

猪蛔虫病是由猪蛔虫寄生于猪小肠中引起的疾病，主要特征为仔猪生长发育不良，严重的发育停滞，甚至死亡。此病在全国各地广泛流行，主要感染3～6个月的猪，特别是在卫生条件不好的猪场或营养不良的猪群中，感染率很高，通常可达50%以上，对养猪业的危害极为严重。

一 病原

病原为蛔科、蛔属的猪蛔虫。该虫为黄白色或淡红色的大型线虫。虫体呈中间较粗，两端较细的圆柱体。雌虫长20～35cm，雄虫长15～31cm。

猪蛔虫卵随粪便排出至体外后，在适宜的温度、湿度和充足氧气的环境中发育为含幼虫的感染性虫卵，猪吞食了感染性虫卵而被感染。

蛔虫卵对不良的外界环境影响和化学药品作用的抵抗力非常强大，常用的消毒药也不能将蛔虫卵杀死，例如，在2%甲醛溶液中，虫卵不仅可以生存，而且还能正常发育；10%漂白粉溶液、3%克辽林溶液、15%硫酸与硝酸溶液和2%氢氧化钠溶液均不能将虫卵杀死。在3%来苏儿溶液中经10h到7天，仅有一部分虫卵死亡。

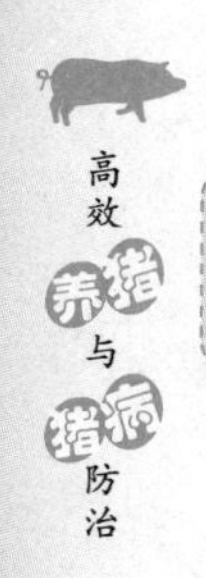

⚠【注意】 一般要杀死蛔虫卵必须用60℃以上的3%～5%热碱水、20%～30%热草木灰或新鲜石灰才有效。

二 流行病学

猪蛔虫病的广泛流行，主要与猪蛔虫的生活史简单、产卵量大（每条雌虫一生可产卵3 000万个）和虫卵的抵抗力强大有关。

此病虽然可发生于各年龄的猪，但以3～5月龄的仔猪最易感染，可成流行性发生，病情严重时，能引起死亡。病猪和带虫猪是本病的主要传染源。消化道是本病的主要传播途径。据研究，猪感染蛔虫病主要是由于猪采食了被感染性虫卵污染的饲料和饮水；放牧猪也可在野外感染；母猪的乳房容易沾染虫卵，使仔猪在吃奶时受到感染。

此外，此病的发生与饲养管理和环境卫生也有很大的关系。在饲养管理不良、卫生条件恶劣和猪只过于拥挤的猪场，在营养缺乏，特别是饲料中缺少维生素和矿物质的情况下，容易在仔猪中爆发流行。此病一年四季都可以发生，但以深秋、冬季和早春更为多见。

三 临床症状

猪蛔虫病的临床表现随猪年龄的大小、体质的强弱、感染强度和蛔虫所处的发育阶段的不同而有差异。一般仔猪发病后的病情较重，症状明显；而成年猪能抵抗一定数量虫体的侵害，感染后的症状常不明显。

仔猪轻度感染时，体温升高至40℃，有轻微的湿咳，有并发症时，则易引起肺炎。感染较重时，病猪精神沉郁，被毛粗乱，营养不良，有异食、消瘦、贫血等表现，有的还出现全身黄疸等症状。病猪生长发育明显受阻，部分变为僵猪。感染严重时，病猪的呼吸困难，常伴发声音低沉而粗厉的咳嗽；还出现口渴、流涎、呕吐、腹泻等症状。病猪喜卧地，不愿走动，逐渐消瘦而死亡。当病猪的肠道内有大量蛔虫寄生时，常引起蛔虫性肠梗阻，可出现腹痛的症状。蛔虫进入胆管时，可引起胆管梗阻，此时，病猪除有剧烈的腹痛症状外，还会出现体温升高，食欲废绝，腹泻和黄疸等症状。

成年猪感染猪蛔虫病后，如蛔虫的数量不多，病猪的营养良好，常无明显的症状；但感染较严重时，常因胃肠机能遭受破坏，病猪则出现食欲不振，磨牙，轻度贫血和生长缓慢等症状；严重的感染，也可出现类似仔猪感染的种种症状。

四 病理变化

蛔虫的幼虫和成虫侵害的组织和器官不同，所引起的病理变化也有很大的差异。幼虫主要侵害肝脏和肺脏；成虫主要损伤胃肠道。

幼虫在肝脏移行可造成局灶性损伤和间质性肝炎。严重感染的陈旧病灶，由于结缔组织大量增生而发生肝硬化，形成“乳斑肝”。大量幼虫在肺内移行和发育时，可引起急性肺出血或弥漫性点状出血，进而导致蛔蚴性肺炎；康复后的猪肺内也常可检出蛔虫性肉芽肿。

成虫在小肠内游动可导致卡他性肠炎；成虫可移行到胃、胆管和胰管，常可引起蛔虫性胆管阻塞而发生黄疸、胰腺出血和炎症。另外，由于蛔虫变应原作用可见宿主发生荨麻疹和血管神经性水肿。

五 诊断

根据临床症状和剖检变化不难作出诊断。对于2个月以上的仔猪可采用直接涂片法或饱和盐水漂浮法检出仔猪粪便中的蛔虫卵来确诊。

六 防治

1. 预防措施

（1）定期驱虫 对散养育肥猪，仔猪断奶后驱虫1次，4～6周后再驱虫1次。母猪在妊娠前和产仔前1～2周驱虫。育肥猪在3月龄和5月龄各驱虫1次。引入的种猪也应进行驱虫。对规模化养猪场，对全群猪驱虫后，以后每年对公猪至少驱虫两次；母猪产前1～2周驱虫1次；仔猪转入新圈、群时驱虫1次；后备猪在配种前驱虫

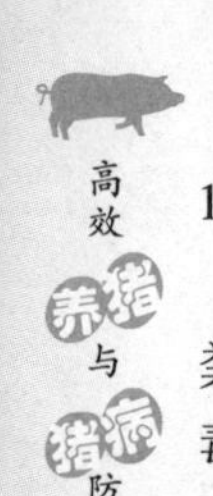

1次。

(2) 减少虫卵污染 圈舍要及时清理，勤冲洗，勤换垫草，粪便和垫草应做发酵处理；产房和猪舍在进猪前要彻底清洗和消毒；母猪转入产房前要用肥皂水清洗；运动场要保持平整，排水良好。

2. 治疗方法

治疗可选用以下药物：

盐酸左旋咪唑按7.5mg/kg口服或肌内注射。口服给药休药期为3天，注射给药休药期为28天。

丙硫咪唑（阿苯达唑）按5~10mg/kg口服。

伊维菌素、阿维菌素、多拉菌素按0.3mg/kg皮下注射，休药期为18天。

多拉菌素按0.3mg/kg肌内注射。

苯硫苯咪唑按5~10mg/kg口服。

第二节 猪毛尾线虫病

猪毛尾线虫病又称猪鞭虫病，是由毛尾科、毛尾属的猪毛尾线虫寄生于猪大肠（主要是盲肠）中引起的疾病。主要特征为严重感染时引起贫血、顽固性下痢。

一 病原

猪毛尾线虫虫体呈乳白色（雌虫常因子宫含有虫卵而呈褐色），鞭状，前部呈细长的丝状，约占全长的2/3，内为由一串单细胞围绕着的食道；后部粗短为体部，约占全长的1/3，内含生殖器官及肠管。虫卵的壳较厚，抵抗力强，故感染性虫卵可在土壤中存活5年。

猪毛尾线虫病是以感染性虫卵的形式经口感染猪的，虫体在病猪体内不发生移行而直接发育。随感染动物粪便排出的虫卵，在外界普通温度下约3周发育至感染期。猪吞食了感染性虫卵后，幼虫在小肠内逸出，钻入肠绒毛间发育，经一定时间后再移入结肠和盲肠内发育为成虫。自吞食感染性虫卵到发育为成虫，需30~40天；成虫寿命为4~5个月。

二 流行病学

猪毛尾线虫病主要感染仔猪，而成猪很少发生感染。消化道是主要传播途径，病猪是重要的传染来源。据报道，在此病流行的地区，生后一个半月的仔猪即可检出虫卵；4 个月的仔猪，虫卵数和感染率均急剧增高，以后逐渐减少；14 月龄的猪极少感染。此病多为夏季感染，秋、冬季出现临床症状。据研究，猪毛尾线虫可使人发病，故此病有一定的公共卫生学意义。

三 临床症状

猪毛尾线虫以头部刺入肠黏膜吸取营养和分泌毒素，使宿主营养不良和中毒。猪轻度感染时，仅有间歇性腹泻，轻度贫血，生长发育缓慢等不易被人察觉的症状。严重感染（虫体可达数千条）时，则病猪出现食欲不振，消瘦，贫血，腹泻，肛门周围常黏附有红褐色稀便，粪便中混有黏液和血液，仔猪发育障碍等症状，甚至引起死亡。

四 病理变化

死于此病的仔猪常因营养不良而消瘦、贫血，可视黏膜发白，被毛粗乱，污秽不洁。盲肠、结肠黏膜卡他性炎症。肠黏膜充血、肿胀，表面覆有大量灰黄色黏液，大量乳白毛尾线虫混在黏液中或附着于肠黏膜上。严重感染时可引起肠黏膜出血性炎、水肿、坏死、溃疡。

五 诊断

此病的生前诊断主要靠临床症状及粪便中虫卵及虫体的检查。据研究，一条雌虫一日可产 5 000 个虫卵，1g 粪便中若有 1 000 个以上的虫卵，则寄生虫的数目不会少于 30 条，用漂浮法可检出不同发育阶段的虫卵。由于虫卵颜色、结构比较特殊，故易识别而确诊。病猪死后主要依据尸检时发现特殊形态的虫体，寄居部位及引起病理损害而确诊。

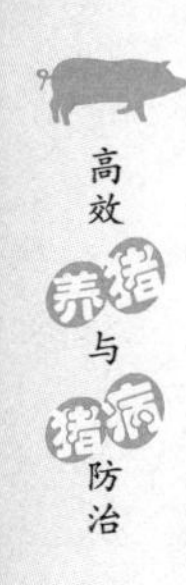

六 防治

1. 预防措施

预防此病要做到平时保持环境卫生。定期给猪舍消毒，更换垫草，减少虫卵污染的机会；粪便要勤清扫并发酵进行无害化处理，借以消灭虫卵、从外地引进猪时，应进行此病虫卵的检查，确定无本病时方可放入猪舍。对本病常发地区，每年春秋应给猪群进行两次驱虫，并对猪舍周围的表层土进行换新或用熟石灰进行彻底消毒。另外，加强饲养管理，提高猪体的抵抗力也是预防本病的重要措施。

2. 治疗方法

此病的治疗药物较多，其中羟嘧啶为驱毛尾线虫的特效药，猪按照每千克 2mg 口服或拌料喂服。其他的使用药物可参考猪蛔虫病。

第三节 猪食道口线虫病

猪食道口线虫病是由盅口科、食道口属的多种线虫寄生于猪结肠内引起的疾病，又称为结节虫病。主要特征是严重感染时肠壁形成结节，破溃后形成溃疡而致顽固性肠炎。

一 病原

引起猪食道口线虫病的病原主要有 3 种：有齿食道口线虫，寄生于结肠；长尾食道口线虫，寄生于盲肠和结肠；短尾食道口线虫，寄生于结肠。

感染性幼虫有很强的抵抗力，在外界环境可越冬，在 22 ~ 24℃的湿润条件下可生存 10 个月，在 －19 ~ －20℃的温度下可生存 1 个月。虫卵在温度为 60℃时迅速死亡。虫卵和幼虫对干燥敏感。

二 流行病学

其感染的来源主要是患病猪或带虫猪，虫卵存在于粪便中。感染途径是经口感染。

三 临床症状

一般无明显症状。严重感染时，肠壁结节破溃后发生顽固性肠炎，粪便中带有脱落的黏膜，表现为腹痛、腹泻，高度消瘦，发育障碍。继发细菌感染时，则发生化脓性结节性肠炎。

四 病理变化

典型变化为肠黏膜形成结节。初次感染时很少有结节，但多次感染后，肠壁形成粟粒状结节。肠壁普遍增厚，有卡他性肠炎。有细菌感染时，可能继发弥漫性大肠炎。

五 诊断

粪便检查发现虫卵或发现自然排出的虫体可以确诊。粪便检查可用漂浮法，也可进行诊断性驱虫。

六 防治

参考猪蛔虫病。

第四节 猪肺线虫病

猪肺线虫病又称猪后圆线虫病，是由后圆科、后圆属的多种线虫寄生于猪支气管、细支气管和肺泡所引起的疾病。此病的主要特征是危害仔猪，引起支气管炎和支气管肺炎，严重时可引起大批死亡。此病多见于华东、华南和东北各地，呈地方性流行。

一 病原

病原主要为野猪后圆线虫，又称长刺后圆线虫，其次为复阴后圆线虫和萨氏后圆线虫。

中间宿主为蚯蚓，雌虫在支气管内产卵，卵随痰转移至口腔咽下（咳出的极少），随着粪便到外界。虫卵被蚯蚓吞食后，在其体内孵化出第一期幼虫（有时虫卵在外界孵出幼虫，而被蚯蚓吞食），在蚯蚓体内，经 10 ~ 20 天蜕皮两次后发育成感染性幼虫。

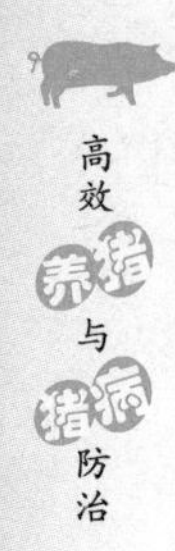

猪因吞食了此种蚯蚓而被感染，有的感染性幼虫在蚯蚓损伤或死之后，从其体内逸出，进入土壤，猪因吞食污染了幼虫的泥土而被感染。

虫卵对外界的抵抗力十分强大，在粪便中可生存6~8个月；在潮湿的灌木场地可生存9~13个月，并可冰结越冬。

二 流行病学

此病主要感染仔猪和育肥猪，6~12月龄猪最易感，主要是经消化道传播，是猪吞噬了含有感染性幼虫的蚯蚓而引起，病猪和带虫猪是本病的主要传染源，而被猪肺线虫虫卵污染并有蚯蚓的牧场、运动场、饲料种植场以及有感染性幼虫的水源等均可能为猪感染的重要场所。此病主要发生在夏季和秋季，而冬季很少发生。

三 临床症状

轻度感染的病猪症状不明显，但会影响生长和发育。重度感染的病猪主要表现为食欲减少，消瘦，贫血，发育不良，被毛干燥无光；阵发性咳嗽，特别是早晚运动后或遇冷空气刺激时尤为剧烈，鼻孔流出脓性黏稠分泌物，严重病例呈现呼吸困难；有的病猪还会发生呕吐和腹泻；在胸下、四肢和眼睑部出现浮肿。幼猪（2~4月龄）感染虫体较多，而又有气喘病、病毒性肺炎等疾病合并感染时，病情较严重，具有较高死亡率。

四 病理变化

主要病变是寄生虫性支气管肺炎。病初，肺呈现斑点状出血，随后细支气管和支气管黏膜分泌增多，切开支气管，见管腔黏膜充血、肿胀，含有大量黏液和虫体，造成局部管腔阻塞，相关的肺泡萎陷、实变，并伴发有气管、支气管和肺脏的出血和气肿变化，有的可见化脓性肺炎灶，肺的尖叶和膈叶的后缘可见灰白色隆起的气肿小叶。

五 诊断

根据临诊症状，结合流行特点和病理剖检找出虫体而确诊。常

用沉淀法或饱和硫酸镁溶液漂浮法检查粪便中的虫卵。猪肺线虫卵呈椭圆形，长40～60μm，宽30～40μm，卵壳厚，表面粗糙不平，卵内含一卷曲的幼虫。另外，还可用变态反应诊断法进行检测。

六 防治

1. 预防措施

(1) 常规预防 蚯蚓主要生活在疏松、多腐殖质的土壤中。据报道，蚯蚓在这种土壤中每平方米有时可多达300～700条；而土质坚实的土壤中蚯蚓极少，坚实的砂土中几乎没有蚯蚓。因此，在猪场内创造无蚯蚓的条件是杜绝本病的主要措施。例如，将猪场建在干燥、干爽处；猪舍、运动场应铺水泥地面；墙边、墙角的疏松泥土要夯实，防止蚯蚓进入，或换上砂土，构成不适于蚯蚓生存的环境等。这些措施对于预防本病具有重要作用。

(2) 紧急预防 发生此病时应立即隔离病猪，在治疗病猪的同时，对猪群中的所有猪进行药物预防，并对环境进行彻底消毒。流行区的猪群，春秋可用左旋咪唑（剂量为8mg/kg体重，混入饲料或饮水中给药）各进行一次预防性驱虫；按时清除粪便，进行堆肥发酵；定期用1%氢氧化钠溶液或30%草木灰，淋湿猪的运动场地，这样既能杀灭虫卵，又能促使蚯蚓爬出，以便消灭。

2. 治疗方法

治疗可选用以下药物：

驱虫净（四咪唑），用量为20～25mg/kg，口服或拌入少量饲料中喂服；或按照10～15mg/kg肌内注射，此药对各期幼虫均有很好的疗效，但有些猪于服药后10～30min出现咳嗽、呕吐、哆嗦和兴奋不安等中毒反应；感染严重时中毒反应一般较大，这些反应通常于1～1.5h后自动消失。

左旋咪唑按8mg/kg口服；或按15mg/kg一次性肌内注射。本药对15日龄幼虫和成虫均有效。

氰乙酰肼按17.5mg/kg口服或肌内注射，但用药的总剂量不得超过1g/kg，连服3天。

⚠【注意】预防主要是防止蚯蚓潜入猪场，尤其是运动场，同时还要做好定期消毒等工作。

第五节　猪旋毛虫病

猪旋毛虫病是由毛形科、毛形属的旋毛虫寄生于猪引起的疾病。成虫寄生于肠道，称为肠旋毛虫；幼虫寄生于肌肉，称为肌旋毛虫。旋毛虫还能感染多种动物和人，是重要的人畜共患病，也是肉品卫生检验重点项目之一，在公共卫生上具有重要意义。

一　病原

旋毛虫成虫细小，肉眼几乎难以看清。成虫寄生于小肠，幼虫寄生于横纹肌，长1.15mm，蜷曲在由机体炎性反应所形成的包囊内，包囊呈圆形、椭圆形，连同囊角而呈梭形，长0.5～0.8mm。成虫和幼虫寄生于同一个宿主。猪摄食含有感染性幼虫包囊的动物肌肉而感染。

⚠【注意】包囊幼虫的抵抗力很强，在－20℃时可保持生命力57天，高温70℃才能将其杀死；盐渍和熏制品不能杀死肌肉深部的幼虫；在腐败肉中能存活100天以上。

二　流行病学

感染来源主要是患病或带虫猪、犬、猫、鼠等哺乳动物，包囊幼虫存在于肌肉中。猪感染旋毛虫的主要原因是吞食老鼠，鼠为杂食性，且相互残食，一旦感染将会在鼠群中保持平行感染；或用未经处理的厨房废弃物喂猪也可引起感染。人感染旋毛虫多与食用腌制或烧烤不当的猪肉制品有关；个别地区有食生肉或半生不熟肉的习惯；切过生肉的菜刀、砧板均可能黏附有旋毛虫的包囊，可能污染食品造成食源性污染。旋毛虫感染宿主范围极为广泛，包括几乎所有的哺乳动物和人。

三 临床症状

动物对旋毛虫的耐受性较强，猪感染往往不显症状，当猪严重感染后3～7天，有食欲减退、呕吐和腹泻症状。感染后两周幼虫进入肌肉引起肌炎，出现肌肉疼痛、步伐僵硬、声音嘶哑、咀嚼与吞咽障碍、体温上升和消瘦。有时眼睑和四肢水肿。此病死亡较少，多于4～6周康复。严重感染时多因呼吸肌麻痹、心肌或其他脏器病变和毒素作用而引起死亡。

四 病理变化

成虫引起肠黏膜损伤，造成黏膜出血、黏液增多。幼虫引起肌纤维纺锤状扩展，随着幼虫的发育和生长，逐渐形成包囊，而后钙化。

五 诊断

旋毛虫所产幼虫不随粪便排出，所以生前诊断困难。生前诊断主要是采用变态反应和血清学试验，如间接血凝试验和酶联免疫吸附试验。死后最确实的诊断方法是在肌肉中发现旋毛虫幼虫。我国目前肉品卫生检验所采用的方法是：从猪的左右膈肌各切一小块肉样，撕去肌膜与脂肪，先做肉眼观察，细看有无可疑的旋毛虫病灶，然后从肉样的不同部位剪取24个肉粒（麦粒大小），压片镜检或用旋毛虫摄影器检查。肉眼观察到旋毛虫包囊即可确诊，包囊细针尖大小，未钙化的包囊呈半透明，较肌肉的色泽淡，随着包囊形成时间的增加，色泽逐渐变淡为乳白色、灰白色或黄白色。

六 防治

1. 预防措施

主要应做好猪舍灭鼠工作。在旋毛虫流行地区，猪一律不要放牧，以减少摄食其他动物的粪便或尸体及可能带旋毛虫包囊的昆虫的机会。不用未经处理的厨房废弃物喂猪。加强肉品卫生检验，检出旋毛虫的肉尸应按肉品检验法规处理。人改善不良的食肉方法，

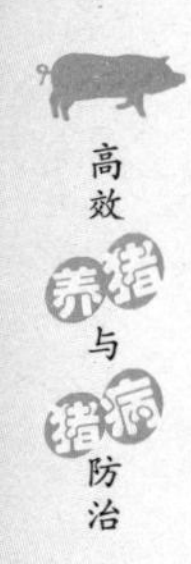

不食生肉和半生不熟的肉品。

2. 治疗方法

治疗可选用丙硫咪唑（阿苯达唑）、甲苯咪唑（甲苯达唑）和氟苯咪唑（氟苯达唑）等。

第六节 猪囊尾蚴病

猪囊尾蚴病是由带科、带属的猪带绦虫的幼虫寄生于猪横纹肌所引起的疾病。又称为猪囊虫病。成虫寄生于人的小肠，是重要的人畜共患寄生虫病。主要特征是寄生在肌肉时症状不明显，寄生在脑时可引起神经机能障碍。

一 病原

猪囊尾蚴也称为猪囊虫，俗称“痘”、“米榛子”，呈椭圆形，白色半透明的囊泡，囊内充满液体，长6～10mm，宽5mm。囊虫包埋在肌纤维间，外观似散在的豆粒或米粒，故群众常称有囊虫的猪肉为“豆猪肉”或“米猪肉”。猪囊虫的成虫为猪带绦虫，虫体长2～7m。

猪带绦虫寄生于人的小肠，其孕卵节片随粪便排到外界，猪会因吞食了孕卵节片或节片破裂后散落出的虫卵而遭感染。

二 流行病学

猪患猪囊尾蚴病的感染来源是患病猪或带虫的人，孕卵节片存在于粪便中。猪因吃入绦虫患者的粪便或被粪便污染的饲料和饮水而感染。人患绦虫病是由于吃入患猪囊尾蚴病猪的肉。

猪囊尾蚴病的发生与流行与人的粪便管理和猪的饲养方式密切相关，一般此病发生于经济不发达的地区，在这些地区往往是人无厕所猪无圈，甚至还有连茅圈（厕所与猪圈相连）的现象，猪接触人粪的机会增多，造成流行。此外，有些地区有吃生猪肉的习惯，或烹调时间过短，蒸煮时间不够等，也能造成人感染猪带绦虫。

猪囊尾蚴病呈全球性分布，但主要流行于亚、非、拉的一些经济欠发达的国家和地区。我国虽有26个省、市、自治区报道过本病，但主要发生于东北、华北和西北地区及云南、广西与西藏的部分地区；沿海地区和长江流域地区已极少发生；东北地区感染率仍较高。近年来，由于国家加强了肉食品的安全检查和人民生活条件大为改善，本病的发生率已呈逐步下降的趋势。

三 临床症状

猪感染囊尾蚴一般无明显症状，囊尾蚴主要寄生于活动性较大的肌肉中。严重感染时，可导致猪营养不良、生长缓慢、贫血、水肿及衰竭等症状。大量寄生于肌肉组织可出现肌肉疼痛、前肢僵硬、跛行和体型改变等，肩胛肌肉表现为严重水肿、增宽，后肢部肌肉水肿隆起，外观呈哑铃状或狮子形。寄生于眼结膜下组织或舌部表层时，可见在寄生处呈现豆状肿胀。寄生于脑部时可引起严重的神经系统机能紊乱，特别是鼻部触痛、强制运动、癫痫、视觉扰乱和急性脑炎，有时可发生突然死亡。

猪带绦虫寄生于人，以其头节固着在人的小肠壁上，可引起肠炎，导致腹痛、肠痉挛和营养不良。虫体的分泌物和代谢产物等毒性物质被吸收后，可引起胃肠道机能紊乱和神经症状。其幼虫寄生于人体时的危害程度取决于寄生部位与寄生数量。寄生于脑时，可引起头晕、恶心、呕吐及癫痫症状，严重的可导致记忆丧失和死亡。

四 病理变化

在横纹肌中肉眼能发现猪囊尾蚴，主要部位为咬肌、舌肌、内腰肌、肋间肌和膈肌，其他可检部位为心肌、肩胛外侧肌和股内侧肌。

五 诊断

生前诊断比较困难，可以检查眼睑和舌部，查看有无因猪囊尾蚴引起的豆状肿胀。触摸到舌根和舌的腹面有稍硬的豆状结节时，

可作为生前诊断的依据。但需注意只是在重度感染时才可能出现以上症状。

宰后检验咬肌、内腰肌等骨骼肌及心肌，检查是否有乳白色的、米粒样的椭圆形或圆形的猪囊尾蚴。钙化后的囊尾蚴，包囊中呈现有大小不一的黄色颗粒。现行的肉眼检查法检出率仅有50%～60%，轻度感染时常发生漏检。

人脑囊尾蚴病的诊断，除根据患者的临诊症状外，可采用间接血凝试验、间接荧光抗体技术、酶联免疫吸附试验和皮内反应试验等免疫诊断法进行确诊。近年来上述血清免疫学诊断方法也已被应用于猪囊尾蚴病的诊断上。

六 防治

1. 预防措施

预防猪囊尾蚴病必须采取“查”、“驱”、“管”、“检”的综合性防治措施。“查”即商业部门应根据囊尾蚴病猪的来源，向卫生防疫部门提供病人可能居住的村庄，展开宣传，普查绦虫病病人。“驱”即在普查的基础上，对病人实施驱虫。“管”即讲究卫生，移风易俗，做到人有厕所猪有圈，彻底消灭连茅圈，人粪便要作无害化处理后再做肥料，以防止猪吃人粪而感染猪囊尾蚴病。“检”即加强肉品卫生检验。大力推广定点屠宰，集中检疫。

2. 治疗方法

生产实际中，对猪囊尾蚴病的治疗意义不大。人患绦虫病时，可用槟榔、南瓜子或氯硝柳胺等药物驱虫。驱虫后排出的虫体和粪便必须严格处理，彻底消灭感染源。

第七节 猪球虫病

猪球虫病是由艾美耳科、等孢属和艾美耳属的球虫寄生于猪肠道黏膜上皮细胞内，引起肠黏膜出血和腹泻为主的寄生虫病。此病主要发生于小猪，且多发于7～11日龄的仔猪，是导致哺乳仔猪腹泻的重要疾病。

一 病原

引起猪球虫病的病原有很多种，主要由猪等孢球虫引起，其致病力最强。据报道，52%的新生仔猪球虫病的病原是猪等孢球虫。此外还有粗糙艾美耳球虫、蠕孢艾美耳球虫、蒂氏艾美耳球虫、猪艾美耳球虫、有刺艾美耳球虫、极细艾美耳球虫和豚艾美耳球虫。

二 流行病学

患病猪和带虫猪是感染来源，球虫卵囊存在于粪便中，经口发生感染。由于球虫卵囊发育需要较高的温度，因此本病多发于春末和夏季。哺乳仔猪发病无季节性。此病主要发生于小猪，且多发于7~14日龄的仔猪，成年猪为带虫者。

三 临床症状

腹泻是此病主要的临床症状，持续4~6天，粪便呈黄色到灰色。开始时粪便松软或呈糊状，随着病情加重粪逐渐呈液状。仔猪粘满液状粪便，使其看起来很潮湿，并且会发出类似腐败乳汁的酸臭味。一般情况下，仔猪会继续吃奶，但被毛粗乱，脱水，消瘦，增重缓慢。不同窝的仔猪症状的严重程度往往不同，即使是同窝仔猪，不同个体受影响的程度也不尽相同。此病发病率通常很高，但死亡率一般较低。耐过仔猪生长发育不良。成年猪感染多不表现临床症状，称为带虫者。

四 病理变化

主要是空肠和回肠的急性炎症，黏膜上覆盖黄色纤维素坏死性伪膜，肠上皮细胞坏死并脱落。

五 诊断

根据此病主要引起7~14日龄的仔猪腹泻，并且这种腹泻用抗生素治疗无效等特征可作出初诊。确诊要通过查找有临床症状的仔猪粪便中的卵囊来进行。粪便检查可用漂浮法，也可直接用小肠黏膜直接涂片检查。

六 防治

1. 预防措施

搞好环境卫生是避免新生仔猪患猪球虫病的最好方法。要将产房彻底清除干净，用50%以上的漂白粉或氨水复合物消毒几小时或过夜和熏蒸；要尽量减少人员进入产房，以免由鞋子或衣服携带卵囊在产房中传播；要防止宠物进入产房，以免其爪子携带卵囊在产房中传播。

2. 治疗方法

治疗时，将药物添加在饲料中预防哺乳仔猪患猪球虫病的效果不理想；把药物加入饮水中或将药物混于铁剂中可能有比较好的效果；个别给药是治疗此病的最佳方法。药物可选用磺胺二甲嘧啶、磺胺间甲氧嘧啶和磺胺间二甲氧嘧啶等，连用7～10天。也可用氨丙啉，用量为20mg/kg，口服。杀球灵、百球清，3～6周龄的仔猪口服，用量为20～30mg/kg。莫能霉素，每1 000kg饲料加60～100g。拉沙霉素，每1 000kg饲料加150mg，喂4周。

第八节 弓形虫病

弓形虫病是由弓形虫科、弓形虫属的龚地弓形虫寄生于动物和人有核细胞中引起的疾病，是一种世界范围内存在的人畜共患原虫病。其终末宿主是猫，在人和其他哺乳类、鸟类、爬行类、鼠类、鱼类等中间宿主中广泛传播。猪场爆发此病时，常引起整个猪场发病，病死率高达60%以上。

一 病原

病原为龚地弓形虫，只此一个种，但有不同的虫株。弓形虫全部发育过程需要两种宿主。猫（猫科动物）是唯一的终末宿主，有200多种动物和人均可作为中间宿主。中间宿主、终末宿主吃人各阶段虫体均可感染。

卵囊在常温下可保持感染力1～1.5年，一般常用的消毒药均无效，土壤和尘埃中的卵囊能长期存活。包囊在冰冻和干燥的条件下不易生存，速殖子和裂殖子抵抗力最差，各种消毒药均能将其杀死。

二 流行病学

在猪场中，感染来源主要是患病猪或带虫猪，或者是患病带虫的猫。猪和其他中间宿主之间、猪和猫之间均可相互感染。

感染途径主要是经过消化道感染，也可通过呼吸道、损伤的皮肤和黏膜及眼感染，母体血液中的速殖子可通过胎盘进入胎儿，使胎儿发生生前感染。

不同品种、年龄、性别的猪均可发生，但肉猪多以25kg以上的生长猪和育肥猪多发。大猪感染此病多呈隐性感染，妊娠母猪后期感染此病常表现为流产、死胎及产出仔猪成活率低。此病发生无明显季节性，但以7、8、9月高温、闷热、潮湿的暑天多发。

三 临床症状

病初体温升高到40.5～42℃，呈高热稽留7～10天，精神委顿，食欲减退或不食，粪干带黏液（仔猪多见水样腹泻），有的便秘、下痢交替。呼吸困难、浅而快，严重时呈犬坐式呼吸、流鼻液，有时咳嗽。有的猪会发生呕吐。腹股沟淋巴结肿大，末期在耳翼、鼻端、下肢、股内侧及腹部出现紫红斑和小出血点，最后卧地不起，呼吸极度困难，体温下降而死亡，有的猪死时口流泡沫样液体。妊娠母猪主要表现为高热、废食、昏睡数天后流产、产出死胎或弱仔。病情轻的仅有体温升高、呼吸困难等症状。有的病猪耐过极期后症状减轻，遗留咳嗽、呼吸困难、后躯麻痹、运动障碍、斜颈、痉挛等神经症状，有的呈现视网膜、脉络膜炎，甚至失明。慢性病猪会变僵猪。

四 病理变化

肺脏稍肿胀，间质增宽，有针尖至粟粒大的出血点和灰白色坏死灶，切面流出大量带泡沫液体。全身淋巴结肿大，呈灰白色，切面湿润，有粟粒大的灰白色或黄色坏死灶和大小不一的出血点。肝脏肿大，稍硬，有针尖大坏死灶和出血点，肾、脾有灰白色坏死灶和少量出血点。盲肠和结肠有少量黄豆大至榛实大的凹陷的浅溃疡。胃底有出血斑点，有片状或带状溃疡。胸、腹腔有大量

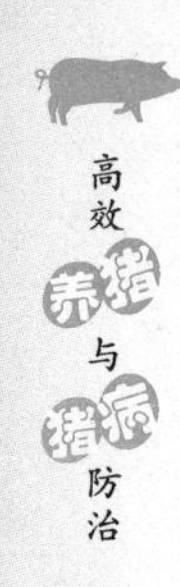

渗出液。

五 诊断

依据临床症状及剖检变化可作出初步诊断，确诊需要进行实验室检查。

病原学诊断可将肺、肝、淋巴结等作涂片，干燥后用甲醇固定，姬姆萨染色检查。

免疫学诊断方法是进行弓形虫感染调查、临床弓形虫病确诊的常用方法。一般采用直接凝集试验、间接血凝试验、酶联免疫吸附试验等方法检测抗弓形虫抗体或循环抗原。另外，以 PCR 为代表的分子生物学诊断方法已广泛应用于寄生虫 DNA 的检测，是近年发展起来的新技术，具有敏感、特异、检测迅速等优点。

六 防治

1. 预防措施

主要防止猫粪污染饲料和饮水；消灭鼠类，防止野生动物进入猪场；病死猪和流产胎儿要深埋或高温处理；发现患病猪应及时隔离治疗；防止猪只与猫、鼠接触；猪舍应注意保洁，定期消毒；粪便要经发酵处理；减少应激，提高猪群抗病能力。药物预防可用磺胺六甲氧嘧啶等添加在饲料中。

2. 治疗方法

注意：磺胺药对弓形虫病后期病猪体内弓形虫的包囊型虫体无效，故治疗应坚持“用药早，疗程足”的原则，可选用下列药物：

磺胺六甲氧嘧啶，用量为 30 ~ 70mg/kg，每 24h 1 次，肌内注射 3 ~ 5 天，重症病猪首选此药。

磺胺-5-甲氧嘧啶，用量为 30 ~ 70mg/kg，每 12h 1 次，肌内注射 3 ~ 5 天。

复合磺胺嘧啶钠，用量为 15 ~ 20mg/kg，每 12h 1 次，病情一般可选此药。

重症病猪应对症治疗，如退热、输液，并用抗生素防止继发感染。病情控制后应继续治疗 1 ~ 2 天。

第九节 猪疥螨病

猪疥螨病是由疥螨科、疥螨属的疥螨寄生于猪皮肤内所引起的皮肤病，又称为“癞”。其主要特征是剧痒、脱毛、皮炎、高度传染性等。猪疥螨病为接触感染性寄生虫病，仔猪最易被感染。

一 病原

疥螨虫体很小，约0.2~0.5mm，肉眼不易见。疥螨的口器为咀嚼型，它在宿主表皮挖掘隧道，以皮肤组织和皮肤渗出的淋巴液为食，在隧道内发育和繁殖。疥螨在宿主体上遇到不利条件时可进入休眠状态，休眠期长达5~6个月，此时对各种理化因素的抵抗力都很强。疥螨离开宿主可生存2~3周，并保持侵袭力。

二 流行病学

感染来源是病猪，健康猪因直接接触病猪或接触被污染的猪栏、用具、物件等被感染而发病。在猪舍潮湿，饲养密度过大，皮肤卫生状况不良时容易发病。尤其在秋末后，猪毛长而密，阳光直射动物的时间减少，皮温恒定，湿度增高，有利于疥螨的生长繁殖。此病夏季少发。

三 临床症状与病理变化

此病潜伏期为2~4周。猪疥螨病一般起始于头部，以后蔓延至背部、躯干两侧和后肢内侧。因虫体在皮肤内打隧道，造成发痒，病猪常在墙角、粗糙物体上摩擦，使局部损伤、发炎、形成水疱和结节，局部损伤感染后成为脓疱，脓疱破溃流出脓汁，干涸后形成黄色痂皮。病情继续发展，皮肤变粗糙、起鳞屑、变肥厚、皲裂、污秽不堪，食欲下降。病情加重会影响睡眠，导致猪生长缓慢，严重的会导致病猪高度衰弱而死亡。病程可持续2~4个月。

四 诊断

根据流行病学、临床症状可作出初步判断，症状不明显时可于

患部与健部交界处采集病料，通过实验室检查发现虫卵、幼虫、若虫或成虫而确诊。

五 防治

1. 预防措施

预防猪疥螨病要搞好猪舍卫生，经常保持清洁、干燥、通风。引进猪时应隔离观察，防止引进病猪；发现病猪应立即隔离治疗，以防其蔓延；在猪只转舍前进行预防性杀虫。

2. 治疗方法

治疗可选用下列药物：

双甲脒，用量为500mg/kg，涂擦、药浴或喷淋。

溴氰菊酯，用量为500mg/kg，药浴或喷淋。

二嗪哝，用量为250mg/kg，药浴或喷淋。

辛硫磷，用量为500mg/kg，药浴。

3%敌百虫（美曲膦酯）溶液患部涂擦。

伊维菌素或阿维菌素，用量为0.3mg/kg，1次皮下注射。

多拉菌素，用量为0.3mg/kg，1次肌内注射。

对猪要反复用药才能治愈。患病猪较多时，应先进行少数试验，然后再大批使用。涂擦给药时，每次涂药面积不超过体表面积的1/3，以免中毒。多数杀螨药对卵的作用较差，故应间隔5~7天重复用药。

第十二章 猪的普通病

第一节 仔猪低血糖症

仔猪低血糖症是以血糖含量大幅度减少并出现脑神经机能障碍为特征的一种新生仔猪疾病，是仔猪血糖浓度降低而引起的一种代谢病，又称为乳猪病或憔悴猪病。此病主要发生于1周龄内的新生仔猪，特别以2~3日龄仔猪发病率最高，一般为30%~70%，甚至可达到100%。此病多发于冬春季，夏秋季节少见。

一 病因

仔猪出生后7天内，体内缺少产生糖异生作用的酶类，糖异生能力差，其代谢调节机能不全。在此期间，血糖主要来源于母乳和胚胎期储存肝糖原的分解，如胎儿时期缺糖或出生后因各种原因引起仔猪吮乳不足或缺乏，加上新生仔猪活动增加，体内耗糖量增多，则有限的能量储备迅速耗尽，血糖急剧下降。当血糖低于50mg/100mL时，便会影响脑组织的机能活动，出现一系列神经症状；严重时机体陷入昏迷状态，最终死亡。

导致仔猪低血糖症的主要原因有：

1）产房的温度较低。低温是造成新生仔猪低血糖症的主要原因之一。由于寒冷的环境，新生仔猪为了维持正常体温，就必须增加体内糖原的消耗，使体内储存的糖原减少，当新生仔猪对糖原的需求量大于糖原的供给量，并达到一定的差距而又不能及时得到补充时，便发生了低血糖症。

2）母猪无乳或乳量不足。由于母猪在妊娠后期饲养管理不善，造成母猪无乳、少乳、乳中含糖量低下；或者是母猪患病，如患乳房炎、发热等疾病，致使出现泌乳障碍，造成产后乳量不足或无乳。仔猪因为饥饿、获取糖原不足或未能获取糖原而发生本病。

3）仔猪出生后吮乳不足或消化吸收机能障碍。仔猪先天身体较弱、生活能力低下而不能充分吮乳；仔猪出生后吮乳反射弱甚至消失；个别初产母猪不让仔猪吮乳；同窝仔猪数量过多，母猪乳头不足，有的仔猪抢不到乳头而吃不到母乳；仔猪患有大肠杆菌病、猪链球菌病、猪传染性胃肠炎、先天性震颤等疾病时，吮乳减少，同时因消化吸收机能障碍，以及初乳过浓，乳蛋白、乳脂肪含量过高，妨碍了新生仔猪的消化吸收。

4）新生仔猪在母体内发育不良。由于母猪孕期的营养、管理及疾病等方面的因素，致使新生仔猪在母猪体内生长发育不良，体内储存的脂肪酸和葡萄糖不足，生酮和糖异生作用成熟迟缓，导致仔猪先天性糖原不足而出现低血糖症。

5）仔猪生后活动加强，体内耗糖量增多，在胎儿时期缺糖或生后不能充分获得糖的补充时，血糖即急剧下降。

二 临床症状

常在一窝或几窝中有几只仔猪发生此病，仔猪初期精神不振，四肢软弱无力，肌肉震颤，步态不稳，不愿吮乳，离群伏卧或钻入垫草呈嗜睡状，皮肤发冷、苍白，体温低。后期病猪卧地不起，被毛蓬乱无光泽，粪便、尿液呈黄色；体表感觉迟钝或感觉消失，用针刺时除耳部和蹄部稍有反射外，其他部位无痛感。病猪多出现神经症状，表现为痉挛或惊厥，空嚼、流涎，肌肉颤抖，眼球震颤，角弓反张或四肢呈游泳样划动，心跳缓慢，体温下降到 36～37℃。两眼半闭，瞳孔散大，口流白沫，并发出尖叫声。随病程发展，病猪对外界刺激开始敏感，而后失去知觉，最终陷于昏迷状态，衰竭死亡。病程不超过 36h。

三 病理变化

死猪尸僵不全，皮肤干燥无弹性。尸体下侧、颈下、胸腹下及

后肢有不同程度的水肿，其液体透明无色。血液凝固不良，稀薄而色淡。胃内无内容物，也未见白色凝乳块，肠系膜血管轻度充血。肝脏变化最特殊，肝呈橘黄色，边缘锐利，质像豆腐，稍碰即破。胆囊肿大充满半透明淡黄色胆汁。肾脏呈淡土黄色，表面有散在的针尖大小的出血点，肾切面髓质呈暗红色且与皮质界限清楚。脾脏呈樱红色，边缘锐利，切面平整不见血液渗出。膀胱底部黏膜布满或散在有出血点，肾盂和输尿管内有白色沉淀物。心脏柔软。其他部位未见异常。

四 诊断

从流行病学特点上看，此病常见于母猪妊娠后期饲养管理不当，使母猪缺奶或无奶，新生仔猪饥饿24～48h就发病。寒冷是促使发病的诱因，因此，在冬末春初发病较多。从临床症状上看，病仔猪在病初时步态不稳，心音频数，呈现阵发性神经症状，发抖、抽动。病后期则四肢绵软无力，呈昏睡状态，心跳变弱而慢，体温低。血液生化分析发现，血糖下降到5～50mg/100mL（正常值为76～149mg/100mL）。血液中的非蛋白氮及尿素氮明显升高。

五 防治

1. 预防措施

1）加强母猪的饲养管理。母猪孕期要保证母猪从日粮中获得充足的营养物质，满足胎儿生长发育需要，但不要使母猪过于肥胖。妊娠母猪后期应增加日粮中蛋白质、维生素、矿物质及微量元素的含量，并适当增加能量饲料和青绿多汁饲料，保证胎儿的正常发育和分娩后母猪有充足的乳汁。在母猪生产时，注意圈内的清洁卫生，以防止感染生殖器官疾病和乳房炎等疾病；同时注意泌乳母猪的日粮调配，保证日粮营养全面，易消化，适口性好，并供应充足的饮水。在管理上要注意适当运动，增强母猪体质，从而生产出质量比较高的仔猪。

2）固定乳头，吃早、吃足初乳。早吃初乳可以及早地获得免疫力，获得丰富的营养，尽快产生体热，增加抗寒抗病能力。一般仔

猪出生后半小时内要吃上初乳。

3）母猪的妊娠后期要增加能量饲料，或在产前1周到产后5天每天给母猪补充白糖50～100g，溶于水后拌入饲料让猪自食。

4）对常发此病的猪群可采取葡萄糖盐水补给预防。于产后12h开始，给仔猪口服20%葡萄糖盐水，每次10mL，每天2次，连服4天。

2. 治疗方法

治疗以补糖为主，辅以可的松制剂，促进糖异生。

腹腔注射5%～20%葡萄糖液10～20mL，每隔4～6h 1次，连用数天，至仔猪能哺乳或吃食人工配料为止；或口服50%葡萄糖水15mL，每天3～6次。

地塞米松磷酸钠注射液，按1～3mg/kg放入葡萄糖注射液内，腹腔注射；也可肌内注射，每天1～3次，4天为1疗程。

用10%或25%葡萄糖注射液10～20mL，加维生素C 0.1g混合后，腹腔内注射，每隔3～4h一次，连用2～3天。对症状较轻者可用25%葡萄糖液灌服，每次10～15mL，每隔2h 1次，连用2～3天。为了防止复发，停止注射和灌药后，让其自饮20%的白糖水溶液，连用3～5天。

促进糖异生，可用醋酸氢化可的松25～50mg或者促肾上腺皮质激素10～20单位，一次肌内注射，连续3天。

第二节　仔猪白肌病

仔猪白肌病是以仔猪骨骼肌和心肌发生变性、坏死为主要特征的营养代谢病。发病多见于20日龄到3月龄生长发育良好、体质健壮的仔猪，多于3～4月份发病。

一　病因

此病主要是由于饲料中缺乏微量元素硒和维生素E而引起的。

二 临床症状

此病常发生于体质健壮的仔猪。有的病程较短，突然发病，发病初期的表现为精神不振，猪体质迅速衰退，往往出现起立困难的病状，病势再发展，则四肢麻痹，呼吸不匀，心跳加快，体温无异常变化。病程约为3~8天，最后倒毙。也有的病例不出现任何病状，即迅速死亡。病程较长的，表现为后肢强硬、拱背，站立困难，常呈前腿跪立或犬坐姿势。严重者坐地不起，后躯麻痹表现神经症状，如转圈运动，头向一侧歪等，呼吸困难，心脏衰弱，最后死亡。病变特征：腰、背、臀等肌肉变性，色淡，似煮肉样，而得名白肌病。

三 病理变化

死猪尸体剖检时，可见骨骼肌上有连片的或局灶性大小不同的坏死，肌肉松弛，颜色呈现灰红色，如煮熟的鸡肉。此种灰红色的熟肉样变化，时常是对称性的，常发现在四肢、背部、臀部等肌肉，此类病变也见于膈肌。心内膜上有淡灰色或淡白色斑点，心肌明显坏死，心脏容量增大，心肌松软，有时右心室肌肉萎缩，外观呈桑葚状。心外膜和心内膜有斑点状出血。肝脏淤血、充血肿大，质脆易碎、边缘钝圆，呈淡褐色、淡灰黄色或黏土色。常见有脂肪变性，横断面肝小叶平滑，外周苍白，中央褐红。常发现针头大的点状坏死灶和实质弥漫性出血。

四 诊断

诊断抓住几个特点，一是发病与流行特点上以20日龄到3月龄仔猪、幼猪发病为多见，多于3~4月份发病，常呈地方性发生。二是共同症状有运动机能障碍、心力衰竭、消化机能紊乱、腹泻、贫血、黄染等全身症状，严重的有渗出性素质。三是剖检病变特征主要有病死猪的腰、背、臀部等骨骼肌松弛、变性，色淡，似煮肉样，呈黄白色的点状、条状、片状不等。心脏横径增大，似球形。

五 防治

1. 预防措施

注意妊娠母猪的饲料搭配，保证饲料中硒和维生素 E 等添加剂的含量。还应配合使用亚硒酸制剂，如对泌乳母猪，可在饲料中加入一定量的亚硒酸钠（每次 10mg），可防止哺乳仔猪发病。对缺硒地区的仔猪可于出生后第二天肌内注射 0.1% 亚硒酸钠注射液 1mL，有一定的预防作用。有条件的地方，可饲喂一些含维生素 E 较多的青饲料，如种子的胚芽和优质豆科干草。

2. 治疗方法

对病猪可用 0.1% 亚硒酸钠注射液，每头仔猪肌内注射 3mL，20 天后重复一次，同时应用维生素 E 注射液，每头仔猪 50 ~ 100mg，肌内注射，有一定疗效。

第三节 新生仔猪假死症

新生仔猪假死症是刚产出的仔猪呈现呼吸障碍或无呼吸而仅有心脏跳动，又称为新生仔猪窒息。

一 病因

造成生仔猪假死的主要原因有：

1）母猪营养不足。母猪如在妊娠最后两个月缺乏蛋白质，则死产可能会增多。维生素不足或缺乏，对胎儿死亡有一定影响。矿物质缺乏，特别是缺铁，也会使猪的死亡增多。据报道，当母猪血红蛋白含量少于 9mg/100mL 时，便会引起较多的胎儿死亡。若产前注射 500mg 右旋糖酐铁（葡聚糖铁）或日粮中添加 100mg/kg 的硫酸铁，可使死亡率降低至 5% 以下。缺钙会导致围产期胎儿死亡率升高。

2）产出期延长或断脐过早。这是仔猪在产道内死亡的常见原因。我国猪产出胎儿的间隔时间为 2 ~ 3min，引进猪为 11 ~ 17min，整个产出期约为 1 ~ 4h。如果产出期超过 6 ~ 8h，死亡率可由正常的 2.4% 增至 10.6%。仔猪产出的间隔时间延长，如超过 45min，胎儿大多发生窒息而死亡。大体型母猪生产时往往脐带断得早，断脐过早同时排出胎儿缓慢而导致缺氧。

3）母猪体况不佳。初产母猪产道狭窄，母猪过肥或过瘦，年老多胎，产仔过大及产仔过多，或在上次分娩时患了子宫炎、乳腺炎和毒血症、子宫对内源性催产素的敏感性降低等，引起原发性或继发型阵缩和努责微弱。

4）环境管理因素。母猪转移产房太迟，产房卫生条件太差，产房太小，高温环境或分娩时缺乏必要的监护措施等，也常发生窒息和死亡。

二 临床症状

此病多发生于母猪分娩过程中。较轻者，仔猪生下后黏膜青紫，口腔、鼻腔内有大量黏液，呼吸困难，张嘴伸舌，脉搏快弱，体温在34～35℃之间；对针刺有微弱的反应，角膜反射迟钝。严重者，外观类似死亡，呼吸极弱或已停止，黏膜发紫，也有个别黏膜苍白，全身松软，反射消失，有的有微弱的心跳，但已无脉搏，体温极低。严重假死的病例，可在生后3～5min死亡。

三 诊断

根据临床症状可作出诊断。

四 防治

对连羊膜一起产下的新生仔猪，可立即用手撕破羊膜，放出羊水，让其呼吸和活动。

对口鼻部有黏液的新生仔猪，可用清洁的布片将口鼻部的黏液擦干净，并对准鼻孔吹气，促进呼吸，也可用一只手倒提仔猪后腿，促使黏液从气管中排出，再用另一只手轻拍胸部，使胸腔有节奏地一张一缩，直到发出叫声为止。然后，立即肌内注射尼可刹米（一次量0.25～0.5g）、樟脑磺酸钠（一次量0.2～0.3g）、安钠咖（一次量0.5g）等兴奋呼吸中枢的药物。

对呼吸微弱的新生仔猪，可将其仰放在垫草上，用手拉住前肢，令两前肢前后伸屈，一松一紧地压迫胸部，帮助其恢复正常的呼吸功能；也可用酒精涂擦猪鼻刺激其正常呼吸。

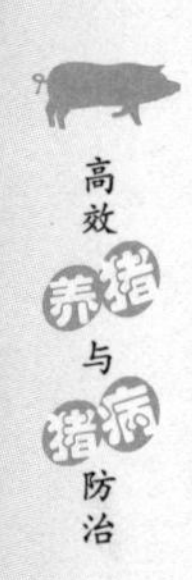

对冻僵的新生仔猪，可将猪头露出水面，猪身浸入40℃的温水中1~2min，温暖猪的全身。

【注意】 发生本病后，必须马上抢救，不能延误。治疗原则一是兴奋仔猪呼吸中枢，使其自主呼吸，二是使仔猪呼吸道畅通。

第四节　仔猪先天性震颤

仔猪先天性震颤是仔猪出生后不久表现全身或局部阵发性痉挛的一种疾病，俗称“抖抖病”或“跳跳病”，临床上有时部分仔猪发生，有时全窝发生。此病严重地影响了仔猪的生长发育和成活率，给养猪业造成一定的经济损失。

一　病因

此病病因目前还没有一致的意见。以前认为此病的发生与母猪孕期营养不良有关，如缺乏维生素和无机盐，磷、钙比例失调等，导致胎儿发育不良，特别小脑发育不全所致。也有报道认为此病属于遗传性疾病，但究竟是由哪些遗传因素引起的却并不清楚。现在的研究多认为引起此病的是一种病毒，若新生仔猪受到寒冷或兴奋刺激以及注射组胺或麻黄碱（麻黄素）都可以加剧此病的发生。

二　临床症状

仔猪出生后立即呈现典型症状，表现为骨骼肌不自主地、有节律地震颤。此种震颤发生于一窝中的全部仔猪。症状严重的占发病仔猪的80%以上，表现为全身肌群剧烈痉挛，使整个躯体和头部强烈抖动，进而表现为难以控制的上下跳动或左右摇摆，以及共济失调，行走困难，被迫呈蹲坐姿势或摔倒在地，难以觅到乳头，口半张开并抖动，吸吮乳头困难。但是，不论肌内抽搐抖动的严重程度如何，在躺卧时症状会减轻，入睡后症状完全消失；醒来后、站立时症状立即再现，外界声、光、触摸及寒冷刺激等，可使症状加剧。有的仔猪吻突、颜面、四肢或后臀大腿部出现擦伤以及干性坏死。患病仔猪因不能哺乳，行动困难，常在出生后数日饿死或被压死、踩死，如至 7～8 日龄仍存活，大多可免于死亡。

三 诊断

根据症状和病史可作出初步诊断，如中枢神经组织发现髓鞘形成不全等病变，则可以确诊。

四 防治

1. 预防措施

主要加强公、母猪的饲养管理，同时加强仔猪的护理，可减少病猪的死亡。查清公猪病史，以及配种后的子代有无此病，多发时应及时淘汰。种猪场发现整窝仔猪同时发病者不宜留作后备猪使用，避免此病通过配种繁殖遗传给后代。母猪日粮中应供给全价饲料，以便仔猪从母乳中得到充分营养，做到“重胎重养、轻胎轻养”，提高胚胎着床率。仔猪可适当喂给补钙和补硒药物。个体太弱或病情严重的病猪应及时淘汰。

2. 治疗方法

药物治疗此病很少获得疗效，治疗可试用维丁胶性钙，每猪肌内注射 1mL，每天 1 次，连续 3 天。也可用钩藤、酸枣仁各 15g，千里光 10g，煎水喂猪。

第五节 胃肠炎

胃肠炎是指胃肠黏膜表层和深层组织的炎症。临床上很多胃炎和肠炎往往相伴发生，故合称为胃肠炎。它以体温升高、剧烈腹泻及全身症状重剧为特征。胃肠炎按病程不同可分为急性胃肠炎和慢性胃肠炎；按病因不同可分为原发性胃肠炎和继发性胃肠炎；按炎症性质不同可分为黏液性胃肠炎（以胃肠黏膜被大量黏液覆盖为特征的炎症）、出血性胃肠炎（以胃肠黏膜弥漫性或斑点状出血为特征的炎症）、化脓性胃肠炎（以胃肠黏膜形成脓性渗出物为特征的炎症）、纤维素性胃肠炎（以胃肠黏膜坏死和形成溃疡为特

征的炎症)。

一 病因

饲料品种的突然改变，喂给腐败变质、霉烂的饲料或不清洁的饮水，胃肠受酸、碱、砷、汞、铅、磷等有强烈刺激性或腐蚀性的化学物质或冰冻饲料的刺激。食入了尖锐的异物损伤胃肠黏膜后被链球菌、金黄色葡萄球菌等感染，而导致胃肠炎的发生。畜舍阴暗潮湿、卫生条件差、气候骤变或过劳等导致动物机体处于应激状态，容易受到致病因素侵害，致使胃肠炎的发生。继发的病症多见于猪瘟、猪丹毒、猪副伤寒、猪出血性败血症及蛔虫病等。

致病因素的强烈刺激，会使胃肠道发生不同程度的病理变化，如充血、出血、渗出、化脓、坏死、溃疡等。胃肠壁上皮细胞的损伤和脱落以及蠕动增强，会严重影响胃肠道内食物的消化和吸收；消化道内的内容物异常分解，其产物进一步刺激胃肠壁，并使粪便恶臭。急性胃肠炎，由于病因的强烈刺激，肠蠕动加强，分泌增多，引起强烈腹泻而引起脱水、电解质丢失及酸碱平衡紊乱；由于黏膜肿胀，胆管被阻塞、胆汁不能顺利排入肠道，细菌得以大量繁殖，产生毒素，加之黏膜受损，可将毒素及肠内的发酵、腐败产物吸收入血液，引起自体中毒。伴随脱水、血液浓缩，外周循环阻力增大，加重心脏的负担；在丧失心脏代偿作用后，迅速发生心力衰竭以至外周循环衰竭，陷于休克。

若炎症局限于胃和十二指肠，由于副交感神经受到抑制，肠蠕动减弱，排粪迟缓；并由于大肠仍具有吸收水分的作用，所以不显腹泻症状。但是胃肠道内的有毒物质被吸收，引起自体中毒。

慢性胃肠炎，由于结缔组织增生，胃底腺、幽门腺和肠腺萎缩，分泌机能和运动机能减弱，引起消化不良、便秘及肠鼓气。肠内容物停滞，内容物发酵、腐败产生有毒物质，有毒物质被吸收入血液，引起自体酸中毒。

二 临床症状

突然出现剧烈而持续性的腹泻，排出水样物，有时伴有伪膜、

血液或脓性物，味恶臭。食欲减少或消失，常饮水，伴发呕吐，有时呕出物中带血。精神委靡，喜卧，间或发生急性腹痛而表现不安。病初体温即增高（40～41℃），皮温不匀，耳尖及四肢有冷感。鼻端发热，结膜发红，呼吸加快。肛门及尾部沾有粪液，有的大便失禁。肠音增强，长时间腹泻后，肠音逐渐消失。随着病情的发展，腹泻严重的病猪眼窝低陷，呈失水状，四肢无力。最后起立困难，呼吸、心跳快而弱，肌肉震颤，体温下降，随后全身衰竭而死。一般病情严重的病猪经1～3天死亡，较轻者可延至1周左右。

炎症局限于胃和十二指肠的胃肠炎，病畜精神沉郁，体温升高，心率增快，呼吸加快，眼结膜颜色红中带黄色。口腔黏腻或干燥，气味重，舌苔黄重；排粪迟缓、量少，粪干小，色暗，表面覆盖大量的黏液；常伴有轻度腹痛症状。

慢性胃肠炎，病畜精神不振，衰弱，食欲不定，时好时坏，挑食；异嗜，往往喜爱舔食砂土、墙壁和粪尿。便秘或者便秘与腹泻交替，并有轻微腹痛，肠音不整。体温、脉搏、呼吸常无明显变化。

如由中毒而引起的，则体温往往正常，有腹痛症状而不一定发生腹泻，严重的会食欲消失，随后四肢无力，约经1～3天全身痉挛而死亡。

三 病理变化

肠内容物常混有血液，味腥臭，肠黏膜充血、出血、脱落、坏死，有时可见到伪膜并有溃疡或烂斑。

四 诊断

病初精神委靡，多呈现消化不良的症状，以后渐或迅速呈现胃肠炎的症状。排出水样物、血液或脓性物，味恶臭。食欲废绝，饮欲增加，鼻盘干燥，可视黏膜初暗红带黄色，以后则变为青紫，呕吐，腹痛。少见便秘，多数腹泻，重症时肛门失禁，呈现里急后重现象。出血性胃肠炎，可视黏膜苍白，粪便变黑呈柏油状。

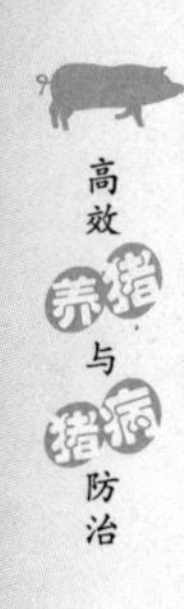

五 防治

1. 预防措施

此病发生的主要原因是饲养管理不当，因此，必须加强饲养管理，防止喂给有毒食物及腐败发霉的饲料，注意清洁，定期做好肠道寄生虫病的驱虫工作，在冬季应做好棚舍的通风保温工作。

2. 治疗方法

治疗首先应除去病因，着重抑菌消炎，配合强心、补液、解毒及清理胃肠，减少微生物、毒物和刺激性物质的存积。随着病情好转，应喂以营养较好且易于消化吸收的饲料。

单纯性胃肠炎用磺胺脒5～10g、碳酸氢钠2～3g，混合后一次内服，每日2次；下痢不止时，用鞣酸蛋白、次硝磺胺噻唑5～6g，日服2次。

如有脱水，可用糖盐水1 000～1 500mL、10%樟脑磺酸钠5～10mL（或10%安钠咖5～10mL）、25%维生素C 2～4mL一次静脉注射。如有酸中毒，可加5%碳酸氢钠10～50mL。

如腹泻不止，可在次硝酸铋（碱式硝酸氧化铋）、没食子酸铋、鞣酸蛋白及明矾中任选一种内服。剂量均为2～5g。

有腹痛不安或呕吐表现时，可内服颠茄酊1～3mL或复方颠茄片2～4片。必要时可皮下注射阿托品2～3mg。

中药治疗：

马兰根、板兰根、大青叶各25～100g，忍冬藤、败酱草、白毛夏枯草各50～100g，煎服。若体温高可加生石膏100g。

一枝黄花100g，杏香兔耳风150g，白毛夏枯草200g，以水煎服。

焦白术15g、车前草15g、泽泻20g、滑石30g、陈皮20g、甘草5g、六曲20g，以水煎服。

槐花10g、地榆10g、黄芩15g、藿香15g、青蒿15g、赤苓10g、车前草15g，以水煎服。以上为25kg左右猪只的用量，有便血症状时可用此方。

第六节 佝偻病和软骨病

仔猪佝偻病是由钙、磷缺乏或比例失调引起的，其中先天性佝

偻病是由母猪营养缺乏导致仔猪胚胎期骨发育不良引起。佝偻病常发生于生长迅速的小猪，软骨病常发生于妊娠后期过多泌乳的母猪。

一 病因

饲料中钙和磷缺乏，幼龄猪发生佝偻病，成年猪出现软骨病。饲料中钙、磷比例应为2∶1或1∶1，如果比例不当，钙多磷少，或钙少磷多，都会影响钙的吸收，机体缺钙、维生素D不足与缺少日光照射，妨碍钙及磷的代谢时可诱发本病。维生素D能保持钙、磷在机体中比例的平衡，使钙、磷在骨骼中沉着，保持骨骼健康正常。当维生素D缺乏时，钙、磷不能被充分吸收，直接影响到骨骼中磷酸钙的合成，导致机体缺钙。

二 临床症状

佝偻病初期，幼龄仔猪生长发育不良，食欲减少，出现异食癖，喜食泥土、污物，皮毛粗松，逐渐呈现面骨肿胀，后肢关节增大与肿痛，长骨扭转或各种骨骼歪曲，甚至发生骨折。成年猪呈现食欲不振，消化不良，站立不稳，麻痹，跛行，骨质松软，易发生自发性骨盆骨、股骨、腰椎、荐椎骨等骨折。

三 诊断

根据临床症状表现可作出初步诊断。

四 防治

1. 预防措施

此病重在预防，日常多给青饲料，多照射日光，并应在饲料中加入适当的钙质（最好为骨粉）。

此病为慢性营养障碍，治疗期较长，应多开门窗使阳光照入，必要时可在运动场放牧，改善饲料配合，饲料要多样化，要加入3%以上的钙质（碳酸钙、骨粉或蛋壳粉），多给青饲料。妊娠母猪后期和哺乳期，应适当加辅助料，如鱼粉、蚌壳粉等。

2. 治疗方法

乳酸钙，用量为0.5～2g，拌于饲料中喂服。

维生素AD注射液，用量为仔猪每头0.5～1mL，50kg体重的猪

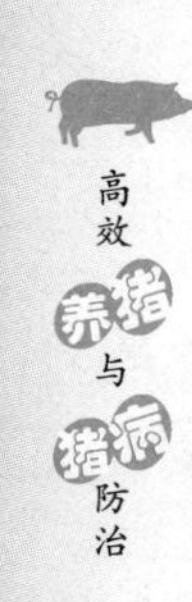

2～4mL，肌内注射。

维丁胶性钙注射液，用量为10kg体重的猪1mL，肌内注射，每日1次，连用3天。

10%葡萄糖酸钙注射液，用量为30kg体重的猪20mL，静脉注射，每日1次，连用3天。同时，口服浓鱼肝油丸1粒，每日2次，连服3天。

蛋壳粉、骨头粉、贝壳粉各500g，每天服1次，每次50～100g，拌于饲料中喂给。

何首乌、牛膝各20g，蚌粉、石决明、杜仲、续断、骨碎补各15g，牡蛎、龙骨粉各25g，秦艽10g，甘草30g，共研细末，分2次拌于饲料内，让猪自食。

蚌壳或螺蛳壳500g，研粉，每天服1次，每次50～100g。

第七节　子宫内膜炎

母猪子宫内膜炎是母猪子宫黏膜的炎症。它是困扰许多猪场，尤其是大型规模化猪场的常见母猪生殖器官疾病。该病可导致母猪不孕，若治疗不及时将给猪场造成巨大损失。

一　病因

此病病因复杂，大体可归纳为原发的细菌感染、母猪患病继发细菌感染、公猪患病引发母猪感染，以及饲养过程中不严格执行操作规程等几个方面。

1. 细菌感染

病原菌感染如大肠埃希菌、链球菌和绿脓杆菌是引起母猪子宫内膜炎的主要原因，另外还有化脓放线菌、沙门氏菌、葡萄球菌、克雷伯菌等，真菌如念珠菌、放线菌和毛霉菌等引起的感染。

2. 母猪因素

母猪本身患有疾病，如猪瘟、猪细小病毒病、猪伪狂犬病、猪乙型脑炎、猪繁殖与呼吸综合征、病毒性腹泻、结核病、布鲁菌病和滴虫等容易继发感染子宫内膜炎。母猪在分娩、难产、产褥期中抵抗力下降，抗病能力削弱，如果内外环境中存在病原，也易引发

此病。另外，正常子宫内存在一些内源性病原菌，在正常情况下，内源性病原菌不能大量繁殖，一旦受到应激或饲粮缺乏某些维生素时，机体抵抗力下降，内源性病原菌大量生长繁殖，毒力增强，从而引起子宫内膜炎。妊娠母猪重胎期（即妊娠后80～100天）不吃料或少吃料，妊娠母猪从日粮中获得钙离子少，而钙离子是子宫收缩的原动力，故妊娠母猪在炎热的夏天出现不同程度的生产不正常现象，特别是初产母猪更加明显，这也是引起子宫内膜炎的原因。

3. 公猪因素

公猪生殖器有疾患，精液有炎性分泌物或配稀释液过程中有病原菌污染等，通过交配或人工授精均可能感染母猪而引发子宫内膜炎。

4. 饲养管理不当及不合理操作

饲养管理不当，使母猪体质下降，非特异性免疫力下降，也容易受到致病菌的感染而引发本病。猪舍环境不清洁，场地消毒不严，流产及死胎的胎衣、胎儿处理不当污染环境，也可能造成外源性的感染。配种、人工授精、阴道检查时未对公、母猪生殖道进行消毒，以及器械、操作人员手臂未进行消毒或消毒不严格；输精操作不熟练损伤产道；输精频率过高，导致机械损伤和感染。子宫收缩乏力及难产、胎衣不下、恶露蓄积或死胎未排发生腐烂而引起子宫内膜炎。阴道脱出、子宫脱出等造成母猪产道损伤而引起感染。

二 临床症状

母猪子宫内膜炎按临床表现不同可以分为急性子宫内膜炎、慢性子宫内膜炎和隐性子宫内膜炎三类，其中以慢性子宫内膜炎多见。

1. 急性子宫内膜炎

病猪精神不振，食欲减少或不食，体温升高，鼻盘干燥，不时见拱背努责，频频排尿，阴门不时流出灰黄色或灰白色的污秽、有腥臭味的分泌物，有的夹有胎衣碎片，卧下时更明显，哺乳母猪泌乳量减少，不愿给仔猪哺乳。

2. 慢性子宫内膜炎

慢性子宫内膜炎较为多见，病猪有轻度全身反应，症状明显，精神沉郁，体温升高，食欲减少或不食，饮欲增加，鼻镜干燥，尿

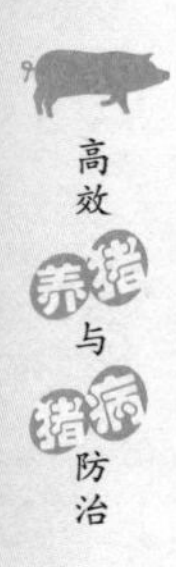

少赤黄。主要在种母猪尾根、阴门周围有恶臭味的黏稠分泌物，干后形成薄痂，颜色为淡灰色、白色、黄色、暗灰色等，站立时不见黏液流出，卧地时流量较多，种母猪逐渐消瘦。哺乳母猪拒绝给仔猪哺乳，或泌乳量减少、无乳，或乳汁质量差，致使哺乳仔猪拉稀，发育不良；或发情周期紊乱，屡配不孕；或产仔少，产死胎；有的病猪出现进行性消瘦，继发感染败血症者可能以死亡告终。

3. 隐性子宫内膜炎

病猪一般无明显的全身症状。食欲时好时差，发情周期不正常且无规律，屡配不孕，冲洗子宫时会流出略浑浊似清鼻涕样的液体。

三 病理变化

母猪子宫和卵巢发生水肿，子宫角内蓄积较多液体，少数有脓性物质。经组织切片检查，发现病猪卵巢淤血，卵泡坏死。子宫水肿，子宫黏膜脱落，血管变性。有的母猪阴道黏膜下层和固有层水肿。

四 诊断

根据临床症状可作出初步诊断。

五 防治

1. 预防措施

预防母猪子宫内膜炎，要科学规范化饲养母猪，做到日粮全价，根据空怀、妊娠、哺乳等不同时期合理搭配饲料，有效保证母猪健康，提高母猪的非特异性免疫力。对公猪精液应进行有效的检验，以保证安全可靠。加强人工输精员兽医卫生规范的培训，提高无菌操作观念，减少由人为因素造成的子宫内膜炎。把好配种消毒关，输精管、注射器均需高温消毒备用。除此之外，应根据当地疫情制定好免疫程序，尤其要做好猪繁殖障碍性疾病的免疫工作。

2. 治疗方法

根据病原菌的分离鉴定及药敏试验结果选择抗生素是治疗子宫内膜炎的必要手段。可考虑以下治疗方案：

当发生全身症状的患猪体温升高时，可选用阿莫西林、头孢拉

定，配合链霉素、柴胡注射液、地塞米松、维生素 C、碳酸氢钠、0.9%生理盐水静脉滴注，待症状好转后给予子宫清洗。子宫清洗可选用0.1%依沙吖啶（类佛奴尔）、0.05%高锰酸钾溶液、5%聚维酮碘、3%过氧化氢（双氧水）或0.2%百菌消等500～1 000mL，用灌肠器或一次性输精器反复冲洗，以清除滞留在子宫内的炎性分泌物，每天冲洗1次，连续3天。

子宫内投药可选用青霉素、链霉素、林可霉素、新霉素、碳酸氢钠等药物溶解于90mL的生理盐水及40国际单位的缩宫素混合液中，进行一次性子宫给药，每天1次，连用3～5天，不见好转者淘汰。

白头翁15g，地骨皮20g，黄柏15g，知母15g，延胡索15g，以水煎服。

两面针根、野菊花各50g，煎水5碗，冲洗子宫，连洗2天。

野牡丹、三白草、鸡冠花各100g，煎水喂服。红曲10g、红糖100g，冲开水和于饲料内喂服。

第八节 母猪非传染性繁殖障碍

繁殖障碍是指动物在繁殖过程（包括配种、妊娠和分娩等几个环节）中，由于疾病等因素造成不能受孕，或受孕后不久胚胎或胎儿发生死亡。其中有传染性病因，也有非传染性因素。母猪非传染性繁殖障碍主要包括青年母猪初情期迟缓，经产母猪断奶后不发情、配种后不受孕或发情微弱及卵巢囊肿。

一 病因

1. 初情期迟缓

1）卵巢发育不全。多发于长期患慢性消化系统疾病、慢性呼吸系统疾病、寄生虫病的后备母猪。由于卵巢发育不全，使得卵巢内没有大的卵泡发育，以致不能分泌足够的激素引起发情。

2）异性刺激不够。猪的初情期早晚除由遗传因素决定外，同时与后备母猪开始接触公猪的时间有关。有试验结果证明，当后备母猪达160～188日龄时，用性成熟的公猪进行直接刺激，其初情期可

提前约30天。

3）饲养管理不当。后备母猪在培育期间由于营养水平过低或过高，造成母猪体况过瘦或过肥都会影响其正常的性成熟。有些母猪体况虽正常，但在前期饲养中长期缺乏维生素E、生物素等养分，性腺发育受到抑制，性成熟延迟。饲料霉变是引起近年来猪只抵抗力下降，出现初产母猪不发情，经产母猪不排卵，导致母猪非传染性繁殖障碍的主要原因之一。

2. 母猪断奶后不发情

1）年龄与胎次。正常情况下，85%～90%的经产母猪在断奶后3～7天表现发情，却只有60%～70%的后备母猪在首次分娩后的第1周发情。这就是全世界养猪业普遍出现的一胎母猪不发情现象。出现这一现象的原因可能是后备母猪仍在发育中，并没有完全达到体成熟，后备母猪在第一胎哺乳过程中，出现了过度哺乳的现象，从而使母猪子宫恢复过程延长。

2）气温与光照。夏季环境温度达到30℃以上时，母猪卵巢和发情活动受到抑制，青年母猪尤其明显，不发情时间可超过数十天。每日光照超过12h对发情也有抑制作用。同时高温会使公猪精液质量严重下降，从而导致母猪返情率升高。

3）营养因素引起乏情。最常见的因素是能量不足。哺乳期要使母猪体重损失控制在最低水平，对后备母猪应尤其注意。在哺乳期1周后，母猪应采取自由采食。夏季要保证猪的食欲。成群饲养的母猪，要对个别瘦弱母猪进行特别维护。

4）管理因素。断奶太迟，哺乳期延长将使母猪体重丢失过多、体况偏瘦，从而引起母猪延迟发情或乏情；缺乏较好的配种设施，配种人员对母猪的发情鉴定技术和配种技术不过关，也将引起对母猪乏情的失控。

3. 多次配种后不受孕怀胎

1）受精发生障碍。子宫炎或子宫内分泌物阻碍精子的运动和生存，精子达不到受精部位；输卵管炎或水肿、蓄脓症及卵巢粘连等，均可引起输卵管闭锁，不能受精。

2）受精卵死亡。发情早期或晚期受精，以及使用了保存时

间长的精液；公猪热应激体温升高以后配种，导致受精卵早期死亡。

3）胚胎在交配后 12 天内死亡。即在子宫内游浮的胚胎常因子宫乳组成的异常或遭受高温、咬架、转栏、运输和采食霉变饲料等应激，影响着床而迅速死亡。

4）配种 25 天以后再发情的母猪由于交配时或产后生殖器官感染，胚胎发生死亡并被吸收，子宫内胚胎全部消失，母猪可再发情。若是胚胎骨骼形成后死亡，可引起干尸化，长期停滞在子宫内，可引起母猪不发情。

5）其他原因。除母猪方面的细菌感染、激素分泌失调和饲养管理不当等因素外，在公猪方面应作精液检查，特别是在炎热的夏季，精液质量会出现暂时性的降低，从而严重影响受胎率。

4. 卵巢囊肿

卵巢囊肿是最常见的猪卵巢疾病，一侧或两侧卵巢均可发生。卵泡的生长、发育、成熟取决于垂体的 FSH（卵泡刺激素）和 LH（黄体生成素）平衡作用。特别是在排卵上 FSH 和 LH 两者的平衡尤其重要。如果没有达到平衡，LH 量减少，则不发生排卵，卵泡逐渐积留许多的卵泡液，使卵泡增大。卵泡囊肿的原因之一是促甲状腺激素分泌过多。

二 临床症状

初情迟缓的主要表现为生长发育正常的大型后备母猪到 7 月龄后仍未见发情；经产母猪断奶后第十天以后仍不发情；母猪多次发情配种不怀孕，即屡配不孕；一侧或两侧卵巢囊肿。

三 诊断

根据发病原因和临床症状分析可以作出初步诊断。

四 防治

1）初情期迟缓可从以下几方面考虑：

营养调控。体况瘦弱的母猪应加强营养，短期优饲，补喂优质青饲料，使其尽快达到 7～8 成膘；对过肥母猪实行限饲，多运动少

给料，直到恢复种用体况。

管理措施。对母猪进行调圈处理；用公猪刺激；过肥母猪进行饥饿处理，与以前饲料减半。

激素诱导。对不发情后备母猪肌内注射800~1 000单位孕马血清诱导发情和排卵，再注射600~800单位的HCG（绒毛膜促性腺激素），可在3~5天内表现发情和卵泡成熟排卵。

考虑遗传因素。采取多种措施，母猪在9~10月龄还不见初情期的，可能为遗传原因或其他原因，应及时淘汰，以免造成更多的损失。

2）母猪断奶后不发情的对策是：加强对母猪的管理，合理使用药物治疗。对初产母猪，断奶后当天肌内注射孕马血清1 000~1 500单位。经产母猪，经15天仍不发情的应注意观察发情，在21~23天仍看不见发情的，可根据膘情状态、体形大小，再行肌内注射孕马血清1 000~1 500单位，同时注射HCG500单位。

3）多次配种后不受孕怀胎预防：黄体酮30~40mg或雌激素6~8mg，配种当日肌内注射；或用25%葡萄糖溶液30~50mL，加入氯霉素750mg，于最后一次配种（授精）后3~4h注入子宫内，可使受胎率达到74.23%~80.32%。

4）卵巢囊肿的防治办法是：使用促黄体制剂，如促黄体素释放激素（LHRH）或人绒毛膜促性激素（HCG）等，引起黄体退化。用LHRH 100~300μg，一次肌内注射，并通过直肠检查判断卵巢的反应性，反复使用2~4次。从治疗到呈现发情约22天，其发情率达77.40%（41/53），受胎率达70.30%（26/37）；再者用垂体前叶促性腺激素（APC）肌内注射，也能获得良好的受孕怀胎效果；黄体酮40mg肌内注射也有效果。

第九节　产后泌乳障碍综合征

母猪产后泌乳障碍综合征（PPDS）是指母猪分娩后2~3天以内，以乳汁的生成和排出全部或部分停止为主要特征的一种综合征，又称乳房炎—子宫炎—无乳综合征（MMA），也称泌乳失败、产后菌毒血性无乳症。该病是规模养猪场的常见病和多发病。母猪产后泌乳障碍综合征造成母猪产后泌乳减少，乳汁稀薄如水，乳汁中带

有凝乳絮片。此病会引起仔猪生长发育不良、低血糖症、下痢，死亡率提高，严重的甚至整窝死亡。

一 病因

1）营养因素。母猪日粮配合不合理，饲料单一，适口性较差；营养水平过低，维生素、微量元素缺乏（如维生素 E 和硒）；饲料突然更换。饲料原料粉碎过粗或过细（过粗导致消化不良，过细导致便秘）；饲料储存不当导致发霉变质等。母猪过肥也容易发生母猪产后泌乳障碍综合征。

2）应激因素。母猪妊娠后期转群的驱赶以及产房环境的变化，分娩时的紧张，分娩时间长，体力消耗过大，造成产后母猪体质虚弱，这些因素致使母猪产后泌乳减少。

3）管理因素。母猪的生活环境恶劣，如生活空间狭小、光照不足、地面潮湿、粪尿不能及时清除，产前、产后母猪后躯易被污染，引起子宫内膜炎。乳头被污染易引起乳房炎，乳腺泡和乳腺管炎性肿胀阻塞时，可造成乳汁潴留和反馈性抑制乳汁生成激素和排乳激素的释放，使泌乳力下降。妊娠中期饲喂量过大可造成母猪肥胖，使乳房内发生脂肪浸润，影响乳腺发育。妊娠后期营养水平过低，猪内分泌紊乱，导致泌乳减少或停止。

4）气候因素。母猪产后泌乳障碍的发病率因季节不同而不同，夏季的发病率明显高于其他季节。猪的散热能力很差，夏季高温环境可以使猪呼吸频率增加，直肠温度升高，脉搏次数减少，采食量下降。当环境温度由 18℃升高到 28℃时，哺乳母猪的自由采食量下降 40%，泌乳量减少 25%。

二 临床症状

母猪表现为厌食，委靡不振，体温正常或稍升高（39.5 ~ 41℃）；常发生便秘，粪便干，呈黑褐色，严重者粪便呈小硬球状，外面有黄白色的黏液；乳房肿胀坚实，有热感，触诊时有痛感，母猪拒绝给仔猪哺乳；无乳或仅能挤出少量稀薄的乳汁，严重的病例乳房肿胀，皮肤光亮，乳汁呈清水样，容易发生乳房坏疽。发生乳房坏疽的病猪体温升高，精神委顿，乳房青紫色，仅能挤出少量带血的清水。部分母猪有子宫内膜炎的症状，阴道常流出黄白色的脓性分泌物，在尾巴和阴门周围形成污秽不洁的痂垢。仔猪表现为饥饿、消瘦，常常不停地拱母猪或追赶母猪。仔猪皮肤苍白、消瘦，死亡率增高，严重的整窝仔猪死亡。

三 诊断

根据母猪临床表现即可作出诊断。

四 防治

1. 预防措施

1）加强饲养管理，合理投放饲料。根据母猪妊娠期和哺乳期分别配制饲粮，特别是注意饲料中维生素的含量。哺乳期饲粮要选择易消化的优质原料配制。妊娠母猪应加强饲养管理，防止机械性撞伤。

2）保持良好的卫生环境。减少应激，做好环境卫生工作，保证母猪有一个舒适、清洁的环境，夏季注意防暑降温，冬季注意防寒保暖，同时合理地对母猪进行免疫。

3）在产后母猪饲料中添加适口性较好的多汁饲料。在母猪产后饲料中添加甜菜、胡萝卜、南瓜等青绿多汁饲料，可以有效提高产后母猪的食欲，预防产后母猪厌食。

4）母猪产后2~3天内饲喂中药制剂益母生化散。益母生化散（主要成分为益母草、当归、红花、川芎、桃仁、干姜、甘草等）具有补气益血、活血化瘀、温经止痛的作用，能促进母猪产后子宫复原和乳汁分泌，对产后胎衣不下、恶露不尽、血瘀腹痛、气血不足有特效。一次量100~150g，用开水浸泡或水煎，药液加红糖250~300g、磷酸氢钙5~8g灌服，药渣混合在饲料中饲喂，每天一次，连用3天。

5）对产后虚弱的母猪加强护理。母猪生产时出现胎位不正、难产、产仔时间长、体力消耗过大等原因造成产后母猪身体虚弱、食欲不佳、无乳或少乳，可以采用输液治疗。具体措施为：25%葡萄糖注射液300~400mL，三磷腺苷2~6mL，维生素C注射液5~10mL；复方生理盐水500mL；5%葡萄糖酸钙注射液200mL。肌内注

射复方维生素 B 注射液 5mL，或新斯的明注射液 3～5mL。灌服健胃散每次 100g，每天 2 次，连用 3 天。

2. 治疗措施

对无乳症可肌内注射或静脉注射催产素，催产素可使乳腺腺泡周围的肌上皮样细胞和平滑肌细胞收缩，有利于乳汁排出。催产素还可以促进子宫平滑肌的收缩，有利于排出胎衣和恶露，加速子宫的复旧过程。用量为 20～30 单位，每天 1 次，连用 3～4 天，可以有效治疗母猪产后无乳。

对产后母猪子宫内膜炎可用氧氟沙星 1.2g、地塞米松 25mg、0.5% 甲硝唑注射液 100mL 灌入子宫内，隔日 1 次，连用 3～5 次。或氟苯尼考 1g、0.5% 甲硝唑注射液 100mL 子宫内灌入，隔日 1 次，连用 3～5 次。每次用药的第二天肌内注射苯甲酸雌二醇 5mg，用药后 5～6h 肌内注射催产素注射液 10～30 单位，促进子宫内的液体排出。

对产后母猪患乳房炎可以采用普鲁卡因青霉素乳房基底部封闭疗法。具体做法是：用 8 号或 9 号的长针头沿患病乳房的基底部平行于乳房的基部刺入 8～10cm，注射青霉素 320 万单位和 5mL 普鲁卡因的悬浊液，每天 1～2 次，连用 3～5 天。或用 10% 氧氟沙星注射液 15～20mL，肌内注射，每天 1～2 次，连用 3～5 天。也可采用青霉素、林可霉素等药物于乳房基底部注射或肌内注射来治疗乳房炎。对乳房红肿的病例可以用硫酸镁溶液热敷结合鱼石脂外用，对症治疗，消肿止痛。

中草药治疗：蒲公英 20g，地锦草 20g，芦根 300g，忍冬藤 2000g，煎服，连服 3 剂。此方可治母猪虚热无乳。

王不留行 15g，穿山甲 10g，通草 15g，以水煎服。

王不留行 15g、荆三棱 50g、益母草 50g、小青皮 25g、杜红花 2.5g、大木通 10g、赤芍 15g、神曲 30g，共煎成药汁 2000g，每日 2 次，每次拌入料内服 500g，连服 3～4 天。

第十节　母猪瘫痪

母猪瘫痪又称产后麻痹或风瘫，是以产前产后母猪四肢运动能力丧失或者减弱为特征的一种钙、磷不足或比例失调性疾病，可分

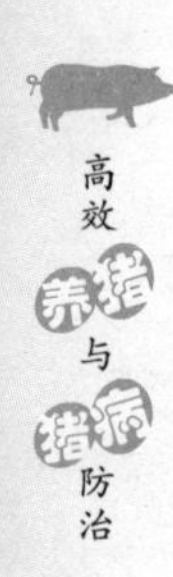

产前瘫痪和产后瘫痪。在饲养管理粗放、饲料条件较差和气候寒冷的情况下极易发生母猪瘫痪。该病发生后，不但会影响母猪的利用价值，而且也会影响仔猪的质量，给生产造成很大的损失。

一 病因

主要原因有：母猪口粮中精料比例过高，据观察，在饲喂粗饲料较多的猪场，母猪产仔后很少发生瘫痪。母猪口粮中钙、磷不足，当口粮中钙磷不足时，母猪产仔后就会动员骨骼中的钙和磷，导致母猪体内钙、磷缺乏，特别是高产母猪就更容易发生该病。料中谷类、豆类比例过大，谷类、豆类中所含磷大多以植酸磷的形式存在，这种磷不但不易被猪吸收，而且还会妨碍钙的吸收，使猪体组织中钙、磷严重不足，导致瘫痪。母猪生产力高，产仔多，泌乳力强，母猪体内的钙被大量消耗后，没有得到及时补充。口粮中缺乏维生素 A，造成神经系统病变，骨骼肌麻痹而呈现的运动的失调，最初见于后肢，然后见于前肢。母猪分娩由于胎儿过大，胎位不正、难产，以及强力拉出胎儿造成闭孔神经和臀神经受到压迫或损伤引起麻痹。

二 临床症状

母猪瘫痪一般发生在产前数天及产后 30 天内，个别母猪在产后几天内就会出现腰部麻痹，瘸腿及瘫痪的现象。瘫痪之后，母猪食欲减退或者不食，行动迟缓，粪便干硬呈算盘珠状，喜饮清水，有拱地、啃砖、食粪等异食现象，但体温正常，瘫痪发生后，病猪起立困难，扶起后呆立；站立不能持久，行走时后躯摇摆、无力；驱赶时后肢拖地行走，皮肤神经敏感度提高，并有尖叫声，最后瘫卧不动。瘫痪后的母猪泌乳明显下降，饮食困难或不食，消瘦，直至死亡。

三 诊断

根据发病特点和临床症状可作出诊断。

四 防治

1. 预防措施

合理搭配饲料，力求口粮营养均衡。狠抓母猪饲养标准，多喂青饲料或优质草粉，并补喂矿物质饲料和添加剂等，可有效提高

母猪生产力和预防母猪瘫痪。对处于妊娠期和哺乳期的母猪，每日每头可喂优质骨粉、食盐各 20g，同时补充维生素 A、维生素 E 等。日常饲料中掺入 1% 石粉或粗制碳酸钙及 1% 食盐，也可预防本病。

2. 治疗方法

发病时应对病猪加强护理，多垫清洁干草，每天翻身数次，以防褥疮的发生。

对重症病猪，可用 10% 的葡萄糖酸钙注射液 100 ~ 150mL，一次耳静脉注射，另用维丁胶性钙 10mL 肌内注射，普鲁卡因 10mL 肌内注射，每日 1 次，连用 3 ~ 4 天。

用四三一合剂或 10% 樟脑酒精涂抹皮肤进行按摩，以促进血液循环，恢复神经机能。

镇跛痛 10mL，一次肌内注射。

便秘时，给予盐类泻剂（硫酸钠或硫酸镁 25 ~ 50g）或用温水灌肠。

中药治疗可选用以下处方：

黄芩、六曲、陈皮各 20g，白术 25g，甘草 3g，水煎 2 ~ 3 次，内服。

麻黄、细辛、煨附子、防己、钩藤、甘草各 10g，桂枝、秦艽、苍术、赤芍、姜黄各 15g，肉桂 25g、大血藤为引，煎水内服。

当归、川芎各 20g，鸡蛋壳 5 个，研末，用开水泡服，每天 1 次，连服 4 天。

全当归、宣木瓜、熟地黄各 25g，防风、酒白芍、黑艾绒各 15g，秦艽、续断各 20g，党参、薏米仁各 40g，川芎、炙甘草各 10g，煎水内服。

第十一节 猪蹄裂病

猪蹄裂病是指生猪蹄壳开裂或裂缝有轻微出血的一种肢蹄病。一般来说，每年春秋是猪裂蹄病的易发季节。发病的多为待配或初配的后备公、母猪，饲养在水泥、砖铺地面粗糙的新建猪舍。

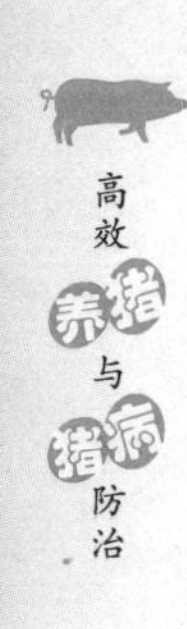

一 病因

1）遗传原因。在对某些品种猪进行高度遗传选育的同时，也易引起肢蹄软弱，而致裂蹄症的发生。如长白猪，经过多年选育，使其具有生长快、饲料利用率高、瘦肉率高、母猪产仔多和泌乳性能好等优点，但该品种猪的肢蹄却较软、不耐摩擦，易发生该病。

2）环境诱因。气候因素影响较大，多集中在晚秋初冬季节（10～12月）。入秋以后，气温由高转低，季风频繁，空气干燥，为了适应环境变化，猪体表毛细血管收缩，导致正常脂类物质分泌减少，猪蹄壳薄嫩，加上与粗糙地面等碰撞摩擦，因而造成蹄壳出现裂缝。

3）管理不当。圈舍地面应有适当的平滑度。过于光滑种猪易滑倒，而过于粗糙易造成蹄壳过度磨损与损伤。新建水泥圈地面由于显碱性或腐蚀性而导致猪肢蹄受损或裂蹄。地面斜度不够、过于潮湿，也会导致裂蹄。驱赶运动速度过快；场地碎石异物损伤肢蹄；突然离圈，猪兴奋撒欢奔跑的意外损伤；野禽兽的惊吓；剧大响动的刺激引起猪骚动，导致蹄部损伤。

4）营养因素。饲料中脂肪、蛋白质不足，特别是微量元素锌、维生素A、维生素H（生物素）不足，是引起蹄裂病的重要原因。皮肤、蹄部在角质化过程中需要较多的锌，而精液对锌的需求量更大。在正常情况下，种猪的日粮中含锌量应达到100～200mg/kg，如果低于70mg/kg则易发生该病。当饲料中钙、磷不足或比例不当，尤其是磷不足时，也可导致该病。此外，缺硒也可引起关节炎、蹄变形、肌肉萎缩等，以及生物素、维生素D、锌、锰及铜等缺乏时使蹄不能维持正常的角质层强度和硬度，发生蹄壳裂开、脱毛等症。

5）其他因素。如运动不足，会造成种猪肢蹄的硬度不够，以及猪舍内长时间阴暗、潮湿等也可使猪蹄变软，而导致该病发生。

二 临床症状

轻度裂隙长度2cm、宽2mm以下，重度裂隙长3cm、宽度3～5mm，裸露出鲜红的蹄球。临床上主要表现为疼痛跛行，不愿走动，生长受阻，繁殖能力下降。发生蹄裂后局部疼痛，起卧不便，因卧

地少动继发肌肉风湿；有的磨破皮肤，形成局部脓肿，轻者影响按期配种或孕期正常活动，重者消瘦死亡或淘汰。

三 诊断

根据临床表现即可诊断。

四 防治

1. 预防措施

1）选育抗肢蹄病的品种。选育繁殖性能高且四肢强壮的种猪，从而减少此病发生的可能性。对体型过大，肢蹄过于纤细，单位面积支撑骨负重过大，易引起肢蹄损伤的个体，应立即予以淘汰，不能留作种用。

2）改善饲料营养。喂给全价平衡的饲料，确保矿物质、维生素尤其是生物素、亚油酸的供给量。对于种猪的日粮，要保证其中各种营养成分的全面、科学、合理。

3）集约化养猪场地面最好采用环氧树脂漏缝地板。对于易发生该病的品种猪，圈舍地面也可使用木质地板。如为水泥地面，则要保持适宜的光滑度和倾斜度，过于粗糙的可用砖或机械进行磨平，但也不要过于光滑，以防猪只滑倒，地面无尖锐物、无积水。新建的水泥地面必须用醋酸溶液多次冲洗，晾干后再进种猪，以免由于碱性地面腐蚀猪蹄而造成裂蹄。

4）加强管理。定期消毒猪舍，每日清理粪便，注意通风，保持猪舍的干燥、清洁、卫生。有条件的猪场应保证种猪每天有2h左右的舍外运动。这样，还可促进维生素D的合成和某些内分泌的形成，有利于生长发育。但需注意，不可作太大的运动，以防蹄部的过度磨损。

从10月开始，经常检查猪的蹄壳表面，若过于干燥应隔3~5天涂抹一次凡士林或植物油，以保护蹄壳，预防干裂。猪舍内铺设干草或细沙，既可护蹄，又能保温隔凉，防止肌肉风湿。

2. 治疗与护理

治疗措施主要采取营养疗法、抗炎疗法和加强护理。

首先要将发病猪转移到干燥、温暖的房间，地面要垫上松软的干草，在治疗期间要保持地面的干燥和卫生，以防破溃的皮肤被污

物污染。

对于已经干裂的蹄壳，每日可涂抹 2～3 次鱼肝油，以滋润蹄壳。

对有脓肿并破损的蹄壳，可用 0.1% 高锰酸钾溶液冲洗，每日 2～3 次。

设置脚浴池，池里加入 0.1%～0.5% 甲醛溶液或硫酸铜溶液，可预防和治疗继发感染。

发病后要立即采取抗生素、阿尼利定（安痛定）等药物进行对症治疗。首先清洗患部，涂擦碘酒，然后撒布血竭粉，再用烙铁烧红在药粉表面轻轻烙之，使之熔化成为一层保护膜，最后包扎。

给发病猪只每日饲量中添加 1% 的脂肪和鱼肝油，另外每吨饲料中添加维生素 H 400mg，以促进病猪尽快痊愈。

对于卧地不起的病猪，要定期驱赶，强迫其运动，一方面能促进局部的血液循环，又可防止继发肌肉风湿病。

对于炎症较严重的病例，除进行局部消毒外，还应根据病情应用抗生素对症治疗。经过 10 天的治疗，病猪可基本恢复正常。

第十二节　食盐中毒

猪食盐中毒是由于采食含盐分较多的饲料或饮水，如泔水、腌菜水。或者是由于配合饲料时误加过量的食盐或混合不均匀等而造成的。饮水是否充足，对食盐中毒的发生也具有重要影响。

一　病因

由于猪对食盐比其他家畜敏感，吃盐过多或喂食含盐分高的食物，都可能发生食盐中毒。猪食盐中毒的致死量为 100～250g。食盐中毒的实质是钠离子中毒，首先呈现的是高浓度的食盐对胃肠黏膜的直接刺激引起胃肠道炎症，其次是造成高钠血症和机体的钠贮留，使神经应激性增高，神经发射活动加强。

二　临床症状

大多数病例呈间歇性癫痫样神经症状或转圈运动。发作时，表

现为抽搐，空口咀嚼、流涎、磨牙、皮肤、黏膜发绀，心跳快，呼吸困难，发作过程约1～5min，一天内可反复发作无数次。末期病猪后躯麻痹，卧地不起，常在昏迷中死亡。

三 病理变化

尸僵不全，血液凝固不良。胃肠黏膜充血、出血，胃底黏膜可见溃疡。肝肿大、质脆，胆囊膨胀，大、小肠有卡他性炎症，肠系膜淋巴结充血、出血，心肌松软有小出血点。脑充血、水肿。

四 诊断

可根据过量饲喂食盐和饮水不足的病史，结合突出的神经症状和消化道紊乱症状等作出初步诊断。检查血液中Na^+的含量，血清钠增高达180～190mmol/L（正常为135～145mmol/L），即可确诊为食盐中毒。

五 防治

1. 预防措施

不要长期或大量喂含盐分多的物质，饲料补充食盐一定要按规定给予（每5kg体重每天只喂1g）。

2. 治疗方法

发现中毒后，应立即给以大量饮水或稀面糊等，同时在耳尖、尾尖处放血，并选用下方：

25%硫酸镁注射液20mL，10%安钠咖5mL肌内注射，0.1%高锰酸钾500mL内服，10%葡萄糖80mL中加入氢化可的松20mL静脉注射，并在八字、耳尖、尾尖处放血。

甘草粉50～100g，绿豆200～300g，加水磨浆，一次内服。

白糖250～500g，冲清水500～1000g，分2次内服。

强烈痉挛时，可肌内或皮下注射苯巴比妥钠0.1～0.3g，或静脉注射溴化钙10～15mL。心脏衰弱时，可皮下注射10%安钠咖5～10mL。

第十三节 霉菌中毒

猪霉菌病及其毒素中毒是指猪感染一定数量的致病性霉菌或采食了一定量被霉菌毒素污染了的饲料而产生的相应病症。当生猪采食了被霉菌毒素感染的饲料时，就会出现中毒，重则引起生猪的直接死亡，轻则使各类猪只生长发育迟缓，配种繁殖出现障碍，抗病力下降，诱发多种疾病的发生等，给生产带来巨大的经济损失。

一 病因

主要由于用霉变饲料饲喂猪，导致猪只中毒。引起饲料霉变的霉菌主要有赤霉菌和黄曲霉菌。赤霉菌是一种生长在玉米、高粱和小麦上的真菌，其所产生的一种毒素主要是赤霉烯酮（F-2 毒素）。这种毒素主要侵害3～5月龄的仔猪，赤霉烯酮是一种具有与雌性激素相类似作用的物质，生猪采食后皆出现雌激素综合征和雌激素亢进症。黄曲霉菌主要产生黄曲霉菌毒素，其毒性极大，主要是侵害肝脏，导致以全身性出血、消化机能障碍和神经症状等为主要特征的疾病，并具有致癌作用。

二 临床症状

赤霉烯酮中毒，临床上可见体温正常，食欲减少，呕吐；中小母猪和去势的母猪有发情样征候，阴唇肿大、鲜红，阴道黏膜潮红，有的子宫或肛门脱出；公猪和去势公猪睾丸萎缩，包皮和乳头肿大，乳房隆起，性欲减退；妊娠母猪早产、流产；断奶母猪发情延迟或发情异常；分娩母猪产程延长，弱仔、死胎增多。

猪采食被黄曲霉毒素污染的饲料后5～15天出现症状，急性病例多发生于2～4月龄小猪，食欲旺盛和体格健壮的猪发病率高。病猪体温升高或正常，表现为不吃食，可视黏膜苍白，后躯衰弱，粪便干燥，有时呈现站立一隅或头抵墙壁等神经症状，小猪多在中毒症状出现后数天内死亡，剖析可见贫血、出血和中毒性肝炎。慢性病例临床上多见慢性经过，患猪离群低头站立，有异食癖，拱背卷腹，可视黏膜初期苍白，后期黄染，有的眼、鼻周围皮肤发红，最后变为蓝色，有的体表皮肤有紫斑，步态不稳，出现间歇性抽搐，角弓反张等。剖检主要病变为肝硬化，黄色脂肪变性，胸腹腔积液，肾苍白肿胀，淋巴结充血、水肿。

三 病理变化

赤霉烯酮中毒的猪只消化器官有卡他性炎症，肺、肾、子宫、阴道等有出血。黄曲霉毒素中毒急性病例在胸、腹腔内可见大量出血，后腿前肩等处皮下及其他部位的肌肉处都能见到出血，肠道内有血液，肝脏、浆膜部有针尖样或淤斑样出血，心内膜与外心膜均有出血，偶见脾脏有出血性梗死。

四 诊断

根据临床症状及病理变化可作出初步诊断。

五 防治

1. 预防措施

主要从两方面入手，一是防霉，二是去毒，具体办法是：

防霉应从饲料原料的采购、储存、运输和加工配制等环节加以注意，不能采购霉变、虫蛀的原料，玉米籽实的水分应不超过12%。加强饲料原料及成品饲料的保管，严防受潮霉变；搞好饲料仓库的杀虫灭鼠工作，防止虫蛀和鼠害，减少霉菌传播，避免毒素危害。严禁使用霉变的原料加工饲料，不得用霉变的饲料喂猪。

对轻微霉变的玉米可用1.5%氢氧化钠溶液浸泡至少12h后，再用清水漂洗多次，直至漂洗液澄清为止，但由于处理后玉米中仍存留一定毒素，所以应限量饲喂，并添加霉菌毒素吸附剂。对轻微霉变的原料用辐射或暴晒的办法处理，可破坏其中50%～90%的黄曲霉毒素。添加200～250g/t大蒜素，能有效减轻霉菌毒素的毒害。

选择有效的防霉剂及毒素吸附剂。防霉剂能防止饲料霉变；毒素吸附剂可吸附饲料中原有的毒素及储藏中产生的毒素。

2. 治疗方法

一旦发现中毒，应立即停喂原来霉变的饲料，更换新鲜优质饲

料或在饲料中添加足够、有效的毒素吸附剂，然后按中毒病的治疗原则实施治疗。

中毒初期阶段，尽快进行排毒，可用 30～50g 硫酸钠、液状石蜡 50～100mL，加水 500～1000mL 灌服，排出肠内毒素，保护肠黏膜。出现脑水肿时，用 20% 甘露醇按 1～2g/kg 静脉注射，每日 2 次。出现阴道脱垂或直肠脱出时，常规消毒后还须施行外科缝合固定，并注射抗菌消炎药物。

当出现腹水、肺水肿、出血、拉稀衰竭时，应及时静脉注射 10% 葡萄糖生理盐水 300～500mL＋维生素 C 10～20mL＋10% 乌洛托品 20mL，适当加入肌苷。也可以单独肌内注射超量维生素 C，以保肝护肾，减少毒素对机体的危害。另外还可以同时皮下注射安钠咖 10mL，强心利尿。

对症状严重的病猪可用广谱抗生素治疗，防止继发感染。

附录　常见计量单位名称与符号对照表

量的名称	单位名称	单位符号
长度	千米	km
	米	m
	厘米	cm
	毫米	mm
面积	平方千米（平方公里）	km^2
	平方米	m^2
体积	立方米	m^3
	升	L
	毫升	mL
质量	吨	t
	千克（公斤）	kg
	克	g
	毫克	mg
物质的量	摩尔	mol
时间	小时	h
	分	min
	秒	s
温度	摄氏度	℃
平面角	度	(°)
能量，热量	兆焦	MJ
	千焦	kJ
	焦［耳］	J
功率	瓦［特］	W
	千瓦［特］	kW
电压	伏［特］	V
压力，压强	帕［斯卡］	Pa
电流	安［培］	A

参考文献

[1] 杨公社. 猪生产学 [M]. 北京：中国农业出版社，2003.

[2] 朱宽佑，潘琦. 猪生产 [M]. 北京：中国农业大学出版社，2011.

[3] 王燕丽. 猪生产 [M]. 北京：化学工业出版社，2009.

[4] 李宝林. 猪生产 [M]. 北京：中国农业出版社，2001.

[5] 陈溥言. 兽医传染病学 [M]. 5 版. 北京：中国农业出版社，2011.

[6] 宣长和. 猪病学 [M]. 北京：中国农业大学出版社，2010.

[7] 甘孟侯，杨汉春. 中国猪病学 [M]. 北京：中国农业出版社，2005.

[8] 李和平. 猪病快速诊治 [M]. 北京：化学工业出版社，2012.

[9] 王建华. 家畜内科学 [M]. 3 版. 北京：中国农业出版社，2001.

[10] 李国江. 动物普通病 [M]. 北京：中国农业出版社，2001.

[11] 范作良. 动物内科病 [M]. 北京：中国农业出版社，2006.

[12] 周新民. 动物药理 [M]. 北京：中国农业出版社，2001.

[13] 计伦. 猪病诊治与验方集粹 [M]. 北京：中国农业科学技术出版社，1998.

[14] 世界动物卫生组织. 哺乳动物、禽、蜜蜂 A 和 B 类疾病诊断试验和疫苗标准手册 [M]. 北京：中国农业科学技术出版社，2002.